全国机械创新设计大赛教程

机械创新设计与实践

（第二版）

主　编　孙亮波　黄美发

参　编　宋少云　桂　慧　张　旭

主　审　孔建益

西安电子科技大学出版社

内 容 简 介

全书共分为 9 章。第 1 章介绍了机械学科竞赛对于培养机械创新人才的重要意义；第 2 章论述了创意、创新与创业，重点介绍了几种常见的思维方法；第 3 章分析了常见、常用机构的特点及组合机构，提出了基于功能元求解的机械系统创新设计方法；第 4 章简要论述了机构优化设计相关理论，并举例说明全铰链四杆机构的运动仿真；第 5 章介绍了机械系统动力学分析软件 Adams 及采用其进行机构动力学仿真的案例；第 6 章归纳和举例分析了机电控制系统常见电动机选型和控制电路设计要点；第 7 章归纳总结了各类数控机床的加工和应用范围；第 8 章论述了与学科竞赛后期工作相关的论文写作、答辩 PPT 和视频设计与制作、答辩与陈述场合的建议等；第 9 章以本创新设计团队指导设计的 10 个创新作品为例，介绍了机械创新设计的内容、主要步骤和方法、每个作品的重点难点和创新点总结等。

本书可作为机械专业学生学习"机械创新与优化设计"课程的教材，也可作为有关教师和学生参与各级、各类机械创新设计大赛的参考书。

图书在版编目(CIP)数据

机械创新设计与实践 / 孙亮波，黄美发主编. —2 版.
—西安：西安电子科技大学出版社，2020.4(2023.4 重印)
ISBN 978−7−5606−5602−1

Ⅰ. ① 机⋯　Ⅱ. ① 孙⋯　② 黄⋯　Ⅲ. ① 机械设计　Ⅳ. ① TH122

中国版本图书馆 CIP 数据核字(2020)第 022646 号

策　　划　秦志峰
责任编辑　张　瑜　秦志峰
出版发行　西安电子科技大学出版社(西安市太白南路 2 号)
电　　话　(029)88202421　88201467　　　邮　　编　710071
网　　址　www.xduph.com　　　　电子邮箱　xdupfxb001@163.com
经　　销　新华书店
印刷单位　咸阳华盛印务有限责任公司
版　　次　2020 年 4 月第 2 版　　2023 年 4 月第 9 次印刷
开　　本　787 毫米×1092 毫米　1/16　印　张　17.5
字　　数　408 千字
印　　数　12 501～14 500 册
定　　价　48.00 元

ISBN 978−7−5606−5602−1 / TH

XDUP 5904002−9

如有印装问题可调换

序　言

　　机械工程是国家工业基础，机械工程学科肩负着为国家和社会培养大量优质高素质人才的重任。随着国家人才培养战略的转变，创新应用型人才、卓越工程师计划、拔尖人才培养计划、紧缺人才计划等不断推陈出新，其根本目的在于培养适应社会和企业需求的高素质、综合型人才。

　　教育部将全国机械创新设计大赛纳入重大赛事之列，共青团中央重点支持的"挑战杯"也是机械学子风云际会的舞台；同时，教育部大力支持各高校开展国家级大学生创新训练、创业项目……这些学科竞赛和学生团队项目，不仅培养和锻炼了一大批高素质综合型人才，也诞生和孵化了一些优秀的机械产品和高科技公司。

　　广大高校对于机械学科的人才培养进行了各种有益的尝试：每年资助教师进行各种形式和内容的教学改革研究、市场调查，修订和完善人才培养计划，增加实验和实践环节比例，加大相关教育投入，升级金工中心为工程训练中心，提供全方位的机械产品设计与制造体验等。

　　经过这些年的教育培养，我们欣喜地看到机械行业人才辈出，整体素质上了一个新的台阶。同时，我们也应该看到，要实现国家人才战略要求和满足企业用人需求，教育工作者还任重而道远。"知行合一"，培养机械专业学生具备扎实的理论基础和一定的产品设计与制造经验，成为高素质综合型人才，是所有教学工作者的毕生心愿和应尽职责。

　　传道授业，薪火相传。很欣慰地看到《机械创新设计与实践》这本教材的出版，它对于悬悬而望的广大机械学子和教师，尤其是热衷于从事机械产品创新设计和制造的学生，犹如雪中送炭。本书的编写团队专业理论深厚、实践经验丰富，多年坚持培养本科人才，乐于奉献，甘之如饴，教学效果显著，走出了一条机械专业本科人才培养的新路。这本教材很好地展现了他们在教学与科研方面的相关成果。

　　本书从"行"(即课外科技产品创新设计与制造)的角度着力，同时注重与"知"(即传统课堂理论和实验教学)的联系和互动，全面、精练地总结了机械产品创新设计与制造、学科竞赛等诸多技术环节的重点、难点，并配有大量的案例分析。本书对机械产品的需求剖析、创意产生、性能分析、加工制造，直至竞赛答辩，都进行了全面而细致的科学归纳和升华。理论部分紧密围绕机械产品设计展开，是从事机械产品创新设计必需的基础知识；实践环节内容为编者的亲身体会，结合理论逐条分析，是难得的第一手材料，具有很好的参考和借鉴作用。同时编者还对机械专业人才培养提出了独到的见解。

　　"科学技术，应用为先"，作为一本理论与实践并重的教材，本书可作为机械创新设计教学的教材，也可作为广大教师和学生参加学科竞赛的参考书。

国家级教学名师

2014 年 12 月

前　言

从 2017 年冬开始着手编写修订版,中间排除万难,初心不改,到最后第二版付梓,竟已到了 2019 年中秋,历时近 2 年。书稿既成,既是对自己过去十年多坚守第二课堂学科竞赛的再次总结,也是展望未来、培养更多优质本科创新人才的一个新起点。

从第一版到第二版的这四年间,中国高等教育已是气象万千:新工科从提出到探索、践行,对工程教育和人才培养提出了与时俱进的、更高的标准和要求;教育部多次在重要场合提出的"以本为本"振聋发聩、深得人心;高等教育学会连续两年发布了竞赛排行榜,以"互联网+"为代表的、每年几百万大学生积极参与的各类创新创业活动如火如荼⋯⋯

如何培育优质本科创新人才依然是横亘在广大教师面前的一个值得深入探讨和交流的话题。教育部指出:为了培养大批优秀创新人才,现阶段亟需解决优秀创新师资的短缺问题。创新实践活动是培养创新人才的载体,优秀的创新项目是培养学生创新能力的前提和基础。

本书修订的过程中,将原有关团队建设章节全部删减后并入第 1 章,增加了创新思维章节(第 2 章),并将机械系统方案创新设计章节(第 3 章)进一步细化,同时在第 9 章增补了近几年的优秀创新作品。此外,对全书文字进行了润色。

修订之后,本书内容如下:

第 1 章介绍了机械学科竞赛对于培养机械创新人才的重要意义,对当代大学生的行为特点、如何开展第二课堂学科竞赛培育创新人才等做了分析总结,论述了相关的学科竞赛项目,并讨论了青年老师如何参与机械创新学科竞赛及机械专业学生为什么要参与学科竞赛的有关问题。

第 2 章的重点是加强创新思维训练,提高思辨能力。本章论述了创意、创新与创业,说明了创新思维在创新能力、创新人才方面的重要作用和意义;论述了创新思维技法训练,并重点介绍了几种常见的思维方法。

第 3 章简要介绍了机械产品设计史和机械产品研发流程,分析了机械系统运动方案的评价准则,从机械结构对应的机构出发,分析了常见、常用的机构特点和组合机构,提出功能—动作—基本机构的倒推原理和理念,进一步提出基于功能元求解的机械系统创新设计方法,最后总结了近十年的机械创新设计感悟。

第 4~5 章简要论述了机构优化设计相关理论,并结合案例进行分析和讲解,论述了机构仿真在机械产品创新设计过程中的重要作用,以最简单的全铰链四杆机构作为案例分析,详细论述了程序设计步骤;介绍了机械系统动力学分析软件 Adams,通过一个简单机构的动力学参数分析,讲解了其使用操作步骤和注意事项。

第 6 章介绍控制系统设计关键问题及案例分析,归纳并举例分析机电控制系统常见电动机的选型和控制电路的设计要点。

第 7 章讨论如何合理地利用现有加工设备,将设计好的图纸变成实体零部件,总结了各类机床的加工和应用范围，结合案例对数控加工的工艺分析进行了详细论述，并给出了一些零件加工制造过程中的注意事项。

第8章介绍如何做好与学科竞赛后期工作相关的申报书写作、答辩PPT的设计与制作、答辩与陈述场合的建议等，以期帮助参赛学生更好地完成参赛前的准备工作。

第9章介绍机械创新设计的内容、主要步骤和方法、每个作品的重难点和创新点总结等，基于案例进行分析，帮助学生学习优秀机械创新作品，并从中悟道，更好地体验机械创新设计、参与机械创新设计。

本书由武汉轻工大学孙亮波副教授编写第2章至第4章、第8章、第9章，桂林电子科技大学黄美发教授与孙亮波共同编写第1章，参与编写的其他老师有武汉轻工大学宋少云教授(第5章)、武汉轻工大学桂慧副教授(第7章)、桂林电子科技大学张旭副教授(第6章)。上述编者均多次辅导学生参与机械类学科竞赛，获得国家级、省部级相关竞赛奖项100余项，大赛指导经验丰富，所负责编写的章节内容均为各自研究所长。希望这本书能给首次辅导学生参赛的青年老师以导引，并使其快速地成长为优秀指导老师；给那些怀着青春梦想的参赛学生以启迪，助力他们成长成才！

本书第一版出版后，一些高校将其作为机械创新设计类教材，或是作为参与学科竞赛的指导书，也有老师来信指出个别细节问题，在此一并表示感谢！

本人及团队知识和能力有限，书中难免有不妥之处，恳请同行多多批评指正，欢迎对机械创新人才培养感兴趣的老师加入团队创建的全国高校机械教师"机械创新与人才培养"QQ群，一起相互学习和交流。也可发邮件至sunlb1979@163.com，分享相关教学资源。

编者

2019年10月

第一版前言

教育部"十二五"发展规划指出："学生适应社会和就业创业能力不强，创新型、实用型、复合型人才紧缺是导致就业难的最大原因。"高等教育应"坚持以人为本，遵循教育规律，面向社会需求，优化结构布局，提高教育现代化水平"。

大学生课外科技制作是以"崇尚科学，追求真知，勤奋学习，锐意创新，迎接挑战"为宗旨的，课外科技制作是对课堂教育的一个有益补充，也是很好的教学互动环节，更是素质教育活动全过程中必不可少的环节。

本书内容基于编写团队老师多年坚守第二课堂(开展本科生导师制、辅导机械专业大学生课外科技制作与学科竞赛)的心得体会和经验总结，将理论与实践相结合，偏重于实际机械产品的研发，对机械产品选型、机构创新方案设计、运动分析与仿真、数控加工与制造、后期参赛陈述与答辩等诸多技术细节进行了科学和细致的归纳总结，务求精练、实用，不重复已有教科书的相关内容。竞赛指导方面的内容注重指出学生易犯的错误和应注意的事项，而专业技能方面则偏重于高屋建瓴地指出该技术如何应用于产品研发，以及工程应用与理论知识之间的联系和说明。

本书由武汉轻工大学孙亮波副教授(编写第 2～4 章、第 8 章、第 9 章)、桂林电子科技大学黄美发教授(编写第 1 章)主编，参与编写的其他老师有武汉轻工大学桂慧副教授(编写第 7 章)、武汉轻工大学宋少云教授(编写第 5 章)、桂林电子科技大学张旭副教授(编写第 6 章)。上述编者均多次辅导学生参与机械类学科竞赛，获得国家级、省部级相关竞赛奖项 50 余项，大赛指导经验丰富，所负责编写的章节内容均为各自研究所长。武汉科技大学孔建益教授担任本书的主审。

机械设计竞赛指导老师参考本书，可短期速成，直接参与机械创新设计大赛辅导；而参赛学生凭借本书，即便没有指导老师，也可高质量地完成参赛的各个细节工作。另外，本书还总结了作者从教多年在教学管理和人才培养方面的感悟和理解，这些方面也是与大赛息息相关的。教学管理者查阅本书，可供同行评阅与借鉴。因此，本书可谓参与机械创新设计大赛的"红宝书"。

"剑鸣匣中，期之以声"，恳请读者对书中不妥之处批评指正，可发邮件至 sunlb1979@163.com。

编者

2015 年 1 月

目　　录

第1章　机械专业学科竞赛与创新人才培养

1.1　学科竞赛的重要意义

2018年6月21日，教育部在四川成都召开新时代全国高等学校本科教育工作会议时，教育部部长陈宝生提出，人才培养是大学教育的本质职能，要不断推动高等教育的思想创新、理念创新、方法技术创新和模式创新。

2018年2月2日，中国高等教育学会"高校竞赛评估与管理体系研究"专家工作组在北京召开"中国高校创新人才培养暨学科竞赛评估结果"新闻发布会，正式发布《2013—2017年中国高校创新人才培养暨学科竞赛评估结果》白皮书，对学科竞赛进行了汇总(竞赛评估官方网站 http://rank.moocollege.com/)：以赛促教、以赛促学、学赛融合促创新，遴选出19个国内重大赛事，以及各个专业教学指导委员会、企业学会等承办的各种赛事，并对参与高校进行了排名。

2019年2月22日，中国高等教育学会在浙江理工大学召开中国高校创新人才培养研讨会暨2018年度全国高校学科竞赛排行榜发布会，中国高等教育学会工程教育专业委员会秘书长陆国栋教授代表中国高等教育学会"高校竞赛评估与管理体系研究"专家工作组介绍"2014—2018年中国高校创新人才培养暨学科竞赛评估结果"概况。2014—2018年发布的本科院校全国排名前20的高校中，浙江大学、哈尔滨工业大学、武汉大学位居前三。张大良副会长在会上指出，创新人才培养是高校人才培养所要研究的永恒课题，培养创新人才涉及人才培养理念、标准、教育体系、评价体系、政策制度，以及课程、教材与创新平台建设等方方面面。这些内容中的核心点是提高高校人才培养能力，关键将聚焦在教师。我们要按照"四有"好老师标准，建设一支富有创新素养、创新精神、创新能力和实践能力的高素质专业化创新型教师队伍，实施高水平教学。要深刻认识学科竞赛的育人、育才功能：① 它是以大学生自主性、群体性科技活动方式为主的教学活动；② 它是高等院校科研育人的重要组成部分；③ 它是促进大学生增强创新精神、创造能力和团队合作意识的有效途径和重要载体；④ 它是展示大学生创意、创新、创造成果的重要舞台。

著名学者、教育家杨叔子院士专门撰文指出：机械产品遍布各个行业；我国自主创新开发能力较弱；设计的全过程是应用知识、开拓思维、创新方法、应用原则、领悟精神的创新实践活动；学科竞赛有利于学生相互交流、开拓天地、提高水平、共同进步，有利于培养"厚基础、宽口径、高素质"的创新应用性人才。他一再强调："机械、创新、设计、学科竞赛、机械创新设计大赛，五个都很重要！"

学生的头脑不是用来填充知识的容器，而是一支需要被点燃的火把。在长期的教学中，第一课堂老师的知识传授占据了主要地位，而第二课堂中，学生是参与活动的主体，第二课堂有力地激活了学生的学习积极性和主动性。

1.2　历届全国大学生机械创新设计大赛的命题与要求

全国大学生机械创新大赛是经教育部高等教育司批准，由教育部高等学校机械学科教学指导委员会主办，机械基础课程教学指导分委员会、全国机械原理教学研究会、全国机械设计教学研究会联合著名高校共同承办，面向大学生的群众性科技活动。其目的在于引导高等学校在教学中要注重培养大学生的创新设计能力、综合设计能力与协作精神；加强学生动手能力的培养和工程实践的训练，提高学生针对实际需求进行机械创新、设计、制作的实践工作能力，吸引、鼓励广大学生踊跃参加课外科技活动，为优秀人才脱颖而出创造条件。

1. 第一届

地点：南昌大学

时间：2004.9

主题：无固定主题

第一届全国大学生机械创新设计大赛是经教育部高等教育司批准，由教育部高等学校机械学科教学指导委员会主办的大赛。大赛以培养大学生的创新设计能力、综合设计能力和工程实践能力为目的，充分展示了我国高等院校机械学科的教学改革成果和大学生机械创新设计的成果，积极推动了机械产品研究设计与生产的结合，为培养机械设计、制造的创新人才起到了重要作用。

2. 第二届

地点：湖南大学

时间：2006.10

主题："健康与爱心"

参赛作品内容限制为"助残机械、康复机械、健身机械、运动训练机械等四类机械产品的创新设计与制作"。大赛是在中央提出建设和谐社会、建设创新型国家和我国装备制造业全面复苏，并从制造大国向制造强国迈进的大背景下举办的，得到了教育部高教司和理工处的指导和支持，得到了机械基础课程教学指导分委员会委员和全国大学生机械创新设计大赛(2005—2008 年)组委会委员全程参与，得到了全国范围内高校领导、教师和大学生的积极响应。

3. 第三届

地点：武汉海军工程大学

时间：2008.10

主题："绿色与环境"

参赛作品内容限制为"环保机械、环卫机械、厨卫机械三类机械产品的创新设计与制作"。其中，"环保机械"的解释为用于环境保护的机械；"环卫机械"的解释为用于环境卫生的机械；"厨卫机械"的解释为厨房、卫生间内所使用的机械。参赛作品必须以机械设计为主，提倡采用先进理论和先进技术，如机电一体化技术等。对作品的评价不以机械结构为单一标准，而是对作品的功能、结构、工艺制作、性价比、先进性、创新性等多方面进行综合评价。在实现功能相同的条件下，机械结构越简单越好。

4. 第四届

地点：东南大学

时间：2010.10

主题："珍爱生命，奉献社会"

参赛作品内容限制为"在突发灾难中，用于救援、破障、逃生、避难的机械产品的设计与制作"。其中"用于救援、破障的机械产品"指在火灾、水灾、地震、矿难等灾害发生时，为抢救人民生命和财产所使用的机械；"用于逃生、避难的机械产品"指立足防范于未然，在突发灾害发生时保护自我和他人的生命和财产安全的机械，也包括在灾难和紧急情况发生时，房屋建筑、车船等运输工具以及其他一些公共场合中可以紧急逃生、具有避难功能的门、窗、锁的创新设计。

参赛作品必须以机械设计为主，提倡采用先进理论和先进技术，如机电一体化技术等。对作品的评价不以机械结构为单一标准，而是对作品的功能、结构、工艺制作、性价比、先进性、创新性等多方面进行综合评价。在实现功能相同的条件下，机械结构越简单越好。

5. 第五届

地点：西安炮兵工程学院

时间：2012.7

主题："幸福生活——今天和明天"

参赛作品内容限制为"休闲娱乐机械和家庭用机械的设计和制作"。学生们可根据对日常生活的观察，或根据对未来若干年以后人们的生活环境和状态的设想，设计并制作出能够使人们的生活更加丰富、便利的机械装置。

"家庭用机械"指"对家庭或宿舍内物品进行清洁、整理、储存和维护用机械"；"休闲娱乐机械"指"机械玩具或在家庭、校园、社区内设置的健康益智的生活、娱乐机械"。凡参加过本赛事以前比赛的作品，原则上不得再参加本届比赛。如果作品在功能或原理上确有新的突破和创新，参赛时须对突破和创新之处做出说明。

所有参加决赛的作品必须与本届大赛的主题和内容相符，与主题和内容不符的作品不能参赛。参赛作品必须以机械设计为主，提倡采用先进理论和先进技术，如机电一体化技术等。对作品的评价不以机械结构为单一标准，而是对作品的功能、设计、结构、工艺制作、性价比、先进性、创新性等多方面进行综合评价。在实现功能相同的条件下，机械结构越简单越好。

6. 第六届

地点：东北大学

时间：2014.7

主题："幻·梦课堂"

参赛作品内容限制为"教室用设备和教具的设计与制作"。学生们可根据对日常课堂教学情况的观察，或根据对未来若干年以后课堂教学环境和状态的设想，设计并制作出能够使课堂教学更加丰富、更具吸引力的机械装置。

课堂包括教室、实验室等教学场所；教室用设备包括桌椅、讲台、黑板、投影设备、展示设备等；教具是指能帮助大学生理解和掌握机械类课程(包括但不限于"理论力学""材料力学""机械制图""机械原理""机械设计""机械制造基础"等)的基本概念、基本原理、基本方法等的教学用具。学生在设计时，应注重作品功能、原理、结构上的创新性。

所有参加决赛的作品必须与本届大赛的主题和内容相符，与主题和内容不符的作品不能参赛。参赛作品必须以机械设计为主，提倡采用先进理论和先进技术，如机电一体化技术等。对作品的评价不以机械结构为单一标准，而是对作品的功能、设计、结构、工艺制作、性价比、先进性、创新性等多方面进行综合评价。在实现功能相同的条件下，机械结构越简单越好。

7. 第七届

地点：山东交通学院

时间：2016.7

主题："服务社会——高效、便利、个性化"

参赛作品内容限制为"钱币的分类、清点、整理机械装置；不同材质、形状和尺寸商品的包装机械装置；商品载运及助力机械装置"。

当今中国社会经济发展中，创新创业成为广泛关注的问题。大学生利用所掌握的专业知识、专业技能，通过开发产品，一方面可以实现自己的创业梦想，另一方面也可以为正在进行创业的中小企业和个人提供便利，帮助他人创业。

设计内容和要求说明：

(1) 关于钱币的分类、清点、整理机械装置的设计。该类机械装置的主要功能是可以对混杂在一起的各种纸币和硬币进行分类、清点和整理。设计时，可以只实现分类、清点、整理三种功能中的一种或两种功能，也可以同时实现三种功能。设计中追求的目标是高效、准确、实用。作品设计应注意满足目前城市公交公司、商贸和银行等行业在整理零钞、零币中的实际需求；不能用市场已有产品或已有产品的简单改制品参赛。对是否实现假币、残币的辨识功能，不做统一要求。

(2) 关于不同材质、形状和尺寸商品的包装机械装置的设计。该设计主要针对开设"网店"等创业人员在创业初期存在的人手少、工作量大的问题，设计可以用于包装多种材质、尺寸和形状商品的个性化机械装置。设计中应遵循环保、快捷和节约的设计理念。

(3) 关于商品载运及助力机械装置的设计。主要是设计帮助快递员进行载运和搬动物品等工作的辅助装置。所设计的商品载运装置不仅要快捷，而且要保证投递员和商品的安全，便于实现文明装卸、文明分发、投递各类快件；助力装置主要指在搬运商品的过程中可以减轻投递员劳动强度且能保障商品安全的小型与轻便的机械装置。

设计时应注重综合运用所学"机械原理""机械设计""机械制造工艺及设备" 等课程的设计原理与方法，注重作品原理、功能、结构上的创新性。

8. 第八届

地点：浙江工业大学

时间：2018.7

主题："关注民生、美好家园"

参赛作品内容限制为"解决城市小区中家庭用车停车难问题的小型停车机械装置的设计与制作；辅助人工采摘包括苹果、柑橘、草莓等10种水果的小型机械装置或工具的设计与制作"。

本届大赛设计内容中，家庭用车指小轿车、摩托车、电动车、自行车4种；辅助人工采摘的水果仅针对苹果、梨、桃、枣、柑子、橘子、荔枝、樱桃、菠萝、草莓这10种水果。所有参加决赛的作品必须与本届大赛的主题和内容相符，与主题和内容不符或限定范围不符的作品不能参赛。

智慧城市、智慧社会是目前发展的主旋律，而服务则是其核心。根据参赛大学生的特点，结合机械科学与工程的发展，本届大赛针对城市小区停车难的问题，开展小型停车装置的机械创新，重点考察学生方法与装置的创新性，包括可以节约场地、节约能源、降低成本、免维护等科学的停车方案与机械装置。停放位置可以是车主自有场地，也可以是小区公共场所。设计中追求的目标是空间利用率高且安全、便捷。

在广大的乡村，农业生产广泛采取多种经营，经济作物特别是水果的大量生产和投放市场，丰富了人民的膳食品种，提高了人民的生活质量。全国很多地区在水果的采摘上依然主要靠人工，本届大赛针对量产水果采摘中存在的劳动工作量大、作业范围广(果实分布高低不均)、触碰力度控制要求高(多汁水果易碰伤)以及需选择性采摘(单果成熟期不一致)等问题，展开小型辅助人工采摘机械装置或工具的创新设计与制作。主要目标是提高水果采摘效率、降低劳动强度和采摘成本，保障水果成品质量。

设计时应注重综合运用所学"机械原理""机械设计"等课程的设计原理与方法，注重作品原理、功能、结构上的创新性。

参赛作品必须以机械设计为主，提倡采用先进理论和先进技术，如机电一体化技术等。对作品的评价不以机械结构为单一标准，而是对作品的功能、设计、结构、工艺制作、性价比、先进性、创新性、实用性等多方面进行综合评价。在实现功能相同的条件下，机械结构越简单越好。

9. 第九届

地点：西南交通大学

时间：2020.7

主题："智慧家居，幸福家庭"

参赛作品内容限制为"设计与制作用于帮助老年人独自活动起居的机械装置；现代智能家居的机械装置"。

智慧城市、智慧社会是目前社会发展的主旋律，而针对人口老龄化的健康养老问题，也已经成为当前我国必须面对和解决的社会问题。对于"助老机械"，重点设计当老人独自在家活动时，辅助其从床上坐立、上下床、如厕、洗浴；预防其跌伤，辅助其跌倒后站立；提醒吃药以及物品整理和方便存取等方面的机械装置。还包括针对居住复式楼层家庭，设计帮助老人上下楼的机械装置。

"助老机械"不针对以助残、伤病后康复锻炼为目的进行的设计，如可共通使用，应以助老为主要目的。

对于"智能家居机械"，重点是使用智能技术，设计和开发新一代住宅用机械和家用机械装置，如实现自动通风、合理采光、室内物品整理、室内卫生打扫、衣物晾晒与折叠存放等功能；还包括在台风、暴雨来临时，门窗加固防护的机械装置，地下车库智能阻水、排水的机械装置；也包括针对北方大暴雪时，清除屋顶积雪的机械装置。在设计上述机械装置时，提倡和鼓励利用 "智能化"和充分发挥人的智慧。

1.3　作品的选评

机械创新作品要经过校级、省级和国家级三级层层选拔，接受专家评委的询问。随着大赛影响力的日益增长，有越来越多的机械和其他专业学子(如电子、计算机等专业)参与，部分高校校级选拔也十分激烈。

在选拔过程中，大都基于大赛组委会拟定的省赛和国赛标准，从以下几个方面进行综合评价。

1. 选题评价

(1) 新颖性。参赛作品不能全部或大部分复现市场已有的产品，或是他人已经制作或参赛的作品，即作品必须有自己的创新或突破之处。

(2) 实用性。机械作品研发的目的不是纯粹为了锻炼参赛学生的某项技能或是类似一种观赏性的构思，作品必须比现有类似产品更具有实用价值。

(3) 产品的使用意义或前景。近年来越来越多的参赛作品都申请或获得了国家实用新型专利，部分优秀的作品甚至获得了国家发明专利。在全国总决赛的赛场上，出现了与竞赛主题关联的部分企业，优秀的作品受到越来越多的关注，体现了较好的市场立意和投资价值。大赛组委会希望今后有更多作品能和企业合作研发，在竞赛方面走出一条产学研相结合的道路。

2. 设计评价

(1) 创新性；

(2) 结构合理性；

(3) 工艺性；

(4) 先进理论和技术的应用；

(5) 设计图纸质量。

3. 制作评价

(1) 功能实现；

(2) 制作水平与完整性；

(3) 作品性价比。

4. 现场评价

(1) 介绍及演示。现场向评审专家介绍产品的设计理念、主要功能特点，辅以机械产品的操作演示，全方位地让评审专家了解所设计的产品。关键在于在有限的时间内给评审专家留下设计思想"新"、结构设计"奇"、加工制造"优"、专业基础"厚"等特点。

（2）答辩与质疑。现场回答评审专家的咨询和提问，或是在后期的优秀作品答辩会上通过 PPT 向评审专家介绍产品设计理念、相关设计方法和理论、操作演示视频等，针对专家提出的细节问题进行科学、合理、简练的回答。

科技作品与企业生产制造的产品之间的区别和联系，详见表 1-1。

表 1-1　作品与产品的异同

	作　品	产　品
相同点	都是创新、创造的产物，都具有大小不同的市场价值	
不同点	作品是学生学习过程的产物，突出的是学生的创意和想法，强调学习和体验的过程	产品是企业市场行为的产物，突出产品的实用性能，强调的是性价比
	鼓励创新 + 实用 + 结构复杂性 + 专业知识综合运用	产品必须保障既定功能的完好性和实用性

作品是培养学生过程、学生学习知识的教学产物，在创新、创业的浪潮下，我们当然期望该产物能获得最理想的结果，得到相关企业的青睐，获得投资进行市场化运作。但是在仰望蓝天的同时，我们还要脚踏实地。高校是教书育人的地方，培养具有良好的创业意识、创新能力是高校的职责，学校的老师若非经常有机会承接企业项目，对于成本核算、产品运营等内容知之不多，更遑论学生；而企业，尤其是需要投资巨大、研发周期较长的制造业领域，将一个优秀的产品推向市场，并能被市场广泛接受，实属不易。因此，学校本科人才培养和企业产品研发是两条线。

国家提出产学研战略，在 2017 年底国务院办公厅关于深化产教融合的若干意见发布，指出人才培养供给侧和产业需求侧在结构、质量、水平上还不能完全适应，深化产教融合，促进教育链、人才链与产业链、创新链有机衔接，是当前推进人力资源供给侧结构性改革的迫切要求，对新形势下全面提高教育质量、扩大就业创业、推进经济转型升级、培育经济发展新动能具有重要意义。党和政府希望利用高校的研发人才资源，为企业和国家发展服务，我们教育工作者要积极相应国家战略号召，尽力去让这两条线无限接近。

1.4　综合能力培养与科技制作

机械创新设计大赛是一个涵盖市场调研、产品研发、竞赛答辩及其相关环节的综合性赛事，其特点如下：

（1）方案构思新颖性。发散思维、不拘一格，最终的产品既可能是对现有产品的较好完善，也可能是发明创造出的新产品。

（2）功能实用可行性。开展广泛的市场调查，深入到产品的应用单位进行需求和功能分析研究。

（3）操作实践性。在制作中加工、组装、调试，反复修改和完善，很好地锻炼和提高了学生的动手操作能力。

（4）学科知识综合性。不少作品融合机械、电子、光学、控制、材料、物理、数学等多学科知识，体现了科技发展既分化又交叉的时代趋势。

(5) 制作过程合作性。不同专业和院系的学生组合在一起，发挥各自专业和特长，分工合作，彼此协调，培养并体现了良好的团队精神。

(6) 素质锻炼综合性。大赛综合了学科知识应用、材料购置与加工、沟通与交流、陈述与答辩等多个环节，经历该过程的学生在各个方面都受到了良好的培养，综合素质得到了极大提高。

从上述竞赛的特点来看，学生参与科技制作和学科竞赛无疑是当前教育体系和方法的一个有益补充，它的作用和地位不亚于大学的理论课堂。"第二课堂"课外科技制作与"第一课堂"(理论和实验教学)相辅相成、互为补充。

1.4.1　第二课堂课外科技制作的内容与作用

目前在培养机械类专业技术人才时，高校都比较注重或加大了实践教学环节，这对于提高学生的动手能力和创新能力起到了一定作用。但是由于实践环节课时相对较少，且实践内容多为单一学科，少有结合多门课程的综合性强的实践课，而且缺乏工程应用方面的内容和要求，因此对于提高学生专业知识综合运用能力方面还是有所欠缺的。

培养机械类学生的专业知识综合运用能力，可以将大部分专业基础知识糅合起来，提出一个学科综合性强、研究内容前沿、具有一定难度的题目，或结合各类机械创新设计大赛，以类似项目或课题的形式结合导师制进行实施。导师辅导学生利用课余时间进行科技制作，使学有余力和学有专长的学生进一步得到教育和培养，是当前培养学生综合能力的一个较好的教学方法，也是对现有理论与实践教学内容、方法的一个有益补充。

学生参与第二课堂学科竞赛具有以下三大意义：

(1) 从长远来看，参与机械科技制作，将今后进入社会和企业从事的产品研发，甚至团队管理、成本预算等环节提前到大学阶段进行，积累相关经验，有助于早日成才。

(2) 与理论学习相辅相成，在明确了专业知识学习目的的前提下，有助于提高学生学习兴趣和学习效率。

(3) 改变对大学阶段学习的观念，获得荣誉证书，极大地提升了在考研和就业市场上的竞争力，有助于找到理想的归宿。

1.4.2　第二课堂课外科技制作与综合能力培养

在大学阶段，结合机械科技制作，综合能力培养内涵应包含以下几个方面：

1. 机械专业知识能力

解决任何技术难题，如产生一个好的创意，对机械系统进行几何和数学建模、分析、计算、仿真与机械产品实践制作等都需要掌握一些专业知识理论。在机械科技制作中，一个好的作品或思路往往来源于对生活细微的观察与敏锐的思考，需要利用所学的专业知识，理论联系实际进行吸收、消化、创新和再创造。没有厚重的知识储备和敏锐的洞察力，即便"机会"每天擦肩而过，最后的结局也可能是一次次地错过。苹果从树上掉下来几千年，是研究物理力学的牛顿据此发现了牛顿万有引力定律。

TED演讲中有一个美国机器人研究专家如此评论大学教学：大学教育具有正负两面性，一些非凡的点子、有创造力的工程直觉，或者想超越一般的爱好，通过枯燥的学习去应对专业领域问题的挑战，我们需要更多的东西，这些东西都是在学校里学习到的，工具越多，越容易解决这些问题。所以，教育至关重要！

在学习一门机械专业理论课程时，由于实践环节相对较少，学生往往会有一些疑问：学这门课程有什么用？将来工作中什么情况下会用到它？仅仅通过语言解释很难让学生有深刻的理解和认识，但是通过科技制作，学生可以学习到怎样用专业知识去认识机械世界，如何去分析一个产品的优劣，已经学到了哪些专业知识，还需要学习和补充哪些专业知识等。兴趣是最好的老师，当指导老师一步步引导学生走进知识的殿堂，接触的范围将会越来越宽广，学生获取更多专业知识的兴趣也会逐渐提高，能力也随之得到增强。带着这种"渴望"走进第一课堂，学生往往会爆发出惊人的执着和刻苦钻研的学习精神。

这里进一步将第二课堂学科竞赛中遇到的专业技术问题列举几个，让学生能更加深刻体会到专业知识的重要性：

(1) 团队构思的功能是否可行？相关技术太高大上无法实现或者过于简单？

(2) 构思的作品是否优秀，突出的创新点是什么？和现有产品相比，优点和缺点分别是什么？

(3) 对于团队成员提出的不同想法，如何辨证地去看待？对集体做出的设计方案，是否能提出独特新颖的想法？

(4) 机械零部件的运动学、动力学分析计算。

(5) 机械零部件制图能力如何？能否结合现有加工设备制作加工工艺卡？工程制图的标准一直随着制图技术的发展而发展，从 2000 年左右的 AutoCAD 二维图，到如今三维软件如 SolidWorks、UG、Pro/E 等大量出现，零件图的设计制作也随之更新，2011 年出现了三维图形尺寸标注，如图 1-1 所示，不再需要像之前根据主视图、俯视图、侧视图的三向视图去思考三维世界的零部件细节形状。数控加工设备的更新越来越快，"从无到有"的金属打印技术，完全颠覆了多年来的机加工"从有到无"，一些新机床和新加工工艺，往往比教材中的内容更新更快，老师和学生在数字化技术飞速发展的时代，如何与时俱进培养数字工匠呢？

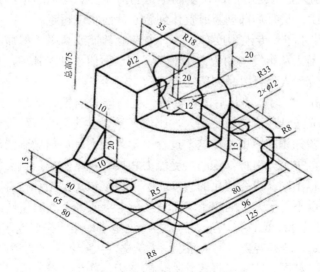

图 1-1　机械零件的三维尺寸标注示例

(6) 能否用专业的术语去表达和沟通？用专有的技术名词、从专业的角度去分析和解释设计中的问题和解决难题，是专业技能的综合体现。

以上 6 点是机械产品研发过程必须面对和解决的问题。从这些内容可以看出，机械专业知识是基础，第二课堂学科竞赛必须建立在第一课堂理论学习的坚实基础之上。"科学技术，应用为先"，通过理论与实践相结合，真正掌握知识的实际应用技巧。

同时，一个人的知识面越宽广，和外界的接触越多，在国赛的舞台上和其他高校同专业的学生进行交流，了解自己不懂的知识就越多；通过参与专业竞赛，才能真正明确自己的兴趣所在，明白自己可以做什么，应该做什么？

2. 创新能力

创新能力是指个人提出新理论、新概念、新方法或发明新技术、新产品的能力。创新过程是一个学习、消化、融合、创造的过程，也是一个不断循环往复开拓性设计和思考的过程，需要有敏锐的洞察力和灵活的思路。

学生不仅要对创新设计有强烈兴趣、梦想和执着的自信心，还需要有洞察力、预见性和创新精神，更应当有先进的理念和社会责任担当。科学家依靠质疑精神和想象力，揭示已有知识体系的矛盾、提出新问题、创造新知识；设计师、工程师要适应和创造市场新需求，设计创造新产品、新工艺、新装备；企业家创新、创业，善于发现新商机，开拓新市场、新产业，创造经营服务新业态。

机械类产品在生产生活中几乎随处可见，对一两处关键部位进行技术改进、或是几个创新点组合成一个产品，对学习了专业知识、具备一定创新设计能力的学生而言是可行的，所以机械创新设计与制作是"广阔空间，大有可为"。

一个机械作品是否优秀、是否有市场，关键在于创新点。机构的设计是否新颖、巧妙，结构是否简单、执行可靠，产品的使用是否舒适、便利，与市场同类产品相比，是否功能多样、性价比更高等，这些都是创新点的具体体现。

对创新的几点看法：

(1) 创新是走别人没有走过的路，复制不是创新。要想弯道超车，就必须先模仿，在领悟和理解的基础上，进行局部创新或整体创新，从而实现超越。

(2) 创新与文化水平、专注程度有关。一个专业教授或高级工程师，肯定比一个文盲从技术的角度更容易去从事发明创造。在创新、创造面前，勤能补拙，只要我们投入更多的时间和精力去研究，人人可以是创新之人。

(3) 创新是模仿、学习、消化后的再创造。创新能力的提升不是一蹴而就的，必须要经历一个过程。首先是低层次的模仿别人，比如大学课堂的某些课程设计环节，按部就班的走流程，熟悉某些知识的应用，在这个过程中学习别人是如何做到的，强调的是理解和接受；然后是消化，每个人对待知识的接受能力和接受程度不同，自身相关知识和经验的积累、感兴趣的点也不同，最终消化的程度就不一样；最后是结合自身和产品进行创新和超越，这个超越可以不是全方位的超越，而是某一个点或多个点的超越。

(4) 对于他人的创新，应该报以正确的态度。这里借用圣哲先贤老子的话："上士闻道，勤而行之；中士闻道，若存若亡；下士闻道，大笑之，大笑者不足为道。"现在是自媒体的时代，大量的复制、粘贴，产生了很多碎片化的知识，在当前批判性思维教育比较欠缺的情况下，有的人缺乏对某个知识领域了解和认识的广度和深度，很容易站在一个小我的立场上去评判别人的创新，这种评判结果往往是不合理的。

当我们看到别人优秀的创新和创意时，首先应是钦佩和赞赏，因为这是别人可能千辛万苦思考得到的；其次是学习并理解其闪光点，将别人的知识存储到自己的知识库里；最后是再思考，能否在别人的基础上进一步改善，由他人的创新基础激发自己的进一步创新。

3. 动手能力

狭义地说，动手能力主要指运用机加工知识(如机械制造基础、机械制图、机械设计、数控加工等)和现有设备条件制作出实物模型，它将设计思想变成现实，动手能力强调主观性、能动性、创造性，要求有耐心和坚韧的毅力，能吃苦耐劳。

在机械科技制作中，学生要经历选材、购置、试加工、装配与调试等环节，由于一般制作的是单件产品和试制品，整个加工过程对于学生而言难度是不可预料的，有时甚至需要多次返工。但正是因为经历了这样一个艰难的过程，学生的动手能力和解决问题的能力才会得到很大的提高。

4. 科技论文写作、报告、沟通能力

用专业的语言和文字打动、说服同学和专家，对于初步掌握专业知识的学生来说是比较难做到的。科技论文写作、报告和沟通要求学生具有宽广的知识面和对所研究内容的深入理解，同时还应具有良好的口头表达能力和慎密的思维能力。

5. 团队协作能力

任何成绩的取得都是集体智慧的结晶，一个好的团队是善于充分挖掘每个成员的优点和潜力，"术业有专攻"这句话对于同属机械专业的学生团队来讲也是适合的。

科技制作从项目申请、方案论证，再到实物制作、报告演示甚至竞赛答辩，各个环节都需要不同方面宽广的知识，如资料收集、论文写作、材料采购、机械加工、安装调试、视频和宣传画制作、讲解答辩等，这些仅靠一个人的能力是难以全部实现的，它需要一个团队多容纳多才多艺的同学，大家分工协作、相互补充、集体研讨，共同出色地完成机械产品的科技制作。同时，在制作过程中要多向指导老师和同学学习，努力提高自己的综合能力。

在以上综合能力培养中，专业知识是立身之本，仅有理论知识是行不通的，只有理论和实践相结合才具有较强的解决实际问题的能力。较强的综合能力不是凭空得来的，也不是仅凭学好课堂理论知识就可以培养出来的。在大学阶段，通过参与综合知识较丰富的科技制作，不仅可以解决专业知识的实践问题，还可以锻炼其他多项综合能力，是学生在现有大学教育教学培养环境中提高自身综合素质的较好方法。

总而言之，学生经历一年左右的辛苦努力，在指导老师的帮助下，在团队同学的齐心协力互帮互助下，才可以完成一个机械产品的研发。在整个过程中，个人专业技能和综合素质都得到了很大的提升，其主要体现在以下几点：

(1) 机械产品创新设计的经验积累与成长——瞄准一个领域，了解一类产品，熟悉了机械产品研发的流程。

(2) 功能合理性分析——对各种创意和创新设计方案进行对比分析，能否用已有的知识和加工设备完成产品设计与制造。

(3) 机械系统方案设计——逐一思考并罗列呈几何级数增加的可供选择方案,再基于专业知识分析,确定最优设计方案。

(4) 产品制造和装配调试——体验加工制造过程中理论与实践相结合的重要性。

(5) 学生的收获——约一年的努力、多个奖项,使学生深刻体会如何做人做事,锻炼独立思考问题和解决问题的能力,以及吃苦耐劳、谦逊踏实的优良品性。

1.4.3　做好大学阶段学习规划,积极参与科技制作

机械类科技制作的开展和实施,需要有一定的技术条件和硬件基础,同时学生作为科技制作的实施主体,也应在大学各个阶段学习和掌握一些相应的知识和技能,通过运用这些知识和技能,独立地完成机械产品的科技制作。

1. 机械类科技制作的特点和必需条件

1) 特点

与计算机、电子技术等其他工科专业的科技制作相比,机械类专业科技制作的特点是:

(1) 机械产品知识涵盖面广。机械系统一般比较复杂,往往是机械、材料、电子、计算机、控制等多学科综合知识的运用。

(2) 机械产品加工难度大。如需要满足一定的制造精度和配合精度要求、使用功能要求、外观和使用舒适性要求等。

(3) 机械产品制作周期长。一个较复杂的机械系统从方案论证到最后装配调试,往往需要投入 4 个月甚至更长时间才能完成,对于身负学习任务的本科生来说,耗时更长。

(4) 制作成本较高。即使是制作实物模型样机,作为试制品其成本也是比较高的。

2) 必需条件

由于以上特点,实施机械科技制作必须具备以下条件:

(1) 人员条件。就一个团队而言,需要有一名熟悉机械创新设计理论、有丰富的实践经验与理论基础的指导老师;有 3～5 名高、中、低年级组成的人才梯队,他们均需具有较强的求知欲望和分工合作精神,且专业基础知识扎实。具体而言,学生应对机械制造基础、机械原理、机械设计、工程力学、数控加工等基础理论知识掌握较好,并且具备一定的产品造型能力、掌握机构优化设计方法及仿真技术、熟练操作数控机床进行产品加工等方面的综合能力。

(2) 硬件条件。如应有一间可容纳整个团队开展机构创新与优化设计、集中研讨的制作室,至少还应有一台保证能完成数控车、铣等基本加工任务的数控机床等。

(3) 政策支持。好的政策制度和“后勤”保障会更好地激发参赛学生的参与积极性,如作品制作经费的支持力度、参与科技制作给予相应的创新学分、大赛获奖奖励与学生评奖学金挂钩等鼓励政策的出台,使有志于参与科技制作的学生无“后顾之忧”。

(4) 人才储备。导师制、项目制与机械创新设计大赛是一种因果关系,通过对学有余力的学生进行额外的技能培养,为相关赛事输送高素质技术人才。

导师制是将优秀本科生纳入精英人才培养计划,为其参与大赛,根据个人爱好和个人能力(专业和年级)制定相应的技能培养方案,并给予技术指导,有针对性地培养学生相关

技能,如机构运动仿真、产品三维造型、动力学分析、产品数控加工等;项目制是让本科生参与到教师的工程实际项目中,根据其专业能力给予对应的任务,培养其工程应用能力,帮助学生深刻领悟"科学技术,应用为先"的教育理念,以及理论知识与实践应用之间的区别和联系。

导师制和项目制是对当前培养创新应用性、卓越工程师等系列人才的教育教学方法和人才培养模式的一个有益尝试,机械创新设计大赛只是这种教学方法和人才培养模式的一种成果体现方式。

只有具备了以上这些基础条件,才可以针对一个有创意的机械产品进行科技制作,否则科技制作将会成为无根浮萍,使其举步维艰。

2. 科技制作与大学阶段学习规划

作为指导教师辅导学生参与机械科技制作,或作为学生个体希望能参与机械科技制作,都需要有意识地在大学阶段相关课程的教与学中,使学生逐步掌握一定的知识和技能,以使学生能在今后的机械科技制作中独立地完成相关任务。

参考大多数高校机械专业培养计划,对于有志于参与科技制作的学生,大一应主要学习高等数学、机械制造基础课程,同时利用课余时间深入学习 Pro/E、UG 等产品三维造型软件;大二则学习机械原理、工程力学课程,同时利用课余时间学习 Matlab 数学计算分析软件、Adams 机构动力学仿真软件、VC 或 VB.Net 等编程语言,并结合具体机械产品实例进行适当难度的机械优化设计训练;大三主要学习数控技术、机械设计课程,加强数控加工工艺和产品加工技能等。

本科学生的时间和精力是有限的,作为一个团队需要具备机械科技制作的所有方面的知识,作为个体则可根据自己的爱好有选择地进行学习,力争做到理论基础扎实、个别技术能力突出。

表 1-2 给出了机械创新应用型人才培养的建议操作办法。

表 1-2　机械创新应用型人才培养技术路线

学年	大一	大二		大三		大四
能力培养	三维造型能力	机械系统方案设计能力	机械产品性能分析计算能力	机械零部件设计	机械零部件数控加工	机械工程综合能力训练
	以机械产品研发能力为人才培养主线 综合能力培养:专业知识能力、科技论文写作能力、专业表达能力、团队协作能力、创新思维和设计能力、动手能力					
相关核心课程	机械制图、产品三维造型(自学)	机械原理、机电传动与控制	理论力学、材料力学	机械设计	数控加工	毕业设计
相关学科竞赛	全国三维数字化创新设计大赛、全国大学生机械产品数字化设计大赛等					
		互联网+创新创业大赛、全国机械创新设计大赛、全国工程训练综合能力竞赛、挑战杯课外科技制作大赛、挑战杯创新创业大赛、国家级和省级大学生创新训练项目等				

续表

学年	大一	大二		大三	大四
教学改革		机械原理——机械产品创新设计大作业,培养学生的机械产品创新设计能力	理论力学、C语言程序设计——机械产品运动仿真与分析,培养学生的机械产品动力学性能分析能力	机械设计、数控技术、机械制图、产品三维造型、机械原理——开设综合性、创新性实验:简易机构模型创新设计与数控加工,培养学生机构创新设计、机械零部件图纸制作、简单产品数控加工与工艺卡编制等能力,走出一条机械原理教学模型设备自主研发道路	科研论文的写作与发表、专利申请

综上所述,完成一个具有一定复杂性和难度的机械产品科技制作,对学生的锻炼不仅仅是将所学的机械专业核心课程进行了综合应用,而且使学生的综合能力(创新能力、动手能力、工程实践能力、科技论文写作与报告、团队协作能力、沟通表达能力等)均得到了极大的提高。另外,如视频剪辑、图像处理、广告设计与制作等也得到了锻炼。通过这个过程的锻炼,学生自信心增强、科技创新制作兴趣浓厚,同时也熟悉了机械产品制作的流程,了解了自己的不足,明确了个人今后的学习方向和发展方向。

1.4.4　指导教师团队的建设

一个好的机械产品,是一个集合了机械、电子、控制、数学、计算机等较多学科知识的综合性产品。作为指导学生竞赛的辅导教师,应具有宽广的知识背景和较好的科研素质,同时还应具备较强的责任心,更重要的是,能有较好的投身教育、培养学生的奉献精神。

指导教师在具体指导一个团队时的主要作用如下:

(1) 指导教师利用相对渊博的知识面,鉴别学生对于功能构思的可行性(剔除和提炼)。受限于比较狭窄的知识面,学生对于一些机械作品的构思,往往会有两个极端:要么太过于高大上而缺乏科学性和可行性,要么构思落伍,与市场已有产品存在差距。所以,指导教师自身必须具备比较渊博的知识,善于引导学生进行查新和批判性思维,科学合理地帮助学生分析其构思,并能从青年学生敢想的好创意中发现蛛丝马迹,加以提炼。

(2) 指导教师为学生提炼早期作品构思的精髓,引导学生作品思考范围,统筹安排学生的工作计划(总设计师和规划师)。参与第二课堂学科竞赛的学生,机械专业基础储备还不够完善,考虑机械产品设计时思维面比较窄,初次参与学科竞赛,对待要完成的工作一脸茫然,指导教师要做好团队的核心,全面了解团队学生的能力和品性,安排合适的工作,从而保障团队各项工作稳步推进。

(3) 指导教师对于学生团队悬而不决的问题,做出最后的决断(学生个人提出新思路—团队集中研讨论证—指导教师最后分析论证—执行)。

指导教师是学生团队的主心骨,学生之间的争议问题,尤其是在机械创新设计头脑风暴过程中,学生内部往往各有所想,但缺乏足够的科学依据去让其他团队成员接受自己的想法，经过指导教师全面细致的分析，才能让团队学生虚心接受。

(4) 指导教师辅导学生完成本科阶段无法完成的工作(项目申报书、说明书写作、专利申请、科技论文发表等)。在大赛过程中，有些工作以学生当时的能力或水平是难以达到或完成的，至少学生很难高质量地完成，这时指导教师必须承担起更多的工作和任务，付出较多的时间和精力，比如团队申报国家级或省级大学生创新创业项目、专利提炼申请、科技论文发表等工作。在这个过程中，老师也需要有创新思维，以做到团队成果的最大化。

此外，由于机械产品所涵盖学科知识的综合性，这就要求指导教师和团队在研究方向上尽量互补，比如机械创新设计、优化设计与程序设计、数控加工、机械系统运动学和动力学等。

建议指导教师从事多门机械专业基础课程的教学工作，因为教学是科研的基础，从事与科研方面相关课程的教学，有助于打下扎实的专业基础，帮助其在更加宽广的专业研究领域找到科学研究的切入点，如机械原理、机械制造基础、工程力学、机械工程材料、机械设计、数控加工等，也有助于教师提高自己的专业基础水平，更好地辅导学生设计并制作优秀的机械产品。"教学相长"，辅导学生课外科技制作的过程，也是指导教师理论和实践能力不断提升的过程，将理论知识应用于机械产品研发，解决工程实际问题，对于教师的实践动手能力是一个较好的锻炼。

1.4.5　科技制作学生团队的建设

学生是参与学科竞赛的主体，也是最大的受益者——综合素质和创新能力得到了极大的锻炼、参与大赛后获得的成果有助于提升竞争力等。机械产品的创新设计与制作，具有设计与制作长时性、任务艰巨性、困难的不可预期性等特点，因此要科学、合理地组建参赛学生团队。

教师要善于在教学中引导和吸收优秀的本科生加入到机械创新设计团队，严格把好筛选关。选择优秀学生的两种推荐途径：其一是在课堂教学中培养和发现，其二是让领队学生去组建团队。最好的方法是建立起长效机制，对大一学生进行思想动员和前期考核(学长推荐与老师考核相结合)，通过逐步参与团队竞赛项目进行考核和选拔。专业知识储备广博、动手能力强、品性优良的学生，将会很好地领悟老师的教导，从而让老师专注于帮助学生处理一些全局规划、关键技术指导方面的工作。

对于学生个人而言，给出以下建议：① 组成一个学习团队，参照各种竞赛人数标准，相互学习，取长补短，共同勉励和进步。② 资源共享、相互学习帮助。学生之间的互教是学生能力成长的快速途径。③ 正确处理自学与好问的关系。要避免两个极端：事无巨细，任何事都跑来找老师指导或咨询；埋头隐身，老师不主动提及，一般不和老师交流。④ 术业有专攻，厚基础，根据个人兴趣爱好突出特色。有针对性地选择自己感兴趣的方向进行深耕细作，探索自己的兴趣点，而这很可能会成为学生今后读研或就业的主攻方向。⑤ 以阶段性成果作为支撑，不断勉励自己。作为指导教师，要尽力去为学生规划阶段性的成果，如论文、专利、设计方案参与创新设计类比赛获奖等，来勉励学生排除万难、坚持到底。⑥ 畏难情绪、好逸恶劳的思想人人都有，个人的成败，关键在于你愿意为你的理想付出多少行动。成功的路上并不拥挤，因为，能坚持的人并不多。

1.5　其他相关学科竞赛和创新项目申请

自 2017 年 12 月 14 日，中国高等教育学会"高校竞赛评估与管理体系"专家工作组在杭州发布 2012—2016 年我国普通高校学科竞赛评估结果以来，我国高校竞赛第三方评估拉开序幕。2018 年 2 月 2 日，中国高等教育学会在北京继续发布 2013—2017 年普通高校学科竞赛评估结果，并于当年 4 月份在武汉发布我国首部《全国大学生竞赛白皮书(2012—2017)》。2019 年 1 月 19 日，高校竞赛评估排行榜专家委员会第二次会议在杭州召开，会议采用无记名投票方式，通过 15 项竞赛增列入 2014—2018 年高校竞赛评估排行榜，其中本科类竞赛 12 项，高职类竞赛 3 项，列入排行榜的竞赛项目从原来的"18+1"项变化为"30+4"项。

除了每两年(偶数年)一届的全国大学生机械创新设计大赛，机械专业学生还可以参与的全国性大赛和项目有中国"互联网+"创新创业大赛、"挑战杯"中国大学生创业计划竞赛、"挑战杯"全国大学生课外学术科技作品竞赛、全国工程训练综合能力竞赛、全国大学生智能汽车竞赛、依托国家级和省级大学生创新训练项目的全国大学生创新创业训练计划年会、全国大学生 RoboMaster 机器人大赛、全国三维数字化创新设计大赛、全国大学生机械产品数字化设计大赛、"西门子"杯中国智能制造挑战赛、全国大学生先进成图技术与产品信息建模创新大赛、世界技能大赛等。这些赛事都具有创新能力要求高、参与学生众多、社会影响力大等特点。

1.5.1　中国"互联网+"创新创业大赛

中国"互联网+"创新创业大赛是由教育部联合国家发展改革委、工信部、人社部、共青团中央、生态环境部、农业部、国家知识产权局、中科院、中国工程院、国家扶贫办等联合创办的全民参与的创新创业活动，致力于打造成深化高校创新创业教育改革的重要载体和知名品牌。针对大学生的创新创业大赛旨在深化高等教育综合改革，激发大学生的创造力，培养造就"大众创业、万众创新"的生力军；推动赛事成果转化，促进"互联网+"新业态形成，服务经济提质增效升级；以创新引领创业、创业带动就业，推动高校毕业生更高质量的创业就业。

大赛由教育部部长和承办地省长担任组委会主任，省有关部门负责人作为成员负责大赛的组织实施。大赛成立专家委员会，由大赛组委会邀请行业企业、创投机构、孵化器(科技园、产业园、众创空间、加速器等)、高校和科研院所专家组成，负责参赛项目的评审工作，指导大学生创新创业。

大赛采用校级初赛、省级复赛、全国总决赛三级赛制。在校级初赛、省级复赛的基础上，按照组委会配额择优遴选项目进入全国决赛。一批科技含量高、市场潜力大、社会效益好的高质量项目进军总决赛，不仅展现了当代青年大学生奋发有为、昂扬向上的风采，更为他们提供了携优质创意和创新成果与投资机构合作签约的舞台和机会。

2015 年首届中国"互联网+"大学生创新创业大赛在吉林大学举办，2016 年华中科技大学举办第二届大赛，2017 年大赛在西安电子科技大学举办，第一届到第三届大赛累计有 225 万名大学生、55 万个团队参赛。2018 年厦门大学承办了第四届大赛，2278 所参赛高校

265 万名大学生、64 万个团队报名参赛，400 多支队伍参加总决赛，港澳台项目有近 100 个，国际赛道有来自全球 50 个国家的 600 多支队伍参赛，最终有 60 支队伍参加总决赛。大赛已经成为国际高等教育的一道亮丽风景线。

1.5.2　"挑战杯"课外科技作品制作大赛

挑战杯是"挑战杯"全国大学生系列科技学术竞赛的简称(官方网站为：www.tiaozhanbei.net)，是由共青团中央、中国科协、教育部和全国学联共同主办的全国性的大学生课外学术实践竞赛。"挑战杯"竞赛在中国共有两个并列项目，一个是"挑战杯"中国大学生创业计划竞赛(偶数年举办)，另一个则是"挑战杯"全国大学生课外学术科技作品竞赛(奇数年举办)。这两个赛事都没有明确的主题，鼓励各专业学生推荐不拘一格的优秀作品或创业理念等。

创业计划竞赛起源于美国，又称商业计划竞赛，是风靡全球高校的重要赛事。它借用风险投资的运作模式，要求参赛者组成优势互补的竞赛小组，提出一项具有市场前景的技术、产品或者服务，并围绕这一技术、产品或服务，以获得风险投资为目的，完成一份完整、具体、深入的创业计划。

"挑战杯"中国大学生创业计划竞赛采取学校、省(自治区、直辖市)和全国三级赛制，分预赛、复赛、决赛三个赛段进行。

大力实施"科教兴国"战略，努力培养广大青年的创新、创业意识，造就一代符合未来挑战要求的高素质人才，已经成为实现中华民族伟大复兴的时代要求。作为学生科技活动的新载体，创业计划竞赛在培养复合型、创新型人才，促进高校产学研结合，推动国内风险投资体系建立方面发挥出越来越积极的作用。

自 1989 年首届竞赛举办以来，"挑战杯"竞赛始终坚持"崇尚科学、追求真知、勤奋学习、锐意创新、迎接挑战"的宗旨，在促进青年创新人才成长、深化高校素质教育、推动经济社会发展等方面发挥了积极作用，在广大高校乃至社会上产生了广泛而良好的影响，被誉为当代大学生科技创新的"奥林匹克"盛会。

1.5.3　全国工程训练综合能力竞赛

全国大学生工程训练综合能力竞赛是教育部高等教育司发文举办的全国性大学生科技创新实践竞赛活动(官方网站为：http://www.gcxl.edu.cn/)，是基于国内各高校综合性工程训练教学平台，为深化实验教学改革，提升大学生工程创新意识、实践能力和团队合作精神，促进创新人才培养而开展的一项公益性科技创新实践活动。

竞赛宗旨是：竞赛为人才培养服务，竞赛为教育质量助力，竞赛为创业就业引路。竞赛方针是：基于理论、注重创新，突出能力，强化实践。

自 2009 年成功举办第一届以来，该赛事已经成功举办了 6 届。该赛事有固定的时间节点：两年一届，奇数年举办，与全国机械创新设计大赛错开；固定的参赛内容：2009 年、2011 年均为无碳小车连续走 S 形，2013 年在此基础上增加了无碳小车连续走 8 字形的内容，两个方向内容差异性不大。2017 年增加了电控方向题目，开始沿着 5° 上坡然后下坡，前面随机摆放障碍物，在电控无碳小车上安装智能检测模块，驱动小车转向避障。能作为一个命题连续比赛多次，说明了该命题的科学性、评价学生工程训练能力的综合性。

1.5.4　全国大学生创新创业训练计划年会

全国大学生创新创业训练计划项目的宗旨是：通过实施大学生创新创业训练计划，促进高等学校转变教育思想观念，改革人才培养模式，强化创新创业能力训练，提升大学生的综合素质，增强大学生的创新能力和在创新基础上的创业能力，培养适应创新型国家建设需要、适应各行各业发展需要的高素质人才。大学生创新创业训练计划内容包括创新训练项目、创业训练项目和创业实践项目三类。

(1) 创新训练项目是本科生个人或团队，在导师指导下，自主完成创新性实验方法的设计、实验条件的准备、实验的实施、数据处理与分析、报告撰写、成果(学术)交流等工作。

(2) 创业训练项目是本科生团队，在导师指导下，团队中每个学生在项目实施过程中扮演一个或多个具体的角色，通过编制商业计划书、开展可行性研究、模拟企业运行、进行一定程度的验证试验，撰写创业报告等工作。

(3) 创业实践项目是学生团队，在学校导师和企业导师共同指导下，采用前期创新训练项目(或创新性实验)的成果，提出一项具有市场前景的创新性产品或者服务，以此为基础开展创业实践活动。

大学生创新项目是大学生团队在教师指导下，在大学本科学习阶段，完成包含立项申请、执行和中期检查、答辩和验收结题等一系列的科研项目活动，项目的结题成果可以参加相关的学科竞赛。与学科竞赛相比，它更加偏重于学生的项目申报书写作、申请过程的陈述答辩、申请成功后的有计划实施等，当然后期的结题答辩验收也是一个重要的环节。总之，它是一个类似科研人员申请国家级、省级科研项目的科研活动。

自 2007 年教育部启动"全国大学生创新性实验计划"以来，逐步增加了高校的参与范围，并更改为创新训练项目、创业训练项目和创业实践项目。资助经费也给予区别对待，同时对执行周期进行了相应的更改。随后，各省教育部门也相应出台了省级的相关项目资助，各高校也设立了校级项目，使得越来越多的学生可以参与到这项锻炼学生综合能力的宽广舞台上来。

1.5.5　全国大学生机器人大赛 RoboMaster 机甲大师赛

全国大学生机器人大赛 RoboMaster 机甲大师赛(官方网站为：https:// www.robomaster.com/zh-CN)是由共青团中央、全国学联、深圳市人民政府联合主办，DJI 大疆创新发起并承办的机器人赛事，作为全球首个射击对抗类的机器人大赛，在其诞生伊始就凭借其颠覆传统的机器人比赛方式、震撼人心的视觉冲击力、激烈硬朗的竞技风格，吸引了全球数百所高等院校、近千家高新科技企业以及数以万计的科技爱好者的深度关注。比赛要求参赛队员走出课堂，组成机器战队，独立研发制作多种机器人参与团队竞技。

RoboMaster 机甲大师赛已经发展成为一个为全世界青年工程师打造的机器人经济平台。自 2013 年首次举办训练营以来，始终坚持"让世界沸腾起来，让智慧行动起来"的宗旨，在推动广大高校学生参与科技创新实践、培养工程实践能力、提高团队协作水平、培育创新创业精神方面发挥了积极作用，为社会培养出众多爱创新、会动手、能协作、勇拼搏的科技精英人才。

RoboMaster 机甲大师赛的发展历史：

2013 年，DJI 大疆创新创办首届大学生夏令营，参与学生仅有 24 名，任务是实现基于机器视觉的自主移动打靶。

2014 年，夏令营增至 100 名，任务是基于往届的技术积累进行优化升级，开展 4VS4 的机器人设计对抗，形成 RoboMaster 的竞赛规则雏形。

2015 年，DJI 大疆创新正式携手团中央、全国学联、深圳市人民政府联合举办首届 RoboMaster 机甲大师赛，首创 5VS5 的机器人射击对抗模式，吸引中国内地超过 3000 名大学生参赛，电子科技大学、大连交通大学 2 支队伍分获第二和第四，西南科技大学获得最终四强。

2016 年，为了提升技术质量和竞赛体验，RoboMaster 组委会研发出新一代机器人裁判系统。第二届的 RoboMaster 机甲大师赛阵容更新为双方各有 1 个英雄机器人、3 个步兵机器人、1 个基地机器人、1 个空中机器人进行设计对抗，同时在本届大赛期间也首次引入来自海外和港澳台的高校机器人战队参赛，电子科技大学、中国石油大学、华南理工大学、深圳大学获得最终四强。

2017 年，第三届的 RoboMaster 机甲大师赛阵容升级为 7VS7 的机器人设计对抗，发展为一项对理工学科综合能力要求全面均衡的赛事。此外，RoboMaster 增加挑战赛系列，与国际顶尖机器人学术会议 IEEE 在新加坡联合举办首届 ICRA RoboMaster 技术挑战赛。华南理工大学、山东科技大学、太原工业学院、哈尔滨工业大学获得最终四强。

2018 年，发展到第四届的 RoboMaster 机甲大师赛新增了哨兵机器人、空中机器人装载发射机构等要求，专注于工程实践人才培养，吸引了近 200 支全球队伍参赛。同年，DJI 在澳大利亚举办第二届 ICRA RoboMaster 人工智能挑战赛，专注于机器人学术课题研究。华南理工大学、东北大学、中国矿业大学、哈尔滨工业大学获得最终四强。

RoboMaster 机甲大师不仅仅是中国大学生的机器人比赛，未来也将发展成为世界范围内科技爱好者共同参与的机器人竞技项目。让机器人竞技和工程师进入大众的视野，启发更多怀有科技梦想的个人或群体参与到科技创新的潮流中。

RoboMaster 全国大学生机器人大赛比拼的是参赛选手们的能力、坚持和态度，展现的是个人实力以及整个团队的力量，组委会希望通过这项机器人大赛传达如下理念：

(1) 发掘有风度的"机神"级人物，助力一代明星工程师在此启航；

(2) 帮助理工男从幕后走到台前，完成技术宅的"逆袭"；

(3) 将大学生从网络游戏中解放出来，通过机器人竞技实现自我理想；

(4) 激发大学生纯粹的做事态度，培养他们对极致的追求。

RoboMaster 正在为高校新型人才培养带来一场突破性革命，在促进机器人技术发展的同时，也为参赛队员搭建一个全面交流的平台，他们在比赛中成长，在实践中进步，朝着机器人和人工智能技术改变世界的梦想永不止步。

1.5.6　全国大学生机械产品数字化设计大赛

全国大学生机械产品数字化设计大赛(官方网站为：Autodesk.com.cn)举办的目的是为了进一步引导大学生对数字样机技术的理解与应用能力，培养其创新设计能力、综合设计能力和团队精神，并吸引鼓励更多的学生参加学科竞赛、扩大赛事受益面。

大赛初赛采用网络评审模式，每年的 5 月，总决赛在湖北武昌首义学院举行。大赛历年主题和内容要求信息见表 1-3。

表 1-3　全国大学生机械产品数字化设计大赛历年主题和内容要求信息一览表

年度	大赛主题	内 容 要 求	参赛高校数量/个
2011年	开发月球，探索太空	登月车的设计	32
2012年	生命活动的启示，设计灵感之源泉	足式仿生机械的设计	45
2013年	绿色出行，火轮再现	未来自行车的设计	56
2014年	梦想快速实现	面向3D打印的玩具、机器模型、假肢的设计	72
2015年	极限攀越	攀爬机器人的设计	80
2016年	机器换人	转运、整理机器人的设计	81
2017年	厨房革命	食品制作、食物运送、餐具清理机器人的设计	82
2018年	球类机器人	球类投射机器人的设计；球类回收(捡球)机器人的设计；球场服务机器人的设计	83
2019年	服务机器人	康复服务机器人的设计；老年人服务机器人的设计；家用服务机器人的设计；月球营地机器人的设计	85

部分大赛优秀作品图片如图 1-2 所示。

(a) 月球车

(b) 机器豹

(c) 球类机器人

图 1-2　部分大赛优秀作品

第2章　创新思维

思维改变心态，心态改变行动，行动改变习惯，习惯改变性格，性格改变命运。

大到评价一件事情，小到评价一个作品，都需要有良好的思考习惯。创新能力是个体的一种创造能力，它包括创新意识、创新思维和创新技能等。成为创新之人，必须具备这三个方面的创新能力，其中要先培养良好的创新思维，创新思维训练可以改变我们看待问题和思考的方式。在机械创新领域，我们需要使用科学的创新思维方法，去甄别自己或他人的创意，为后续基于专业知识的创新、创造过程提供极富价值的创造性构思。

本章对创新思维进行了论述，详细介绍了几种典型的创新思维，以及影响创新思维的因素，指出突破思维定势的常见的创新思维训练技法，查新可以帮助我们尽快获得有一定广度和深度的见解，最后对当前影响较为深远的思维方法，如批判性思维、思维导图、六项思考帽、TRIZ 理论等进行了详细论述。

2.1　创意、创新与创业

中国有五千年文明史，2000 多年前，中国曾经有一个非常繁荣的创意创新时代，我们称之为诸子百家时代，在那个时代，我们有很多创新思想，孔子为代表的儒家(仁者爱人)、老子为代表的道家(以道为本，自然无为)、商鞅为代表的法家(法治与革新)、墨子为代表的墨家(兼爱，非攻)、邹衍为代表的阴阳家(星象五行)、鬼谷子为代表的纵横家(天下之势，分久必合，合久必分)、孙武为代表的兵家(三十六计)……

目前与创新、创业相关的名词非常多：创意、创新、创造、创业、创富、创青春、创未来……当前创新也存在一些现象：决心多，成果少；概念多，方法少；侧重文化和机制多，面向科技转化成果少，市场对创新的需求依然巨大。创新是创业的基础，创业是创新的延伸，创业始于创新，成于资本。

2.1.1　好的创意从何而来

创意是人们对事或物的奇思妙想。一个人要产生一个好的创意，就必须突破头脑中束缚思维的笼子，放飞思想的小鸟。

生活中不乏一些很好的创意产品。蚊香盒没有发明之前，蚊香点燃后一般放置在随盒附送的支架上，随之产生的问题，一是蚊香燃烧的灰烬需要另外用盒子收集，二是蚊香放置其上比较困难。后来有人发明了蚊香盒，如图 2-1 所示，在盒子上方加装横纵交错的细铁丝，一个简单的装置，即解决了上述问题。

图 2-1　简易蚊香盒

1. 创意具有的特性

(1) 创意要体现新、奇、妙。新是指以新颖的内容、不同的角度等提出可能更好的构思；奇是指提出构思后，能吸引他人思考和回味；妙是指引起他人对该构思击节赞叹的效果。

(2) 创意面前，人人平等。从产生创意的可能性角度，普通人和创新人才没有区别；差异性在于普通人缺乏将创意结合专业技能进行创新的能力，即将创意"变现"的能力，创意构思中包含专业知识的广度和深度、是否具备对创意进一步科学理性分析的能力等。初学者一定要注意区分"发挥抽象的创造力"与"成为实际的创新者"之间的差异。普通人还缺乏锐意创新的强烈意愿，即我们碰到生活中的一些问题，或者一个灵感、想法冒出来以后，是否执著以求去实现等。

(3) 创意有好、坏和高、下之分。创意人人都有，但有高下之分，一个优秀的创意来源于对生活的细致观察和技术的积累沉淀。因为几乎任何一个达到平均智商的工作者，只要在一个差不多的环境里，受到适当的激励，都可以想出一些天马行空的主意，其中不乏很好的想法创意。虽然有时候无法直观得到不同创意的价值大小，但是大部分的创意还是存在明显的好与坏及高下之分的。

2. 创意产生的重要因素

如何才能产生源源不断的设计创意呢？只有平时多看多观察，用批判性思维去欣赏别人的优秀作品，见多识广才能由此及彼联想到更多。同时还应对机械创新具有浓厚的研发兴趣，对各种感兴趣的东西思考、提问并尽可能付诸实现：我能否针对现存的问题提出比现有更好的构思？

在创意的产生和凝练过程中，有三个非常重要的因素：

(1) 创新思维是工具。创新思维引导我们去发现问题和解决问题，学生通过参与各种专业实践活动，系统性地锻炼和提高创新思维能力。

(2) 思辨能力是基础。思辨能力更多体现为专业基础知识的广度和深度，强调知识从汲取到积累，思辨能力能帮助师生全面分析、考核创意的优缺点。

(3) 不忘初心、勇于挑战(逆商)是助推剂。浅尝辄止、怕苦怕累是阻碍成长、成才的拦路虎。在进行创新活动中，我们需要时刻铭记：不忘初心，方得始终；初心易得，始终难守！

3. 优秀创意作品示例

(1) 创意作品1：如图2-2所示，采用活泼可爱的蜗牛外观造型，配合贝壳外形实现轨道变换和托盘的转动升降，实现憨态可掬的蜗牛送餐机器人相关平移+升降等功能。

(2) 创意作品2：如图2-3所示，用左轮手枪的击发转动原理，实现多个不同尺寸钻头起子的自动更换和旋转运动输出，设计出左轮手枪电钻。

图2-2 蜗牛送餐机器人

图2-3 左轮手枪电钻

(3) 创意作品 3：如图 2-4 所示，用华容道和九宫格游戏中的指定方块移动到指定位置的创意，应用于解决车库中的指定车辆取出问题。

(a) 华容道游戏

(b) 智能魔方车库

图 2-4　将华容道的移动换位应用于车库创新设计

2.1.2　机械专业学生的创新能力

创新是当今在我们国家出现频率非常高、非常时髦的一个词。创新创业既是政府和教育部门主导的一场全民运动，也是我国建设创新型国家的必需。一个国家如果没有技术上的独立，就没有经济、政治上的独立。而技术上的独立，核心是创新人才和他们拥有的创新技术、研发的创新产品。创新方法在美国被称为创造力工程，在日本被称为发明技法，在俄罗斯被称为创造力技术，在我国被认为是科学思维、科学方法和科学工具的总称。

创新是将功能设定与美好愿景变现的利器，很多人因为缺乏创新能力，只好将一些参差不齐的创意束之高阁。创新能力是创新人才有别于普通人的最大差异点，是评价创新人才的重要指标。创新强调的是开拓性与原创性，而创业强调的是通过实际行动获取利益的行为。

创新又是一个非常古老的词，创新的英文是 Innovation，这个词起源于拉丁语。它原意有三层含义：一是更新；二是创造新的东西；三是改变。

对创新人们有多方面的理解，有人为了鼓励大家创新，会说创新很简单。比如说别人没说过的话叫创新，做别人没做过的事叫创新，想别人没想的东西叫创新。有的东西之所以叫它创新，就是因为它改善了人们的工作质量、生活质量，有的是因为它提高了人们的工作效率，有的是因为它巩固了竞争地位，有的是对经济、社会、技术产生了根本影响等。比如将一个市场价格很贵的东西做得很便宜(如小米手机提出"为发烧而生"，向市场提供高性价比手机，使智能手机走向千家万户)、将一个收费的东西做成免费的东西(如 360 杀毒软件免费，从而使得制作杀毒软件的人无利可图)、将原来一个很难获取的东西变得很容易获得(如造车技术的合作引进，让中国现在已经成为汽车上的国家)、将原来一个很难用的东西变得操作非常简单(如图 2-5 所示的虚拟驾驶系统)等。

创新不一定非得是全新的东西，旧的东西以新的形式包装一下也叫创新。旧的东西以新的切入点叫创新，总量不变而改变结构叫创新，结构不变而改变总量叫创新。机械产品创新设计领域，赋予作品一个全新的功能是创新，设计一个巧妙的全新的结构是创新，局部功能的点滴改进也是创新。

图 2-5　虚拟驾驶系统

　　具体而言，创新包括五个方面的内容：引入新产品或提供产品的新质量(如 IPhone 手机)；采用新的主产方法(主要是工艺，如水刀进行切割金属)；开辟新市场(如美团让大家足不出户品尝美食、滴滴让车辆资源充分利用等)；获得新的供给来源(原料或半成品)；实行新的组织形式。

　　创新是有层次不同的。原始创新、大创新很难，但它们对人类文明和社会进步影响深远，如牛顿的三大力学定律、爱因斯坦的相对论、近年来的量子计算机、登月、智能手机和火星探测等，我国最近几年的"新四大发明"(高铁、支付宝、共享单车、网购)，这些重大科技创新与发明，直接或即将改变人们的生活。

　　以学科竞赛或大学生课外科技制作为主体内容的创新性人才培养，需要塑造学生脚踏实地、严谨求实的学术道德风范，面对各种挑战乐观自信的人生态度，面对挫折困难坚韧不拔的意志，面对荣誉利益正确的价值观，不迷信书本、不崇拜权威、不盲从师长、不人云亦云、敢于质疑、善于思考勤于总结的独立个性，乐于交流、协同合作的团队精神，及奉献社会、造福人类的高度社会责任感等。

　　在此，对有志于成为创新人才的青年学子，给出几点建议：

　　(1) 突破常规，发散思维，捕捉产品对象。用创新的思维，敏锐地找到各类大赛主题方向或满足生产生活要求的产品创意。对于一个在生活中爱发明、想发明创造的人来说，随时随地都有很好的素材可以进行创作。

　　(2) 创新的过程必须坚持"原创+实用"。有了好的创意后，一定要坚持"原创+实用"的原则，滤掉一些不合适的想法。"原创+实用"是作品走向产品的必备条件，作品的原创性是培养创新人才的根本要求，作品的实用性赋予作品走向市场的顽强生命力。

　　(3) 培养扎实的专业基础与信息分析处理能力。任何思维或联想都是基于已有的知识，专业知识是基础，"不积跬步无以致千里，不积细流无以成江海"。只有认真学好专业知识，再加上一个有准备的头脑，才能够进行发明创造，才能对自己或团队其他同学提出的构思进行科学、合理的分析。深厚的专业基础，是酝酿和甄别好创意、进行创新设计的必要条件。向市场要答案，用专业知识做基础，是产生优秀作品的不二选择。

　　面对浩如烟海的信息，必须具备一定的信息处理能力。运用淘金式思维，淘汰无用信息，提炼金点子。在信息分析和综合的基础上(他人已有成果)，综合运用各种创新思维方法，创造性地提出自己的想法和见解。

　　(4) 正确区分好设计和一般设计。很多学生，由于知识面的狭窄，难以准确区分哪些想法是好的或者是吸引他人的好设计,哪些只能算作是锦上添花的边角料?甚至有些青年老师也存在这样的问题,难以客观地从专业知识角度分析作品的优劣。

好的创意有助于催生好的设计,而如果挖掘不出好的创意,就开始对一个已有很多研究成果的领域进行创新,难度非常大,而且后期很容易被人理解为抄袭或复制。事实可能也确实如此。给予做创新设计的参赛师生一个建议:创意可以高出天际,创新必须脚踏实地。因此,不要轻易着手去做创新,应花大量的时间和精力利用创新思维去做创意的收集、遴选和论证。好设计需要遵循从优秀的创意到优秀的创新设计这一流程。

例如送餐机器人,如果做一个普通常见的人形机器人,去设计一些送餐过程的动作实现,这是一个创意 C 级的创新设计;如果设计一个类似和谐号的列车和轨道来送餐,这是一个创意 B 级的创新设计;有学生设计一个类似蜗牛的外形,轨道设计在餐桌下方,并且还可以 2 个蜗牛组合以承接大餐盘,这是一个 A 级的创新设计,如图 2-2 所示。

2018 年 12 月全国三维数字化创新设计大赛工业工程组方向,获得唯一特等奖的作品是左轮手枪电钻,创意很新奇,利用左轮手枪的弹匣转动来实现不同类型的钻头更换,采用上膛动作实现选中钻头的推出功能,如图 2-3 所示,是一个创意 A 级、创新 A 级的优秀作品。

第八届全国机械创新设计大赛主题之一是车库创新设计,有的参赛团队作品的结构设计毫无新意,如选用旋转风车式结构外形、圆柱体外形双重车库等,体现不出创意,不能给人以新和奇的感觉,机械原理里面的知识应用到作品中的较少。如图 2-4 所示的智能魔方车库,是将九宫格游戏的任意方块换位创意,应用到车库车辆同层平移中,并创新设计出对应的机构,这属于 A 级的创意。

有学生设计了一个球场服务机器人,如图 2-6 所示,用类似波士顿动力公司的跳跃机器人人形结构,折叠后成为一个旅行箱外形,细节方面用到了诸如连杆、齿轮机构等,还有具体的分析计算,是一个创意 A 级、创新 A 级的优秀作品。

图 2-6　球场服务机器人

(5) 从事创意和创新必须具备的品质。这个过程包含了对机械创新的热爱、敏锐的观察力、执着坚韧的毅力等。对机械创新的热爱,体现在对接触到的机械产品、机械创新视频、一些机械创新设计的优秀公众号推送的好文章等,进行长期的学习和积累。对优秀作品,试图事先自己破解内部构造,然后学习,尝试革新和改善,逐步提升自己的创新设计能力。

智商、情商和逆商是一个人事业成功的三大关键因素。

在学科竞赛中,智商体现在两个方面:其一是老师传授的知识,学生能否很快、很好地理解和执行;其二是学生个体在落实具体任务过程中,有没有自己的创新想法?学习专业软件和分析计算时是否能用较短的时间解决?

在学科竞赛的参与过程中,情商体现在人际交往中对待不同人、不同问题的处理方法。如诚恳、虚心地向老师、学长请教,善于发现好的队友、团结和勉励他们和自己一起奋斗,在赛场上向评审专家们展示自己勤奋好学、谦虚谨慎、专业技能扎实等优秀青年学生的才智和品性。

逆商指的是一个人在努力实现自己崇高人生理想的过程中,面对各种困难时能排除万难、坚持到底的品性。曾经有学生咨询过这样的问题:如何才能在学科竞赛中不抛弃、不放弃?

有不少老师想投身到创新人才的培养,却发现困难重重,如想指导学生进行科技制作,却力不从心,难以辅导学生设计制作出优秀的机械作品;想坚持下去,却难出高大上的各类成果,而使得师生团队的坚持难以为继。

而对于很多有志于参与创新活动的学生,也同样面临这样的困境:想参与,却无从下手;有了新的想法,却没有具体如何实现的头绪;或有了方案,却深感设计 too simple, too naive。

机械领域的创新是无界的,以最简单的四杆机构为结构支撑,诞生了很多我们身边的机械产品(如图 2-7 所示的生活中常见的旋转木马、健骑机、划船健身器、可折叠儿童座椅等)。

(a) 划船健身器

(b) 健骑机

(c) 旋转木马

(d) 厕所里的儿童座椅

图 2-7　常见的以四杆机构为结构基础的生活产品

生活中也常见各种样式的机械产品和工具，图 2-8 所示为生活中常见、常用的缝纫机、补鞋机，它们都是机械工程师创新思维的成果。这些是机械专业学生学习和借鉴的好材料，通过专业知识理论学习和实践产品的分析探讨，理论与实践相结合，拓宽自己的机械产品创新设计思路。

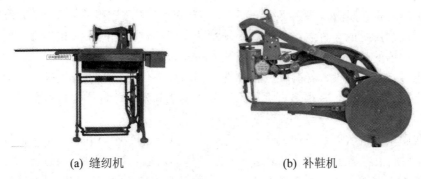

(a) 缝纫机　　　　　　　　　　(b) 补鞋机

图 2-8　生活中常见的机械产品

创新是有方法的，以 TRIZ 理论(后面 2.9 节详细叙述)为代表的创新设计技法就是其中之一。在总结前人数以万计的科技发明的基础上提出的 TRIZ 发明技法，解决了很多技术难题，用大量的案例证明了只要具备一定的专业知识、掌握了 TRIZ 发明创造技法，人人可以成为创造之人。

机械学生的创新能力包括创新思维能力、从事创新设计所需的专业基础，如分析和计算能力、不断补充的本学科领域的新知识学习和储备，以及具体的创新项目实践能力等。机械专业学生的创新能力，不能是纸上谈兵，必须依托于一个具体的项目来培养和落实。一个具备一定创新性、结构复杂性、技术前瞻性的机械作品，对于培养和锻炼机械学生的创新能力是至关重要的。

2.2　思维的定义和类型

思维相对于存在而言，是指人的全部认识，即意识；相对于感性认识而言，是指理性认识及其过程；相对于自然物质而言，指的是精神。思维一旦形成了单一的、长期的固定模式，人的思想和言行就会逐渐地出现僵化和老化。因此，接受新的知识，形成新的认识，不断超越自己原有的思维模式，这是改善思维方式和自我超越的努力过程，这个过程一旦停止，也就意味着思想的僵化和思维的老化，距离创新也会渐行渐远。

思维包括三大要素：思维材料(即思考的对象)、思维加工方法(即采用何种科学方法进行思考)、思维产物(即最后获得各种思考结果)。人与人的区别就在于认知，同一个世界，同一个问题，每个人由于认知不同，看同一个事物，会得到不同的结论，从而采取不同的行动，收获不一样的结果。

在解决问题的过程中，往往是多种思维方式形成互补，形成交错，而不是只用单一的思维过程去完成一个综合性的实际问题，因为"创造性思考本身是一种复杂的、多元思维的整合"。教会学生正确运用创造性思维解决实际问题的基本方法，从某种意义上讲比知识本身更重要。

下面简单论述几种常见的、最基本的思维方法：

1. 直觉思维(直接、迅速、敏锐，未经分析得到的想法)

直觉思维是人们没有经过深刻的理性分析和严格的逻辑推理，根据自己的经验和感觉，迅速地对问题做出判断、猜想、设想的一种思维方法，或者在百思不得其解之中，突然对问题有"灵感"和"顿悟"，甚至对未来事物的结果有"预感"和"预言"等，在日常生活中这是运用最为广泛的一种思维方式。必须承认灵感、顿悟等的不可预知性，但是也要认识到灵感和顿悟的产生，是依托个人自身过去的经验长期累积形成的。

直觉思维具有简约性、经验性、主体性、创造性等优点，但也有模糊性、偶发性、盲目性、不可靠性等缺点。有很多直觉思维导致了发明和发现，同样，也有很多的直觉思维产生了固执和荒谬，甚至导致了迷信和迷惘。

如第四届全国机械创新设计大赛主题之一为"抢险、救灾"，联想到不久前发生的汶川大地震，师生们很容易想到救援担架这一方向的作品。对于参与机械创新设计大赛的学生，如果知识积累不够深入，面对主题产生的第一意识也就是直觉思维的结果，往往不会是一个好的结果，因为阅历和接触的事物限制了想象。只有经过大量的资料收集和归纳、多次的反复思考，之后获得的思考结果才可能是较优的方案。

思维锻炼：

(1) 请第一时间说出你想赋予未来的手机什么功能？

(2) 看一个同学的面貌，给出你对他的性格判断。

2. 系统思维(整体、协调、统一，全面考核各部分)

在理性分析和逻辑推理过程中，系统思维是运用最普遍的思维方法之一。系统论认为，每一个系统都由各种各样的因素构成，要使整个系统正常运转并发挥最好的作用或处于最佳状态，必须对各要素考察周全，并充分发挥各要素的作用。系统思维是以系统论为指导的一种思维方法，主要采用整体性、统一性的方法分析事物的整体和部分、部分与部分之间的关系，并从大局出发调整或改变系统内各部分的功能与作用。

要想提升思维的一体化水平，首先必须对客观事物及其关系有深刻和全面的分析，这是基本前提。只有建立在相关事物的正确认识基础之上，才有可能形成创造活动过程中的目标合理性、方法可行性、组织有效性、资源配置科学性。

但是，事物有系统性的一面，也有混沌性、非系统性的特征，如果所有事物都用系统论指导自己的思维，把系统论绝对化，思维就会被封闭、单向、僵死。在创造活动中，必须把系统思维和直觉思维等其他思维方法结合起来，才能达到思考力体系的完整性和思维方式的不断完善。

如在组建机械创新团队时，就需要用系统思维来考核团队成员，全面了解团队成员的能力、性情、相互融洽等方面情况。同时，也要兼顾个别队员在某一个方面能力突出，在某些方面可能存在一些让人难以满意的地方，需要老师本着教书育人的情怀，多看学生优点，敦促学生改正自己的不足，真正做到自己团队的学生各施所长，形成一股合力，把事情做好。

思维锻炼：

(1) 给出一个创新作品如救援变形金刚，请同学们评价该作品的优缺点，进一步对某个局部进行改进设计，并分析局部改进对其他部分功能的影响。

(2) 是读一个大多人建议的"热门"专业呢？抑或是读一个自己喜欢的专业？

3. 辩证思维(对立、统一、区别、联系)

辩证思维是指以矛盾运动为视角认识事物的思维方式，通常被认为它是一种与形式逻辑相对立的思维方式。在形式逻辑思维中，事物一般是"非此即彼""非真即假"，而在辩证思维中，事物可以在同一时间里"亦此亦彼""亦真亦假"而无碍思维活动的正常进行。

辩证思维要求观察问题和分析问题时以矛盾的眼光来看问题，它是唯物辩证法在思维方法中的运用，唯物辩证法的范畴、观点、规律完全适用于辩证思维。对立统一规律、质量互变规律、否定之否定规律是唯物辩证法的基本规律，也是辩证思维的基本规律。由于矛盾运动具有普遍性，因此辩证思维也得到了最广泛的运用。思维的一体化水平就是思维大整合的水平，离开了辩证思维谈不上思维整合，从而也就谈不上思维的一体化。

例如，在目标合理性分析中，需要通过辩证思维分析事物之间的矛盾性和利益相关者之间的矛盾性，并且需要通过辩证思维融合它们之间的矛盾；在方法可行性分析中需要通过辩证思维方法确定着力点，并通过辩证思维融合各种矛盾的力度、适度和量度关系；在组织有效性的分析中，辩证思维更是发挥一个人智商和情商的重要思考方法。

思维锻炼：

(1) 大学生谈恋爱是否会影响学业？

(2) 转基因食品能不能吃？

4. 逻辑思维(判断、推理、分析、综合)

逻辑思维指形式逻辑，也叫抽象思维。逻辑思维是一切思维的基础，即使是最自由的直觉思维，其中也不同程度的有着逻辑思维的成分。逻辑思维以抽象为特征，通过对感性材料的分析思考，撇开事物的具体形象和个别属性，揭示出物质的本质特征，形成概念并运用概念进行判断和推理。

逻辑思维的基本形式是概念、判断、推理，主要方法有归纳、演绎、分析、综合等。逻辑思维要求思维必须满足同一律、矛盾律、排中律和理由充足律，这四条规律能够确保思维主体在思维过程中的确定性、无矛盾性、一贯性和可论证性。

逻辑思维也是提升思维一体化水平的基本前提，思维离开了逻辑的合理形式，就很难产生合理的内容。然而世界是普遍联系的，并且是矛盾运动的，世界的这种普遍联系性和矛盾运动性要求思维必须具有进行多线逻辑的思维能力，并且能够在多线逻辑思维过程中化解思维的矛盾性，否则就会导致无穷无尽的二律背反。因此，形式逻辑必须与辩证逻辑相结合，并能够在真理结构中达到两种逻辑形式的相互转换。

有些创新思维活动，比如艺术创作，是不能遵循逻辑思维来进行的。所以在强调每个人都必须具有一定的逻辑思维能力之后，还应强调不同的创造过程，对于其他创新思维的综合运用。

例如，在进行产品创新设计时，某个局部功能，可以为之设计多个可行方案，这种直线逻辑推理很容易获得可行解。但是局部和整体之间的矛盾，需要多线逻辑进行判断和选择，最终整合出最优的方案。

思维锻炼：

(1) 论证为什么现阶段参与学科竞赛，非常有助于成为创新人才？

(2) 在机器人和人工智能技术非常火爆的今天，程序员是一个具有可持续发展能力的好职业吗？

5. 价值思维(优点、合理)

价值思维是对事物的价值本质和合理性指数做出科学分析和准确判断的思维方法，凡涉及价值判断的事物，应该和不应该的行为，都离不开价值思维，价值思维是实践活动中运用最为广泛的思维方式。

思维锻炼：

(1) 根据自己的性格、人脉关系、兴趣爱好等，论证在大四时是考研还是直接就业？有的同学提出读研与直接就业比较，读研会损失 2~3 年社会经验和人脉积累，你认为如何？

(2) 发展个人的一些兴趣爱好，如学习投资、学习人际交往和心理学等，会占据一些大学学习时间，是否值得？

6. 应变思维(通达、动态，力求统一与和谐)

应变思维是实践活动中运用最为广泛，也是最重要的一种思维方法，也叫动态思维。应变思维以环境和相对条件为依据，力求建立主客体之间与诸关系之间的统一性和协调性。应变思维是价值思维的延伸，是在价值思维的定性分析上根据具体条件进行的定量分析，并通过定量分析达到对"度"恰到好处的把握，创造出实践活动中诸多矛盾关系的和谐，从而完成思考力向执行力的转变。由于应变思维能够根据条件的相对性恰到好处的把握力度、适度、量度和广度关系，因此能够创造诸多关系之间的和谐，产生"和谐美"。

"圆若用智，唯圆善转"，凡智慧和谋略都需要随机应变、圆满通达，如果思想僵化、固执己见，缺乏应变能力和通达能力，即使有很高的科学思维水平和价值思维水平，也很难得出创造性的结果，也会制约思考力水平的提升。

如算命就是一种典型的应变思维，算命先生根据对前来求神问卦者的衣着、面相、言语、表情，以及相互设问式的交流，就可以顺藤摸瓜地判断出来者的一些情况，从而让问卦者心服口服。例如在进行机械创新设计时，依据一些理论获得的解决方案，可能会受到现有加工设备、制作经费、团队成员研发能力的制约，所以必须适时根据现有情况进行改变，这也是一种应变思维能力。

思维锻炼：

就一个时事热点，模拟记者采访一个同学，要求在较短时间内给出尽可能全面的回答。

7. 有序思维(循序渐进)

有序思维是按照一定的逻辑和次序进行思考和解决问题的一种思维方法。系统论的基本原理告诉我们，事物是相互联系的，这种联系不是杂乱无章的，而是按照一定的规则和先后秩序展开的。事物的不同秩序，决定事物的不同结构，从而导致不同的功能。比如同样是碳原子，由于排列秩序不同，组成了世界上截然不同的两种物质：柔软的石墨和坚硬的金刚石。

奥斯本稽核问题表法就是奥斯本提出的有序思维技巧：① 有无其他用途；② 可否借

助其他领域模型的启发；③ 能否扩大、附加、增加；④ 可否缩小、去掉、减少；⑤ 能否改变？⑥ 可否代替；⑦ 可否变换位置；⑧ 能否颠倒；⑨ 能否重组。为了激发人们的思维活力，提高其创造性思维能力，可预先设计一个稽核问题表，将一系列具有共性和普遍性的问题，罗列为有序的某种模式或模型。然后，按照这种有序的稽核表进行思维，可望获得高效率或富有创造性的思维成果。后来日本学者对其进行了进一步抽象概括。总而言之，奥斯本稽核问题，是由"改变、变化、创新"三个不同层次的思维活动所组成的。

思维锻炼：

拟订一个议题，组织一次学生研讨会，按照会议的举办流程，思考如何将活动组织得更加有效。

8. 形象思维(具体思维，想象、组合、充填、预示、导引)

人一出生就会无师自通地以形象思维方式考虑问题，形象思维会自觉或不自觉地掺杂在所有的思维方式之中。形象思维是指以具体的形象或图像为思维内容的思维形态，是人的一种本能性思维。形象思维是通过形象观念间的类属和类比关系进行的，通过独具个性的特殊形象来表现事物的本质。形象思维始终伴随着形象，通过"象"来构成思维流程。形象思维不仅仅运用于艺术家的创作活动，也是科学家进行科学发现和创造的一种重要的思维形式。

形象思维的直接性、经验性、跳跃性、敏捷性、创造性大大提高了思维速度和思维的整合效率，但是形象思维的粗略性、非逻辑性、模仿性往往会破坏思维的严谨性和科学性。因此形象思维必须与其他思维方法结合起来运用，才能扬长避短。

思维锻炼：

(1) 请设计一个篮球机器人，快速地在第一时间内写出你想赋予它的一些功能。

(2) 如果你是一个行动不便的老人，你希望别人帮你设计一个具有什么功能的助老机械装置，来帮助你解决生活中的什么生活自理难题？

9. 发散思维(辐射、发散，一物思万物)

发散思维又称"多向思维""扩散思维"，是指从一个目标出发沿着各种不同的途径去思考，探求多种答案的思维方法。发散性思维常常以某个目标或事物作为核心，然后根据事物的相关性扩散进行思考，因此，发散性思考具有多样性和多面性的特征，发散性思维有利于延伸思维的广度和拓展思维的深度。

由于事物在横向联系上具有普遍联系性，在纵向联系上具有无限可分性，发散思维容易使思考失去目标、迷失方向，它常常使简单的事情复杂化，使思维成为一团乱麻。因此必须合理地把握思维的发散方向和发散程度，使思维的发散与思维的集中始终围绕着需要来进行。

例如，在进行机械创新设计时，老师需要引导学生去思考，归纳出作品的几个考核技术指标，瞄准这几个技术指标，采取既集中又发散的原则，充分发挥青年学生思维活跃的优点，利用发散思维去收集更多的金点子。

思维锻炼：

(1) 看到阳光你会想到什么？

(2) 看到一个等腰三角形你会想到什么？

10. 收敛思维(集中、求同、由多到一，众多思路和信息汇聚到中心点)

收敛思维又称聚合思维、求同思维，收敛思维也是创新思维的一种形式，特点是使思维始终集中于同一方向，使思维条理化、简明化、逻辑化、规律化。

收敛思维与发散思维，如同"一个钱币的两面"，是对立的统一，具有互补性，不可偏废。发散思维是为了解决某个问题，从这一问题出发，想的办法、途径越多越好，总是追求还有没有更多的办法。而收敛思维也是为了解决某一问题，在众多的现象、线索、信息中，向着问题的一个方向去思考，根据已有的经验、知识或在发散思维中针对问题的最好办法去得出最好的结论和最好的解决办法。

收敛思维的特点是以某个思考对象为中心，尽可能运用已有的经验和知识，将各种信息重新进行组织，从不同的方面和角度，将思维集中指向这个中心点，从而达到解决问题的目的。这就好比凸透镜的聚焦作用，它可以使不同方向的光线集中到一点，从而引起燃烧一样。如果说，发散思维是由"一到多"的话，那么，收敛思维则是由"多到一"。当然在集中到中心点的过程中也要注意吸收其他思维的优点和长处。

收敛思维的另一种情况是先进行发散思维，越充分越好，在发散思维的基础上再进行集中，从若干种方案中选出一种最佳方案，同时注意将其他方案中的优点补充进来，加以完善，围绕这个最佳方案进行创造，效果自然会好。如洗衣机的发明就是如此，首先围绕"洗"这个关键问题，列出各种各样的洗涤方法，如洗衣板搓洗、用刷子刷洗、用棒槌敲打、在河中漂洗、用流水冲洗、用脚踩洗，等等，然后再进行收敛思维，对各种洗涤方法进行分析和综合，充分吸收各种方法的优点，结合现有的技术条件，制订出设计方案，然后再不断改进，结果成功了。

思维锻炼：

(1) 说出商人和政治家的共同之处，越多越好。

(2) 给你 4 个盒子、9 块蛋糕，要求每个盒子里至少要放 3 块蛋糕。

(3) 手机、电脑、书本、饮料，请说出 4 个物体之间唯一一个与众不同的，再找出任意两个物体之间的共同之处。

11. 逆向思维(求异、反求，从结果推导输入)

逆向思维也叫求异思维，它是对司空见惯和已成定论的事物或观点反过来思考的一种思维方法。敢于"反其道而思之"，让思维向对立面的方向发展，从问题的相反面深入探索。通常，人们习惯于沿着事物发展的正方向去思考问题，并寻求解决办法，对于某些问题，从结论往回推，倒过来思考或许会使问题简单化，甚至因此而有所发现，创造出令人惊喜的奇迹。

第七届全国机械创新设计大赛，主题之一为硬币分拣机的创新设计，当硬币已经分类后，有的同学局限在如何将硬币用薄膜或纸包裹上，采用什么机构或结构处理硬币和纸的动作关系，百思不得其解。有的参赛师生反其道而行之，为什么一定要向银行出具包裹好的硬币思维？他们提出采用塑料套筒封装方法，采用一种全新的包装方法，大大简化了硬币的后期处理工作。

逆向思维具有批判、怀疑、反向、异常、新颖的特征。并不存在一种绝对的逆向思维模式,当一种公认的逆向思维模式被大多数人掌握并应用时,它也就变成了正向思维模式。逆向思维是一种重要的思维方法,是发现问题、分析问题和解决问题的重要手段,它有助于克服思维定势的局限性。但是如果滥用逆向思维,任何时候都抱着怀疑态度,就会破坏思维的一体化水平,降低思维的整合能力,导致创造能力的丧失。

思维训练:

为了提升学生学习专业知识的积极性,请提出多个有效措施。

12. 质疑思维(在专业知识基础上的否定)

创新主体在原有事物的条件下,通过"为什么"(可否定或假设)的提问,综合应用多种思维改变原有条件而产生的新事物(新观念、新方案)的思维。

质疑思维的三个特征:最核心的疑问性(对问题深入了解和思考后提出质疑)、最明显和最活跃的探索性(提出质疑和问题,并探索和解决)、最宝贵的求实性。需要指出的是,质疑思维不是否定一切、打倒一切,然后没有思考了。不在于问为什么?而在于怎么问,不同的提问会带来不同的结果。

质疑思维的作用:① 质疑思维可以培养独立思考能力,破除消极的思维定势;② 质疑思维可以促进形成积极进取精神和独特思维方式;③ 质疑思维可以帮助答疑解惑、求真、化繁为简。

质疑思维有 4 种类型:起疑思维(通过"为什么"作起点,去探究事物的起因和本质属性)、提问思维(在思考、发现和处理问题时,对现在、过去的事情提出疑问,寻求准确答案、观念和理论)、追问思维(显著特点是"追",由第一个"为什么"再提问,并一直追问下去)和目标导航思维(质疑思维的最高层次,通过模糊性的"为什么"围绕着目标产生独特、新颖、有价值和高效的创新方法,从而达到目标)。

思维训练:

为什么苍蝇出入肮脏之地而不得病?

13. 互动思维(在思想的交流中激发出思维潜能)

互动思维也叫头脑风暴。一组人员通过开会方式就某一特定问题出谋献策,群策群力,解决问题。该方法的特点是:克服心理障碍,思维自由奔放,打破常规,激发创造性的思维活动,获得新观念,并创造性地解决问题。

在一个创新团体中,互动思维是相当重要的,当其中一个人的头脑活跃起来提出新想法时,就会对别人的头脑产生激发作用,使得大家的头脑都活跃起来。

互动思维(头脑风暴法)为何能激发创造思维?根据该方法的首创人奥斯本及研究者的看法,主要有以下几点:第一,联想反应。联想是产生新观念的基本过程。在集体讨论问题的过程中,每提出一个新观念,都能引发他人联想,并相继提出一连串的新观念,产生连锁反应,形成新观念堆,为创造性地解决问题提供了更多的可能性。第二,热情感染,在不受任何限制的情况下,集体讨论问题能激发人的热情。人人自由发言、互相影响、互相感染,能形成热潮、突破固有观念的束缚,最大限度地发挥创造性的思维能力。第三,竞争意识。在有竞争意识的情况下,人人争先恐后,竞相发言,不断地开动思维机器,力求有独到见解、新奇观念。心理学的原理告诉我们:人类都有争强好胜的心理,在有竞争意识的情况下，人的心理活动效率可增加50%或更多。第四，个人欲望。在集体讨论解决问题过程中，个人的欲望自由不受任何干预和控制，是非常重要的。头脑风暴法有一条原则，不得批评他人的发言，甚至不允许有任何怀疑的表情、动作、神色。这就能使每个人畅所欲言，提出大量的新观念。

头脑风暴法运行原则有四条：一是自由思考原则。要熟悉并善于应用发散性思维的方法，如横向思维、纵向思维、侧向思维、逆向思维等。二是禁止评判原则，又叫保留评判原则。评判包括自我评判和相互评判，肯定性评判和否定性评判。过早地进行评判和相互评判，就会使许多有价值的设想被扼杀。三是谋求数量原则。在规定的时间内提出大量观点、设想，多多益善，以量求质，其中有些观点和设想可能是荒唐可笑的，但不管是什么样的设想，都必须无一遗漏地记录下来，以作为下一步评论发展的依据。四是结合改善原则。与会者要努力把别人提出的设想加以综合和改善发展成新设想，或者提出结合改善的思路。

思维训练：

设计一个大型智能停车场，评价该智能车库的关键指标有哪些？进一步如何解决这些关键技术难题？

14. 灵感思维(突发，情感，瞬间性，积累、迷恋、松弛、触发)

灵感思维是指人们在科学研究创造、产品开发或问题解决过程中突然涌现、瞬息即逝，使问题得到解决的思维过程。灵感思维有偶然性、突发性、创造性等特点。

灵感思维具有以下六个特点：① 灵感的产生具有随机性、偶然性。灵感通常是可遇不可求的，至今人们还没有找到随意控制灵感产生的办法。人不能按主观需要和希望产生灵感，也不能按专业分配划分灵感的产生。② 灵感产生是世界上最公平的现象，任何能正常思维的人都可能产生各种各样的灵感。不论是知识渊博的科学家还是贫困地区的文盲都会产生灵感。③ 产生灵感几乎不需要投入经济成本，而灵感本身却可能是有价值的。鉴于灵感价值的特点，可以将灵感看作是有价值的产品，这种产品是只有智慧的动物——人才能产生的。④ 灵感具有"采之不尽，用之不竭"的特点。这是灵感最为特殊的特点，越开发灵感产生得越多。⑤ 灵感具有稍纵即逝的特点，如果不能及时抓住随机产生的灵感，它可能永不再来。⑥ 灵感是创造性思维的结果，是新颖的、独特的，人产生灵感时往往具有情绪性，当灵感降临时，人的心情是紧张的、兴奋的，甚至可能陷入迷狂的境地。

引发灵感最常用的一般方法，就是愿用脑、会用脑(独立思考,遇事多问几个"为什么？"多提出几个"怎么办？")、多用脑(人的认识能力，是在用脑的过程中得到锻炼从而不断提高的)，也就是遵循引发灵感的客观规律科学的用脑。

思维训练：

久思而至、梦中惊成、自由遐想、急中生智、另辟新径、原型启示、触类旁通、豁然开朗、见微知著。

从上述各种思维的定义来看，人们在思考时，往往不是用单一的思维方式进行思考，而是多种思维的综合运用，或者不知觉地应用了某种思维方式而不自知。系统化地学习和练习各种思维方法，有助于我们科学、系统、快速地进行创新和创造性活动。

2.3 创新思维相关理论

出身不能改变,智商没法锻炼,但如果说人生能有一次翻盘的机会,靠的就是训练不同的思维方式。比创新更重要的是创新思维,如果说创新是探索如何具体解决问题的办法,那么创新思维就是解决做什么的问题。没有创新的思维方式,就没有创新的行动和实践。

创新思维是一种技能。创新思维是指以新颖独创的方法解决问题的思维过程,不受现成的、常规的思路的约束,寻求对问题全新的、独特性解答和方法的思维过程。通过这种思维能突破常规思维的界限,以超常规甚至反常规的方法、视角去思考问题,提出与众不同的解决方案,从而产生新颖的、独到的、有社会意义的思维成果。创新思维的本质在于将创新意识的感性愿望提升到理性的探索上,实现创新活动由感性认识到理性思考的飞跃。

2.3.1 创新思维的特点和形成

创新思维综合运用了多种思维方法和逻辑模式,在社会实践需要所制约的目标指导下,在一定心理结构的影响下,对储存的和外来的信息经过鉴别、筛选、重新联结和组合,从而产生新知识,构成新理论和新发现。

1. 创新思维的特点

(1) 创新思维是开放性的而不是封闭性的。封闭性是指习惯于从已知经验和知识中求解,偏于继承传统,或照本宣科。而开放性是指敢于突破定势思维,富有改革精神。

(2) 创新思维是求异性的而不是求同性的。求同性是指人云亦云,照葫芦画瓢。求异性是指与众人、前人不同,独具卓实的思维。

(3) 创新思维是非显而易见性的。显而易见性即思维的结果或答案可预见。非显而易见性即答案具有意想不到的特征,这是创新思维的一大特点。

2. 创新思维的形成

创新思维的形成和发展,基于以下四个基因。第一是好奇:为什么呢?人类文明的发展,是在探究未知领域的好奇心(思考我们究竟是谁、我们从哪里来、以及我们要去向何处的难题)驱使下发生的。第二是质疑:非这样吗?敢于质疑是突破创新的第一步。第三是敢想:一切皆有可能!多想想那些貌似不可能的事,也许会有意料不到的收获。第四是尝试:试试看吧。99 次的失败,是为了迎接第 100 次的成功。

创新思维的形成过程有四个阶段:

(1) 储存准备。接受了某个思考的任务,开始有意识地吸收外界相关的知识,长期积累,有可能在某一天厚积而薄发。

(2) 潜伏加工。当我们将思考的对象纳入脑海,它会和其他已有的知识之间进行碰撞,大脑开始潜意识的工作,各种思维方式融会贯通,交织在一起,不断地碰撞和反应出新的点子。

(3) 顿悟阶段。在某个时刻,可能是灵感,或思想的一个火花,有一种"众里寻她千百度,暮然回首,那人却在灯火阑珊处"的感觉。

(4) 验证阶段。任何思考所得,都必须接受实践的检验。一代伟人毛泽东曾经说过"没有调查就没有发言权",胡耀邦同志曾经发起"实践是检验真理的唯一标准"大讨论。

2.3.2 创新思维的枷锁

爱因斯坦说:"常识就是人在十八岁之前形成的各种偏见"。这里所说的"常识"和"偏见",指的是那些在周而复始的日常生活和工作中形成的所谓"规矩"和"惯例"。在进行创新思维时,一定要时刻警醒,破除思维中的这些"惯例",不按常理出牌。在外界环境不变的情况下,思维定势往往起到有利作用,便于我们很快轻车熟路解决问题;当外界环境变化时,思维定势却会阻碍我们产生新的解决办法。

每个人都具有一个或多个方面的思维定势,这一点往往容易被人所利用。比如赌徒会觉得硬币出现正面好几次了,下一次出现反面的概率很大,其实每一次出现正反面的概率都没有改变;有的人明知道传销组织的危害,却自信地认为自己会成为提前获利离场的那个人,最终深陷其中而不能自拔;商家标价 198 元往往比标价 200 元更能吸引顾客前来购买……

人们要进行创新思维,就要突破思维定势,或者说破除创新思维的枷锁。创新能力的高低与创新思维的深度成正比,要想成为创新人才,在创新思考时就不能限制自己的创新思维,如天上有没有 2 个太阳?有没有会飞的话筒?这些在旁人眼里很"弱智"或者不屑一顾的问题,多问几个为什么,往往会有不一样的收获。

1. 思维定势常见的情形

思维定势有很多,这里列举常见的 8 种情况:

(1) 直线型思维。体现为解决问题时只有一个答案,一就是一,二就是二,或 A=B,B=C,则 A=C,没有折衷和变通。直线思维往往是个人自我封闭养成的结果,不善于从侧面、反面或迂回地去思考问题,不免会陷入思维的误区。

(2) 权威型思维。体现为对权威的尊敬甚至崇拜,不敢逾越权威半步,不敢怀疑权威的理论和观点。有这种思维习惯,更深层次的原因还是对自己知识和能力的不自信,对事情没有经过细致的市场调查研究。亚里士多德曾经说过:"吾爱吾师,吾更爱真理。"这也成为哈佛大学的校训。从小要养成独立思考的习惯,对权威尊敬而不盲从。

(3) 从众型思维。体现为随意附和,以期获得归宿感、安全感。从众心理,就是不敢带头,一切随大流的心理状态。

(4) 书本型思维。体现为纸上谈兵,不懂变通。由于对书本知识的过分相信而不能突破和创新的思维方式,不懂得变通和灵活应用。这类人往往缺乏实践,只能解决书本中既定环境下的理想课题,而对于现实生产生活中的没有"标准答案"的问题一筹莫展。

(5) 自我中心型思维。体现为世界以我为中心,我想到的就应该是其他人认同的,不善于换位思考。

(6) 自卑型思维障碍。体现为非常不自信,有自卑心理,容易放弃竞争。自身面对困难时要有坚韧的毅力,以及用阶段性的成果作为激励手段,是帮助解决自卑型思维障碍的良方。

(7) 麻木型思维障碍。表现为不敏感,思维不活跃,习惯于接受任务,而非开拓进取。一些心灵鸡汤诸如"过自己想过的日子,随他人说去吧""随性、随心"等佛系标语,很容易让人为自己的堕落、懒惰、无为找借口。

(8) 经验主义。对经验过度依赖和崇拜，难以运用发展的眼光看待事物，拒绝接受新技术、新理念等。技术进步日新月异，经常性地接受新知识，才能不落后。"吾生也有涯，而知也无涯。"

从上述分析可知，有思维定势阻碍的人，难以产生创新想法，更难成为创新人才。因此，在思考有待创新的问题时，要有意识地抛开头脑中思考类似问题所形成的思维程序和模式，敢于开发新思路。

2. 破除思维定势的方法

这里对破除思维定势给出几点建议：

(1) 询问多人。不同的人，由于阅历、学识等多方面的差异性，往往对一个问题会提出令人意想不到的观点。兼听则明，偏听则暗。咨询他人的时候，要注意询问的技巧，营造一种虚心请教和咨询、沟通的氛围。

(2) 暂时搁置。当我们全身心投入一件事情思考时，容易陷入"不疯狂不成魔"的状态。这种状态的好处是钻研很深，缺点是可能陷入太深而不自觉。因此，创新思维需要多次跳出来，间隔一段时间冷处理，保持头脑冷静。

(3) 加强训练。创新思维能力是可以锻炼的，通过掌握一些科学的思维技法，可以很好地打开思维枷锁，在讨论一些问题时创意频出。有专家建议多和小朋友一起玩耍，可以克服思维定势，因为成年人的认知受个人前期经验和知识累积的影响，而小朋友的世界不受这些限制，反而更容易冒出意想不到的想法。

2.3.3 产品设计的创新思维

设计是人类有目的的行为，设计的基本目标为有使用价值的有形或者无形的人造物。产品设计是从需求出发寻求设计出产品优化解的过程，显然，设计活动是一个创新过程。好设计是实现技术商品化的有效途径。

在产品的设计周期，在不同的过程或环节里，需要具备以下四种目标导向的思维。

(1) 需求思维。客户需求就是产品的设计目标，主要包括功能和性能，其中，性能是产品的技术与经济量化指标，比如动力学参数、可靠性、成本等。满足客户需求是产品设计的唯一目标，需求越刚性，产品的市场前景越好。

(2) 问题思维。无论是新产品原创设计还是老产品改进设计，本质上都需要解决功能、性能中存在的问题，解决问题的过程，也是技术创新的过程。一个问题一般包括三个要素：① 不满意的初始状态；② 期望的目标状态；③ 实现目标的技术障碍。因此，解决问题就是克服技术障碍，从不满意的初始状态向期望的理想目标状态转化的过程。在产品设计的问题中，设计需求就是期望的目标状态，设计过程就是寻找满足期望目标状态的最佳设计解的过程。

(3) 优化思维。在激励的竞争环境中，功能与性能越优且价格越低的产品，越具有竞争优势。设计中一般以成本最小化为目标，性能指标为约束条件，求解最优设计方案。

优化设计包括定性优化设计和定量优化设计。定性优化设计一般先产生系列可行方案，再根据一定的评估准则分析产生最优方案，是一种概念性的、模糊性的设计过程。定量优化设计则建立优化设计数学模型，获得设计最优解，获得一些可供对比的性能参数，并与已有产品，或者与之前的多种方案进行对比分析后的具体化过程。

优化思维需要产品设计人员掌握一定的产品设计相关理论基础，运用先进的设计理念，获得对比优良的产品使用关键性能参数，从而促进产品的更新换代。

(4) 系统思维。不能片面地、孤立地只看到一个问题，产品设计过程中的系统思维主要考虑以下三个方向：

① 系统考虑产品的属性。产品具有经济和技术双重属性，尤其是经济性，往往容易被年轻工程师所忽视，有些产品成本低了，可能有些性能也会随之显著降低，从而难以成为好设计。

② 系统考虑产品生命周期。设计中要考虑产品的制造、装配、维护、回收等要求。

③ 系统考虑产品设计的不同环节。产品设计包括需求分析、概念设计、结构设计、控制设计、样机制造等系列环节，需要设计团队成员充分理解不同环节的设计要求和设计进度。

系统思维对产品设计人员提出了产品相关知识面的广度和深度的高要求，因此，产品设计过程是一个没有最优、只有更优的无休止的优化过程。

2.4　创新思维技法训练

创新思维技法训练，是指综合运用上述创新思维方法，采用各种操作形式，达到提高创新思维能力、获得大量新奇创新点子的目的。

下面简单介绍几种具体的、比较流行的、有可操作性的创新思维训练方法。

2.4.1　群体集智法

群体集智法，是通过某种形式获取多个人对一个事物的看法和建议，充分发挥集体中每个人的智慧和创意的方法。

1. 群体集智法的四个原则

(1) 自由思考原则。与问题有关联即可，头脑风暴，不限制每个人的思维。

(2) 延迟评判原则。切勿压制扼杀，不要急于去打断或评论他人的观点，避免对当事人或其他人造成既定的思维导向。

(3) 以量求质原则。要多追求不同的观点，强调求异性，多而广，同时注意发言人的思考维度和深度。

(4) 综合改善原则。"三个臭皮匠顶个诸葛亮"，集采众人之长，会获得更好的解决办法。

2. 群体集智法的实施形式

群体集智法主要有会议式、书面集智法、函询集智法3种实施形式。

1) 会议式

(1) 会议准备：确定主持人、会议主题、参会人数等；

(2) 热身运动：观看视频、讲故事之创造技法、提问等；

(3) 明确问题：对所讨论的事物进行初步的、客观的介绍；

(4) 自由畅谈：不同专业领域的人谈方法、建议，不允许他人批评或嘲笑；

(5) 分析总结：对所有人的意见进行归纳、汇总。

2) 书面集智法(亦称"635"法)

书面集智法的操作方式是：6 人参加，每个人提出 3 种想法，每轮给予 5 分钟的思考。主持人宣布创造主题→发卡片→默写 3 个设想→5 分钟后传阅；在第二个 5 分钟要求每人参照他人设想填上新的设想或完善他人的设想，这样半小时即可产生 108 种设想。最后经过筛选，获得有价值的设想。

3) 函询集智法

进行函询集智法的流程为：确定题目→发函→限期索回→概括整理→再次发函→补充新设想→根据情况数次轮回→最终的最佳方案。

2.4.2　系统分析法

系统分析法包括设问探求法、缺点列举法、希望点列举法、特性列举法、形态分析法五种。

1. 设问探求法

设问探求法是从多角度提出问题，促使人思考，提出一系列问题更能激发人们在脑海里思考，通过提问寻求解决问题的思路。提出一个好的问题，很可能问题成功解决了一半。

一般可从以下 9 个方面进行创造性设想：① 有无其他用途？② 能否借用？③ 能否改变？④ 能否扩大？⑤ 能否缩小？⑥ 能否代用？⑦ 能否重新调整？⑧ 能否颠倒？⑨ 能否组合？

设问探求法在创造学中被称为"创造技法之母"，它具有如下三个特点：① 它是一种强制性思考，有利于突破不愿提问的心理障碍；② 它是一种多角度发散性思考，通过系统性的思考后再深入思考，利于启发思维；③ 它提供了最基本的思路，让创造者集中精力朝提示的目标和方向思考。

以大家熟悉的自行车为例，采用设问探求法可以获得多个不同的改进设计方案，见表2-1，图 2-9 列举了部分产品。

表 2-1　自行车创新设计设问探求表

序号	设问项目	新概念名称	创意简要说明
1	有无其他用途？	多功能保健自行车	组合式多功能家用健身器
2	能否借用？	助动自行车	机动车传动原理，设计成助动车
3	能否改变？	太空自行车	采用椭圆形链轮传动，设计形态特殊的太空自行车
4	能否扩大？	增大健身强度	斗牛士健身车
5	能否缩小？	可折叠自行车	各种折叠方式
6	能否代用？	新材料自行车	复合材料代替钢材，轻便型高强度自行车
7	能否重新调整？	长度可调自行车	前后轮距离、车把高度可调，可调成长自行车
8	能否颠倒？	可后退自行车	娱乐性
9	能否组合？	多人自行车	会议自行车，一家三口自行车

(a) 斗牛士健身车

(b) 会议自行车

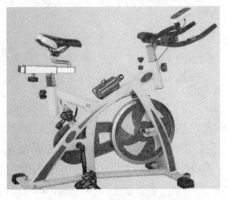

(c) 踏步自行车

(d) 摇摆车

图 2-9　各种新奇自行车

2. 缺点列举法

缺点列举法是极为重要、而又普遍应用的方案设计技法。人们对某个事物存在的某个方面产生不满，往往是创造发明的先导，只要把列举出来的缺点加以克服，那么就会有所发明、有所创新。

缺点列举法往往适合于既有的用户，用户能对产品提出亟需解决的问题。例如，传统汽车采用柴油或汽油作为能源，随着世界资源的日益短缺，寻找替代能源成为科学家亟待解决的问题。电动汽车解决了汽油能源短缺的问题，其关键难题是要解决替代的新能源、能源快速传递等问题，如采用石墨烯电池，利用锂离子在石墨烯表面和电极之间快速、大量穿梭运动，且其充、放电速度非常快的特性，开发出一种新能源电池，如图 2-10 所示。

图 2-10　石墨烯碳原子分布图

3. 希望点列举

希望点列举法就是把对某个事物"如果是这样就好了"之类的想法都列举出来，然后逐一采用专业知识去尝试解决。人类社会的需求大致有三种分类方式：物质需求和精神需求、消费需求和生产需求、现实需求和潜在需求，这些社会需求驱动人们去发明创造，进而满足人们的各种需要。

传统手机只有打电话、发短信等功能，而数码相机则只能拍照，MP3 播放机只能播放音乐。随着网络时代的飞速发展，苹果公司乔布斯看准了这个时代发展机遇，于 2010 年 6 月研发出划时代的智能手机 iPhone 4，如图 2-11 所示。iPhone 4 是结合照相手机、个人数码相机、媒体播放器以及无线通信设备的掌上设备，采用多点触摸屏界面，并首次加入视网膜屏幕、前置摄像头、陀螺仪、后置闪光灯，相机像素提高至 500 万，并首次向世人展示其独有的 facetime 视频电话的创新功能。一举打败移动通讯巨头诺基亚，并用高科技产品淘汰了数码相机、MP3 等，引领智能手机领域十多年，创造了一个科技服务社会的神话。

图 2-11　iPhone 4 智能手机

4. 特性列举法

特性列举法是基于任何事物都有若干特性，将问题化整为零，分析、探讨能否以更好的特性替代，有利于产生创造性设想等基本原理而提出的创新技法。

最基本的方法是将事物按以下三方面进行特性分解：① 名词特性——整体、部分、材料、制造方法等；② 形容词特性——性质；③ 动词特性——功能。

该方法是美国布拉斯加大大学 R.克劳斯特发明的一种创造技法，通过对需要革新改进的对象作观察和分析，尽量列举该事物的各种不同的特征或属性，然后确定应加以改善的方向及如何实施，可以大大提高创新效率。

例如，对经常用的雨伞进行创新设计，如图 2-12 所示，将雨伞按照名词、形容词、动词特性化整为零。

　　　　(a)　　　　　　　　　　　(b)　　　　　　　　　　(c)

图 2-12　不同雨伞创新设计图

名词特性：雨伞、伞把、金属骨架，材料如塑料、金属等；

形容词特性：颜色如黑色、紫色等，重量如轻、重，形状如多边形、圆形等，还有大小等；

动词特性：打开、收拢、遮挡风雨等。

思考：结合上述雨伞的创意设计，联想到如图 2-13 所示的美国宇航局聘请的折纸艺术家设计的太空太阳能帆板打开机构示意图，你能否设计出一个没有金属骨架(用其他材料代替，以延长雨伞使用寿命)、且能自动或半自动开合的雨伞？

图 2-13　太空太阳能帆板打开机构示意图

5. 形态分析法

形态分析法是一种系统搜索和程式化求解的创新技法，发散思维和收敛思维夹杂其中。因素和形态是形态分析中的两个基本概念，因素是构成某事物的特性因子，如工业产品的功能是基本因素，以期实现其功能的技术手段为形态。

很多人看了《蜘蛛侠》电影之后，都渴望能像蜘蛛侠那样弹射出丝线，在高楼大厦间飞来飞去。

如图 2-14 所示为模拟蜘蛛侠的抓钩弹射器，思考下面几个技术难题：

图 2-14　抓钩弹射器娱乐设施

(1) 如何快速发射并钩住横杠？采用什么动力能使抓钩和绳索快速弹射出 10 多米远的高处？

(2) 采用什么方式处理发射出去的绳索和抓钩？是剪掉绳索和抛弃抓钩，还是用另一种方法将抓钩松开然后和绳索一起弹回卷起？

2.4.3　联想类比法

通过联想获得不同研究对象的粗略对应及相同类似特征，然后进一步进行分析、类比，便可将某一领域的原理和技术移植到另一领域中去。由此及彼、由表及里，形象生动、无穷无尽。类比是通过两个对象或两类对象的比较作为基础，找出它们在某一方面特征、属性和关系的类似点，从而把其中一个对象的其他有关性质，移植到另一对象中去。因此，类比推理是从特殊到特殊的思维方法。

联想类比法的关键因素有：一是基于本质的类似对比，除了分析出两个事物的相似性以外，还需要区别它们的差别，要善于异中求同、同中求异；二是该方法不是基于严密的推理论证，而是基于自由想象，两个事物之间的类型差异越大，其创造性的构想越有新颖性。

联想类比法的常见类型有：

(1) 直接类比：在最简单的两个事物之间建立类比关系。直接类比法简单、快捷，可避免盲目思考。例如，可以思考：篮球和足球作为球类大项目，有何相似和不同之处？相似之处例如都是圆形的、需要充气、都是皮质包裹等；不同之处例如一个是手拍的，而另外一个是脚踢的，它们大小不同、运动过程中球速不同、使用场地不同等。

(2) 拟人类比：将自身思维与创造对象融为一体，设身处地想象，从而得到有益的启示。例如，角色扮演：为什么机器人设计的类人？因为人体结构具有较好的运动灵活性，大多数仿生机器人，都设计有类似自然界生物的部分特性。

(3) 因果类比：已知事物的因果关系同未知事物的因果关系进行比较，从而发现某种类似的属性。例如，面向青年学子，经常需要树立一些优秀典型案例，用他们成功的案例来鼓励后来者。

(4) 结构类比：利用未知事物与已知事物在结构上的某些类似，用来推断未知事物也具有的属性。例如，看到儿童坐的摇摇椅，学习过机械原理的同学，稍加思考，基本可以推导得出，该娱乐器械是基于曲柄摇杆机构设计制作的。

(5) 对称类比：世界上很多事物具有对称之美，也有非对称之美。对于具有对称关系的事物，已知其某种属性，可以推断其对称的事物所具有的属性，例如蝴蝶。

(6) 综合类比：已知事物与未知事物内部各要素之间关系复杂，两者对比有相似之处，可进行全方位的综合类比。

(7) 象征类比：借助事物形象和象征符号来表示某种抽象的概念或思维感情。如玫瑰花比作爱情，纪念碑应具有庄严、肃穆的设计要素等。

例如，在第八届全国机械创新设计大赛中，在兼顾结构复杂性、移动换位的便利性、空间利用率等因素前提下，如何将处于同层的众多汽车中的特定车辆，快速移动到指定升降口？采用联想对比法，提出九宫格拼图游戏中的块状物移动方法应用到车库中，如图 2-15 所示。这两个问题的相同点是要将指定的块平移到指定的位置；不同点是一个是拼图益智类游戏，一个是结构复杂的车库。两个事物之间的差异性很大，但这更好地体现了团队学生的创意和创新程度。

图 2-15　九宫格拼图游戏

2.4.4　仿生法

地球上的生物在漫长的进化过程中，外形、习性及捕食技能等，都是基于优胜劣汰的原则获得的最优化基因选择。千奇百怪的生物，精彩绝伦的构造，吸引了大量的科学家研究、模仿生物进行构思创造。仿生法不是简单的模仿、再现已有的生物某一特性，而是将模仿与现代科技手段相结合，模仿生物的形态、结构和控制原理设计制造出的功能更集中、效率更高，并具有生物特征的机械仿生系统。

　　某些生物具有的功能迄今比任何人类设计和制造的机械都优越的多，仿生法就是要从自然界获得灵感，再将其应用到设计制造中去。从鸟类飞行到飞机研制、从蝙蝠夜行到雷达声纳监控、从锯齿状叶子到锯子、从鸭子游泳的蹼到船上划水的桨、从易黏附人体的苍耳到粘接衣服的尼龙搭扣、从章鱼喷射墨汁到烟雾弹，等等，人们学习自然界中的各种生物的结构和功能原理，从生物界的原理和系统中捕捉发明灵感的类比构想法，仿生法有原理仿生、结构仿生、外形仿生、信息仿生、拟人仿生等。

1. 原理仿生

　　原理仿生是指模仿生物的生理原理而创造新事物的方法。如图 2-16 所示，蝙蝠利用超声波辨识物体位置，在蝙蝠的口鼻部有着特殊的发声结构，能够发出人听不到的超声波。而每个蝙蝠都有自己独特的声波，互不干扰。这些声波一旦遇到障碍物就会被反射，然后传到蝙蝠的大耳朵里，最后在它的大脑里加以分析，利用回声定位技术，蝙蝠就知道周围的情况。依据这个原理，人类发明了空中雷达和水下声呐系统，用于监测空中的飞机或水下的潜艇等。

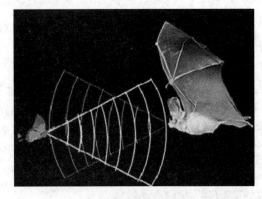 

(a) 蝙蝠探知外界　　　　　　　　　(b) 雷达搜索空中的飞机

图 2-16　蝙蝠与雷达

2. 结构仿生

　　结构仿生是模仿生物结构取得创新成果的方法。例如，行走在树林中，裸露的肌肤很容易被锯齿状叶子划伤，由此人们发明了锯子，如图 2-17 所示。

(a) 带有齿状边缘的叶子　　　　　　　(b) 锯子

图 2-17　树叶与锯子的结构仿生设计

法国园艺家莫尼埃看到盘根错节的植物根系结构可以保护泥土，使泥土坚实牢固，且雨水冲不走，联想到用钢筋、碎石、水泥浇筑的钢筋混凝土房屋，从而获得较强的支撑板块，如图 2-18 所示。

(a) 植物根系吸附泥土　　　　　　(b) 钢筋混凝土浇筑

图 2-18 钢筋混凝土对比植物根系的结构仿生

3. 外形仿生

外形仿生是模仿生物外部形状的创造方法。如图 2-19 所示的国际知名仿生机械公司——Festo 公司设计制造的机器水母，分为水中和空气浮动两种类型，外形都酷似海洋里的水母。在其结构设计中借鉴了雨伞的开闭机构，实现了水母拍打海水或空气，从而在水中或空气中遨游升降的功能。

(a) 空气中　　　　　　(b) 水中

图 2-19 Festo 公司设计制造的机器水母

思考：试根据所学的机械原理知识，绘制出机器水母的机构简图。

在人类漫长的历史长河中，人一直幻想能像鸟儿一样在高空自由翱翔。飞机、喷气式飞行装置等的研发成功，让人类也可以上天飞行了。机器鸟的研发技术也日趋成熟，Festo 仿生公司研制出能模拟鸟类飞行的机器鸟，如图 2-20 所示，其外部形状和鸟类非常相似，因为这样的外形仿生设计，可以获得较好的空气动力学特性，这是在漫长的进化史中，鸟类不断进化得到的结果。

(a) 具有鸟类外形的机器鸟

(b) 内部结构能实现外部鸟类飞行动作

图 2-20　模仿鸟类飞行的机器鸟

4. 信息仿生

信息仿生是指模拟生物的感觉、语言、智能等信息及其他功能机理(如存储、识别、传输)，构思和研制新的信息系统的仿生方法。

(1) 热成像。热成像的起源归功于德国天文学家 Sir William Herschel，他在 1800 年使用太阳光做了一些实验。Herschel 让太阳光穿过一个棱镜并在各种颜色处放置温度计，利用灵敏的水银温度计测量每种颜色的温度，结果发现了红外辐射。Herschel 发现，当越过红色光线进入他称为"暗红热"的区域时，温度便会升高。热像仪是利用红外探测器和光学成像物镜接受被测目标的红外辐射能量分布图形，反映到红外探测器的光敏元件上，从而获得红外热像图，如图 2-21 所示为人手掌的热成像图，这种热成像图与物体表面的热分布场相对应。热像仪就是将物体发出的不可见红外能量转变为可见的热成像图，热成像图上的不同颜色代表被测物体的不同温度。

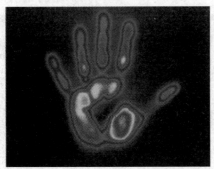
图 2-21　手掌的热成像图

图 2-22　蚂蚁觅食

(2) 蚁群算法。蚂蚁的集体觅食行为，刚开始是分头出击，有点凌乱，一旦发现好的食物源，便会很规律地走出一条路线，如图 2-22 所示，科学家根据这种现象，发明了一种新的优化搜索算法——蚁群算法。

蚁群算法是一种用来寻找优化路径的概率型算法。它由 Marco Dorigo 于 1992 年在他的博士论文中提出，其灵感来源于蚂蚁在寻找食物过程中发现路径的行为。这种算法具有分布计算、信息正反馈和启发式搜索的特征，本质上是进化算法中的一种启发式全局优化算法。

将蚁群算法应用于解决优化问题的基本思路为：用蚂蚁的行走路径表示待优化问题的可行解，整个蚂蚁群体的所有路径构成待优化问题的解空间。路径较短的蚂蚁释放的信息素量较多，随着时间的推进，较短的路径上累积的信息素浓度逐渐增高，选择该路径的蚂蚁个数也愈来愈多。最终，整个蚂蚁会在正反馈的作用下集中到最佳的路径上，此时对应的便是待优化问题的最优解。

(3) 遗传算法。如图 2-23(a)所示，作为食草动物长颈鹿，只有脖子更长，才能吃到很多低矮动物触及不到的高处树叶，因此，长颈鹿的基因会朝着脖子长的方向优化。如图 2-23(b)所示的变色龙，会随着周围环境的颜色自动变幻身体的外部颜色，使得其他动物很难发现它的踪迹。科学家基于这些生物界的基因优化案例，发明了一种新的快速寻找最优解的优化算法——遗传算法。

(a) 长颈鹿   (b) 变色龙

图 2-23 长颈鹿与变色龙

遗传算法(Genetic Algorithm)是模拟达尔文生物进化论的自然选择和遗传学机理的生物进化过程的计算模型，是一种通过模拟自然进化过程搜索最优解的方法。

遗传算法是从代表问题可能潜在的解集的一个种群开始，而一个种群则是由经过基因编码的一定数目的个体组成的。每个个体实际上是染色体带有特征的实体。染色体作为遗传物质的主要载体，即多个基因的集合，其内部表现(即基因型)是某种基因组合，它决定了个体形状的外部表现，如黑头发的特征是由染色体中控制这一特征的某种基因组合决定的。因此，在一开始需要实现从表现型到基因型的映射即编码工作。初代种群产生之后，按照适者生存和优胜劣汰的原理，逐代演化产生出越来越好的近似解。在每一代，根据问题域中个体的适应度大小选择个体，并借助于自然遗传学的遗传算子进行组合交叉和变异，产生出代表新的解集的种群。这个过程将导致种群像自然进化一样的后生代种群比前代更加适应于环境，末代种群中的最优个体经过解码，可以作为问题近似最优解。

5. 拟人仿生

通过模仿人体结构功能等进行创造发明的方法称为拟人仿生法。人作为一个高等智能生物，是自然界长期进化优化的产物。科学家在研制机器人时，往往会选择基于人类结构的基础上进行局部创新设计，但是并不一定能研制出和人体一样灵活的机器人。

人体是一个复杂的系统。例如，人体的手臂，关节连接处类似球铰链，辅以筋和肌肉的牵引、连接，可以很自由、快速地转动，并且人体表面还具有敏感的各种触觉、热感应以及神经系统等，可以对外界做出快速而准确的反应。如图 2-24 所示两类机械手爪，图(a)为多个自由度的、能感知人体握持力的高仿真机械手，而图(b)则是较为简单的 3 自由度夹持机械手。

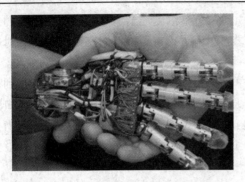 

(a) 高仿真机械手　　　　　　　　　　(b) 3自由度夹持机械手

图 2-24　两种不同的机械手

　　德国库卡机器人有限公司研制出 5 自由度机械手臂，如图 2-25 所示，可以和德国第一乒乓球手波尔对战，机械手臂对实时场景的交互能力进入了一个新的高度。也许在不久的将来，科学家就可以研制出人体所具有的眼、耳、鼻、舌、口等功能合一的多用途机器人了。

图 2-25　库卡机器手臂

　　从上述案例可以看出，有些仿生产品并非是单一的某一类仿生技术应用，而是结合了两种以上的仿生技法。

2.4.5　组合创新法

　　组合型创新技法是指利用创新思维将已知的若干事物合并成一个新的事物，使其在性能和服务功能等方面发生变化，以产生出新的价值。发明创造也离不开现有技术、材料的组合。组合型创新技法常用的有主体附加法、异类组合法、同物自组法、重组组合法以及信息交合法等。

1. 主体附加法

　　以某事物为主体，再添加另一附属事物，以实现组合创新的技法叫做主体附加法。在琳琅满目的市场上，我们可以发现大量的商品是采用这一技法创造的。如图 2-26 所示，在圆珠笔上安上橡皮头(图(a))，在电风扇中添加香水盒(图(b))，在摩托车后面的储物箱上装上电子闪烁装置(图(c))，它们都具有美观、方便又实用的特点。

　　主体附加法是一种创造性较弱的组合，人们只要稍加动脑和动手就能实现，但只要附加物选择得当，同样可以产生较好的效益。

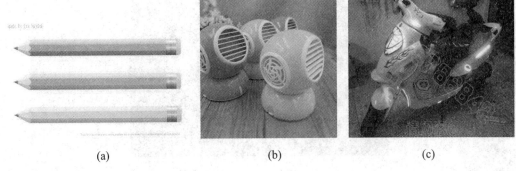

(a)　　　　　　　　　(b)　　　　　　　　　(c)

图 2-26　主体附加法创新设计

2. 异类组合法

将两种或两种以上的不同种类的事物组合，产生新事物的技法称为异类组合法。

例如，随着生活品质的提高，如今旅游已成为很多人生活的一部分，中老年人在 2 小时以上的攀爬、欣赏名山大川时，往往会购置一根登山杖。而随着智能手机的普及，"拍照手机+自拍杆"已成为很多人旅游的标配。在不需要携带笨重的专业数码相机拍照的前提下，游人渴望有一种组合创新装置，能集合登山杖和自拍杆的功能。

3. 同物自组法

同物自组法就是将若干相同的事物进行组合，以实现创新的一种创新技法。

例如，在两支钢笔的笔杆上分别雕龙刻凤后，一起装入一个精制考究的笔盒里，称之为"情侣笔"，作为馈赠新婚朋友的礼物；把三支风格相同、颜色不同的牙刷包装在一起销售，称为"全家乐"牙刷。

如图 2-27 所示，在旅游景区，有人创新设计出了 2 种不同结构的、一家三口可同时骑行的自行车。图(a)为单排式多人骑行自行车，有一定的骑行操作难度，一般为情侣或夫妻使用；图(b)为家庭三口或四口骑行的四轮自行车，骑行平稳。上述 2 种不同结构自行车的创新设计，采用同物自组法，将自行车进行组合结构创新设计，获得新的功能和使用用途。

(a) 单排式多人骑行自行车　　　　　　　　(b) 四轮自行车

图 2-27　景区 2 种不同结构的自行车

随着智能手机的普及，充电成了一个每天需要面对的事情。厂家及时推出了如图 2-28 所示的新型插线板，提供了多个 USB 插口，在充电功能不变的基础上，组合增加了常规电源接口和 USB 插口，提供了更多使用功能。

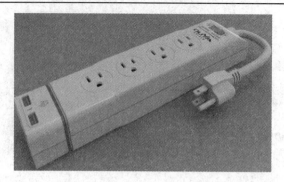

图 2-28　带 USB 插口的充电插座

同物自组法的创造目的，是在保持事物原有功能和原有意义的前提下，通过数量的增加来弥补不足，或产生新的意义和新的需求，从而产生新的价值。

4. 重组组合法

任何事物都可以看作是由若干要素构成的整体。各组成要素之间的有序结合，是确保事物整体功能和性能实现的必要条件。如果有目的地改变事物内部结构要素的次序，并按照新的方式进行重新组合，以促使事物的性能发生变化，这就是重组组合。

在进行重组组合时，首先要分析研究对象的现有结构特点。其次要列举现有结构的缺点，考虑能否通过重组克服这些缺点。最后，确定选择什么样的重组方式。

如图 2-29 所示的某厂家创新设计生产的可组合式模块化手机，实现了用户定制化服务，用户可以按照自己对摄影、处理器、内存、外观等提出自己的要求，或提出自己独特的购置计划，在框架内构件个性化手机。当前，有少量公司在尝试模块化手机的研制，但是距离模块化手机的推广和普及还有一段时间。

如图 2-30 所示机械键盘，上面设置了很多字母、数字键，尤其是 26 个英文字母的位置，是根据前期欧美人的使用习惯和使用次数统计设定的。很多人已经习惯了键盘上的布局，提问：我们是否可以对键盘上各个功能按键进行优化组合？

图 2-29　模块化手机

图 2-30　机械键盘及其按键设置

5. 信息交合法

信息交合法是建立在信息交合论基础上的一种组合创新技法。信息交合论有两个基本原理：其一，不同信息的交合可产生新信息；其二，不同联系的交合可产生新联系。根据这些原理，人们在掌握一定信息的基础上通过交合与联系可获得新的信息，实现新的创造。该方法是我国华夏研究院思维技能研究所所长许国泰教授于 1983 年首创的。

如图 2-31 所示的曲别针，请问曲别针可以有多少用途呢？采用信息交合法，可将曲别针的若干信息加以排序：如材质、重量、体积、长度、截面、韧性、颜色、弹性、硬度、直边、弧，等等，这些信息组成了信息标 X 轴；将与曲别针相关的人类实践加以排序：如数学、文字、物理化学、磁、电、音乐、美术，等等，并将它们也连成信息标 Y 轴。这样，每一个信息点就是一个解决方案。基于上述方法，理论上，我们可以获得数以千计甚至更多的方案。

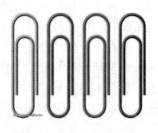

图 2-31 曲别针

2.4.6 反求创新设计法

20 世纪 60 年代，我们关注如何把产品做得更好；20 世纪 80 年代，我们关注如何使产品更便宜；21 世纪初，我们关注如何更快、更好地做出产品。针对吸收先进技术的系列分析方法和应用技术应运而生，这便是逆向工程或反求创新设计。反求创新设计结合技术人员的工程设计经验、知识和创新思维，对已有技术进行解剖、深化和再创造的反求设计，是基于现有设计的再设计。

对于技术和经验落后的一方，想参与产品竞争，引进、消化吸收别人创新成果，加以改进和创新设计，充分利用反求创新设计法可以实现从抄袭到超越。

反求设计包括设计反求、工艺反求、材料反求和管理反求等，先进行反求分析，在理解了前人研究成果的基础上，结合自己的理解和创新思维，进行反求设计和进一步的创新设计。

反求创新设计的特点：① 可以快速应对市场反应；② 适合小批量研发试制；③ 通过学习模拟，可快速提高产品设计水平。

2.5 查 新 与 调 研

在接受一个研发任务，或者自己对感兴趣的事物计划进行研究时，首先要做的第一步就是查新和调研。

2.5.1 查新的重要意义

在做创新设计时，会查阅一些资料，比如作品视频和专利检索等，检索的资料越多，越是觉得创新设计好难。那么该怎么办？

首先，必须坚持接受任务后的第一要务是查新。不查新的创新设计，很可能是闭门造车和坐井观天，团队耗费大量时间和精力做出来的作品，别人也许早就研究出来了，而且现有的作品或产品也许比你的更好。这种情况在创新设计大赛中屡见不鲜。要了解前人在这个方面做了什么？怎么做的？做的怎样？哪些方面做得很好，哪些方面还有待改进？

其次，应该有挑战创新的勇气和自信。现在有一些误导，有把创新说的很难，让人望而却步的；也有说创新其实很简单，随便一个构思都是创新的。以机械产品创新设计为例，在学生第一次从事机械产品创新设计时，可以只做到 20% 左右内容有创新即可，即局部改

进和完善；待到学生的能力提升了，在大三、大四的时候，能够对一个机械产品提出 70%
左右内容的改进型设计，那么创新能力就很好了。

当有一个创意想要去实现的时候，需要问自己：别人同样也可能会获得这样一些想法，
那么他们是没有想到这个创意，还是想到了而没有能力去创新实现，也就是别人是不能还
是不为？不能的原因可能是他人没有想到这个创意，也可能是他人想到了做不到从创意到
创新；不为的原因则是想到了轻言放弃了，也可能是深思熟虑之后决定放弃了。这需要对
自己的创意、创新方法有足够的科学思辨，然后决定是否耗费时间精力去完成它。青年学
生要多下功夫勤学苦练，让自己站在科技发展的前沿，早日成为高水平的创新人才，而不
是做一些低水平的重复劳动。

2.5.2 查新的途径

收集信息查新的途径主要有以下几种：

(1) 到数字化图书馆查阅相关论文和专利。广泛涉猎互联网资源或创新设计作品集，
从他人的作品中找到灵感，消化吸收后再创新，要体现新产品的新功能、新技术、实用性。

除了在公众网络中检索到一些产品信息外，如今高校都购置有数字化图书馆，包含了
各类学科的所有电子出版物，拟定与产品和技术相关的关键词，可以检索到数以万计的资
料。如图 2-32 为武汉轻工大学数字化图书馆主页。

图 2-32 武汉轻工大学数字化图书馆主页

数字图书馆的数据库除了包含期刊论文、硕士和博士论文外，还包含专利文献，足以
满足学生的资料检索需求。在检索文献资料时，要注意检索方法和关键词的把握，以缩减
检索时间，并找到所需要的文献或专利产品。

检索资料的目的，一是了解现有的产品和所使用的相关技术；二是查新，即团队所设
计的机械产品是否大部分复现已有的产品，或者有大部分功能类似的产品，以及所使用的
方法和技术手段是否具有先进性和科学性。

(2) 通过网络资源查找相关文章和视频。除了到学校数字化图书馆查阅大量的文献，

快速获取产品相关信息外，还可以通过互联网检索到一些文章和视频。与图书馆查阅的论文、专利等专业性较强的文件不同，互联网的文章一般偏于科普，专业性略差，而且很多资料没有专业人员审核，属于粘贴资料、碎片化知识，需要加以辩证和批判性地学习。

(3) 到相关产品企业和市场进行实地调研。深入到产品使用的一线，了解一线产品使用人员对该产品的反馈意见，获得第一手资料。通过实地调研，一是对设计、制造环节有了更进一步的理解，有助于从技术或产品实际使用的角度提出改进，一手的资料有助于规避"自以为是"式的脱离实际的设计和想法；二是从产品的加工制造、使用环节，找到产品完善的突破点，有利于设计出更加完善的产品。

2.5.3 撰写查新报告

查新完成之后，须撰写一个文字和图片性质的总结报告，以帮助自己和团队快速地找准研究方向和研究内容，将要解决的关键技术难题和研究方法、路线等全部列述其中。

学习写作查新报告，能有效地锻炼学生的信息收集、归纳整理、理解、逻辑推理、提炼总结等能力，也为团队学生今后致力于更高层度的硕士或博士阶段学习，奠定良好的科研论文或报告的写作基础。

查新报告的内容主要包括：立项依据(相关研究的国内外已有产品，精炼总结类别和代表性的产品和功能，及其采用的关键技术，并据此指出某些带改进的技术问题或产品需求)，研究目的(指出本设计旨在解决的痛点问题，如研究制造出一个新产品，改善提高某些关键技术指标)和研究意义(从所研发的产品或作品对市场或人民生产生活的影响，以及研发过程所采用的先进技术理论等两个方面来论述研究的意义)，研究内容(将要解决的几个具体问题)及技术方案(针对具体问题将要采用的技术解决方法和步骤)，可行性和科学性分析(通过较为具体而详细的分析，论证可以解决上述问题)。

2.6 批 判 性 思 维

参与学科竞赛的过程中，同学之间交流对一个作品的看法，由于专业知识领域的积累问题，以及科学的思辨能力参差不齐，很多同学难以较为客观地看到一个作品的优点和缺点。但是这个不能成为我们不去尝试学习评价作品的理由，提高了欣赏和评价作品的能力，我们才会更好地去设计自己的作品。看到一个作品或设计，什么叫好或不好？它好在哪？你评判的依据是什么？哪些地方不好，是否可以改进设计？我们需要辩证地来看创新思维，而不是沉浸在胡思乱想中不能自拔。批判性思维是给创意加入理性思维，帮助更快地获得更好的创新思维结果。

获取信息的两个过程：信息收集早期采用海绵式思维，尽可能多地收获一些信息，该过程只需要对信息进行搜集整理；后期使用淘金式思维，凝练和找到那些真正对自己所从事的工作有用的信息，这个过程需要对信息进行去粗取精。这是因为：① 早期吸收外部世界信息越多，对外界的了解也越多，获取的知识将会为后期进一步展开复杂的思考打下坚实的基础。② 海绵式思维是不加仔细辨别地全部接受，是被动式的，获取较为轻松、快捷。③ 淘金式思维是对大量的信息进行取舍，重视在获取知识的过程中与知识展开积极互动，我们必须具有可以信赖的见解。

在查新时，或者在之后评价自己或他人的作品时，必须掌握科学的分析和评价方法。首先我们必须要有科学的思维方式，这就是批判性思维，然后才是深厚的专业知识基础，有了这两把利器，我们就具备了客观公正地评价作品的能力。

批判性思维(Critical Thinking)是通过一定的标准评价思维，进而改善思维，是合理的、反思性的思维，既是思维技能，也是思维倾向。批判性思维是淘金式思维，是经过分析推理、提问思考的方式去筛选和消化信息，能增长更结构化、更纯粹、更可靠的知识。

人们在思考与分析的时候需要做到以下几点：

(1) 清晰。免除混淆或含糊，消除晦涩难懂，让他人能很好理解。你能详细描述那个观点吗？能否换个方式表达？能否举例说明？换个人来重述你的观点，你看是否正确？

(2) 正确。是不是真的？怎么知道它是正确的？如何证明它是正确的？如"人之初，性本善"其实是"人之初，性本私"；尊敬老人，其实值得尊重的是那些积累了良好功德和品行的前辈。

(3) 准确。表述一个问题或事物，必须包含一些基本的信息。可以借助"5W1H"六何分析法辅助进行，即：what，where，when，who，why，how。为此陶行知先生写过一首小诗："我有几位好朋友，曾把万事指导我。你若想问真姓名，名字不同都姓何：何事、何故、何人、何如、何时、何地、何去，还有一个西洋名，姓名颠倒叫几何。若向八贤常请教，虽是笨人不会错。"

(4) 相关。原因和结果并没有构成必然的推导关系，关联度不大。

(5) 广度。描述一个问题，必须知晓与之有关联的一些信息，这些相关的背景信息越多，越能更全面地了解该问题，这就是思考问题的广度问题。

(6) 深度。一个人说话有见地、有思想、有内涵，这里说的有思想就是对一个问题的研究和描述达到了一定的深度。广度可以积累，深度必须思考。

(7) 公正。换位思考，不以自我为中心，无偏见。

在信息化和自媒体时代，每天你会看到非常多经不起推敲的观点，普通的事件，双方都会发表更有利于自己的言论，如何从中做出科学、合理的判断？更可怕的是特意宣扬、扭曲的事实和价值观，产生大量网络暴民的根本原因，还是因为普通群众缺乏批判性思维。通过认识到生活中信息的良莠不齐，从而架起自己和信息之间的一道过滤网，是建立批判性思维的第一步，也是最重要的一步。首先要认识到信息的欺骗性，提高警惕，然后才是不断地提高自己鉴别信息的能力。

批判性思维，最初的起源可以追溯到苏格拉底。在现代社会，批判性思维被普遍确立为教育特别是高等教育的目标之一。教育，就是教人思考，培养主动的思考、积极的反思，比起单纯的知识传授更加重要。

批判性思维与海绵式思维相对立，海绵式思维是单向地去接受，貌似拿来主义；而批判性思维讲求的是在吸收的同时，要做出质疑、分析、评价、反思，批判性思维是把知识或信息的表象与其本质区分开的一种能力。

批判性思维是一种人处理信息的方式，大部分人读了书而无用，原因也可以从批判性思维的培养中可见一斑。什么是前提、假设和结论？什么是逻辑上严密的观点？什么是逻辑上可靠的观点？该观点成立的前提下，可衍生出何种逻辑结论？缺乏实证的事实陈述，以及远离真相的情绪表达，都是不可靠的。人们在认知世界的过程中，会面对两种表述：事实表述和观点表述。事实表述即陈述事实，可能带有一定的情绪偏向；而观点表述，则是个人信仰、观点的看法，带有强烈的个人情绪。

批判性思维不是为了批判而批判，而是通过分析和评估后做出更好的判断。批判性思维一般是一种高于自然思维的思维模式，它更注重于对思考的再思考。比如一个创新设计团队通过仔细思考获得了一个机械产品创新设计方案，其他人比如评委，来评价这个设计方案的时候，就是批判性思维，是一种对思考的再思考，去质疑和评价这个设计方案。

批判性思维一定要有一个对象，对于批判性思维的对象，必须要做到宽容原则。我们要最大限度地理解批判的对象，尽可能地完全了解它，而不要先入为主，甚至歪曲、片面地理解，不然批判很可能是无效的。要做到：未听之前不应有成见，听过之后不应无主见；不怕开始众说纷纭，就怕最后莫衷一是。

批判性思维主要可以用来：① 捍卫自己的观点；② 评价和修正自己的初始观点。当你批判自己的一个判断时，你是否也仔细地反思过当时做出这个判断的原因？只有你真的清晰地了解了，才能做出正确的批判，从而做出更好的决断和改正。一般的思考由于利益相关、立场不同、时间紧迫等原因，总会有不少偏差和误区；而对于思考的思考，批判性思维由于其更纯粹，所以误区往往较少。批判性思维分为弱势批判性思维(利用批判性思维捍卫自己的观点和立场)和强势批判性思维(利用批判性思维来评估所有断言和看法，尤其是包括自己的观点，一视同仁地质疑一切主张)。而且，人有两种评价标准，即立场化标准和中立化标准。立场化标准是站在批判者的利益上去评判大众事件，基于你的宗教或哲学信仰去判断别人的信仰。立场化标准可以用逻辑标准、科学公理标准、大众价值观和大众文化来替代。因此，进行批判性思维，必须采用强势批判性思维，并坚持中立化标准。

遍览网络世界，缺乏批判性思维的人比比皆是。不知不妄评，是每个成年人在开口之前必须坚持的基本原则。对于青年学生，在人生观、世界观、价值观逐步形成的过程中，尤其要注意，从不知道自己不知道，到知道自己不知道，对待生活中的人和事，先要有基本的常识，进一步对做的事要有专门知识，再进一步培养遇事能判断的智慧。

思维训练：

到了大四的时候，你是否会决定考研？你做出这个决定的依据或思考点是什么？

2.7　思　维　导　图

思维导图又称脑图、脑力激荡图、灵感触发图或思维地图，是表达发散性思维的有效图形思维工具，它简单却又很有效。思维导图是一种图像式思维的工具，以及一种利用图像式思考辅助工具，是一种革命性的思维工具。思维导图是使用一个中央关键词或想法以辐射线形连接所有的代表字词、想法、任务或其他关联项目的图解方式。

东尼·博赞(Tony Buzan)因创建了"思维导图"而以闻名国际，成为了英国头脑基金会的总裁。思维导图运用图文并重的技巧，如图 2-33 所示，把各级主题的关系用相互隶属与相关的层级图表现出来，把主题关键词与图像、颜色等建立记忆链接。思维导图充分运用左右脑的机能，利用记忆、阅读、思维的规律，协助人们在科学与艺术、逻辑与想象之间平衡发展，从而开启人类大脑的无限潜能。

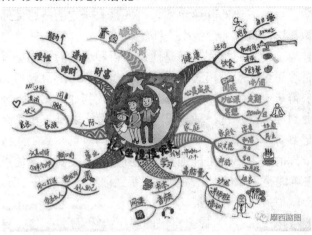

图 2-33　　人生成长的思维导图

思维导图是一种将思维形象化的方法。我们知道放射性思考是人类大脑的自然思考方式，每一种进入大脑的资料，不论是感觉、记忆或是想法——包括文字、数字、符码、香气、食物、线条、颜色、意象、节奏、音符等，都可以成为一个思考中心，并由此中心向外发散出成千上万的关节点，每一个关节点代表与中心主题的一个联结，而每一个联结又可以成为另一个中心主题，再向外发散出成千上万的关节点，呈现出放射性立体结构，而这些关节的联结可以视为一个人的记忆，就如同大脑中的神经元一样互相连接，也就是一个人的个人数据库。

思维导图已经在全球范围得到广泛应用，思维导图可以用于制订周计划、做决策、组织会议、做会议记录、整理人脉、制作代办事项清单、制作行李清单、做读书笔记等。

思维训练：

以车库为中心词，尽可能多地画出与之关联的关节和分支，最终设计构思出车库的各项功能和实现技术，并与老师和同学进行交流。

2.8　六项思考帽

思考是人类最重要的一个能力特征，思考会引发人们的好奇心和奇妙的想象力，思考能让人不被表面现象所迷惑，能深入事物的内部，认识事物的实质和规律；思考，还能把许许多多的事物联系起来。这样，有了好奇心、想象力，又有大跨度的联想，常常就能够萌发出灵感和新的创意。

六项思考帽是英国学者爱德华·德·博诺(Edward de Bono)博士开发的一种思维训练模式，或者说是一个全面思考问题的模型。它提供了"平行思维"的工具，避免将时间浪费在互相争执上。

该思考方法强调的是"能够成为什么"，而非"本身是什么"，其目标是寻求一条向前发展的路，而不是争论谁对谁错。运用德·博诺的六项思考帽，可使混乱的思考变得更清晰，使团体中无意义的争论变成集思广益的创造，使每个人变得富有创造性。

六项思考帽,是指使用六种不同颜色的帽子代表六种不同的思维方向的一种思维模式。六项思考帽是平行思维工具,也是创新思维工具,它是人际沟通的操作框架,更是提高团队智商的有效方法。

任何人都有能力使用以下六种基本思维模式:

(1) 白色思考帽(资料与信息,客观公正陈述问题)。白色是中立而客观的,戴上白色思考帽,客观地描述事实和数据,包括已有的产品和方案,对团队自己设计的方案等,不夸大其辞,也不避讳,坚持有一说一。

(2) 绿色思考帽(创新与冒险,提出解决问题的方案)。绿色代表生机和活力,绿色思考帽寓意创造力和想象力。运用创造性思考、头脑风暴、求异思维等方法,提出解决问题的各种创意。

(3) 黄色思考帽(积极与乐观,评估该方案的优点)。黄色代表价值与肯定,戴上黄色思考帽,从各种角度寻找方案的积极性的一面,或表达乐观的、满怀希望的、建设性的观点。

(4) 黑色思考帽(逻辑与批判,列举该方案的缺点)。黑色让人沉思和冷静,戴上黑色思考帽,从否定、怀疑、质疑的角度,合乎逻辑地进行批判,尽情发表负面的、合理的意见,找出逻辑上的错误及设计上的不足等。

(5) 红色思考帽(直觉与感情,对方案进行直觉判断)。红色是情感的色彩。戴上红色思考帽,对方案进行全面地评判,表达直觉、感受、预感等方面的看法。

(6) 蓝色思考帽(系统与控制,总结陈述,做出决策)。蓝色思考帽负责控制和调节思维过程。规划和管理整个思考过程,并负责做出结论。

六项思考帽是一个操作简单、经过反复验证的思维工具,它给人以热情、勇气和创造力,让每一次会议、每一次讨论、每一份报告、每一个决策都充满新意和生命力。该工具能够帮助人们:① 提出建设性的观点;② 聆听别人的观点;③ 从不同角度思考同一个问题,从而创造高效能的解决方案;④ 用"平行思维"取代批判式思维和垂直思维;⑤ 提高团队成员的集思广益能力。

对六项思考帽理解的最大误区,就是仅仅把思维分成六个不同颜色,但其实对六项思考帽的应用关键,在于使用者用何种方式去排列帽子的顺序,也就是组织思考的流程。只有掌握了如何编织思考的流程,才能说是真正掌握了六项思考帽的应用方法,否则往往会让人们感觉这个工具并不实用。帽子顺序非常重要,一个人写文章的时候需要事先计划自己的结构提纲,以便自己不会写得混乱;一个程序员在编制大段程序之前也需要先设计整个程序的模块流程,思维同样是这个道理。六项思考帽不仅仅定义了思维的不同类型,而且定义了思维的流程结构对思考结果的影响。

一般人们认为六项思考帽是一个团队协同思考的工具,然而事实上六项思考帽对于个人应用同样拥有巨大的价值。假设一个人需要考虑某一个任务计划,那么他有两种状况是最不愿面对的,一个是头脑之中的空白,他不知道从何开始,另一个是他头脑中思维的混乱,过多的想法交织在一起造成的淤塞。六项思考帽可以帮助他设计一个思考提纲,按照一定的次序思考下去。这个思考工具会让大多数人感到头脑更加清晰,思维更加敏捷。

在团队应用当中,最大的应用情境是会议,特别是讨论性质的会议,这类会议是真正的思维和观点的碰撞、对接的平台,往往难以达成一致,不是因为某些外在的技巧不足,而是从根本上对他人观点的不认同造成的。在这种情况下,六项思考帽就成为特别有效的沟通框架。所有人要在蓝帽(控制和调节思维过程)的指引下，按照框架的体系组织思考和发言，不仅可以有效避免冲突，而且可以就一个话题讨论得更加充分和透彻。会议应用中的六项思考帽不仅可以缩短会议时间，还可以加强讨论的深度。

在多数团队中，团队成员被迫接受团队既定的思维模式，限制了个人和团队的配合度，不能有效解决某些问题。运用六项思考帽模式，团队成员不再局限于某一单一思维模式，思考帽代表的是角色分类，是一种思考要求，而不是代表扮演者本人。六项思考帽代表的六种思维角色，几乎涵盖了思维的整个过程，既可以有效地支持个人的行为，也可以支持团体讨论中的互相激发。

2.9　TRIZ 创新设计理论

在科学技术突飞猛进、世界经济日新月异的今天，创新已经成为人类社会不断发展、进步和繁荣的原动力，进而创新能力也就成为人才的新定义，成为提升企业核心竞争力的标志。但很多人认为创新能力只是少数人具有的、天才的、超人性的东西。

科学家们的历史经验和科学研究告诉我们：创新能力是可以培养的，而创新也是有规律可循的。现实生活中人人都有创新潜能，只是需要一定外在因素的激发才能将其发挥出来。

2.9.1　TRIZ 发展历史

TRIZ 理论是经实践证明的最为有效的创新理论与方法，它是由前苏联发明家 G. S. Altshuller 在 1946 年创立的。Altshuller 的技术系统进化论，与自然科学中的达尔文的生物进化论、斯宾塞的社会达尔文主义并肩，并称为"三大进化论"。三大进化论揭示了自然、社会和科技进化法则，使人们能够预测未来的进化方向和状态，并为进化提供了工具。

Altshuller 在研究大量的发明专利后，发现不同领域中，解决不同问题的专利有着极其相似的创新理念和类似的解决办法，任何领域的产品改进、技术的变革、创新和生物系统一样，都存在产生、生长、成熟、衰老、灭亡，是有规律可循的。Altshuller 坚定地意识到："原始的""创造性的"发明中自然会有一定的普遍规律可循，掌握这些普遍规律，每个人都会成为善于创新的发明家，再也不用过多地依赖于劳民伤财的试错法和千载难逢的偶然启发或灵感了。因此他提出了创造过程可控论，否认了创造的神秘性，肯定了创造思维的可组织性，从唯物主义认识论与方法论出发，首次提出了发明创造技术系统的规律。TRIZ 发明问题解决理论，其拼写是由"发明问题的解决理论"(Theory of Inventive Problem Solving)俄语单词的首字母(Teoriya Resheniya Izobretatelskikh Zadatch，TRIZ)组成，在欧美国家也可缩写为 TIPS。

创新是有规律性的(三大发现)：

(1) 问题及其解在不同的工业部门及不同的科学领域重复出现；

(2) 技术系统进化模式在不同的工业部门及不同的科学领域重复出现；

(3) 发明经常采用不相关领域中所存在的效应。

Altshuller 于 1956 年发表了第一篇有关 TRIZ 理论的论文，1961 年出版了第一本有关 TRIZ 理论的著作《怎样学会发明创造》，1970 年创办了一所进行 TRIZ 理论研究和推广的学校，后来培养了很多 TRIZ 应用方面的专家。20 世纪 90 年代后期，TRIZ 的应用案例逐渐出现，摩托罗拉、波音、克莱斯勒、福特、通用电气等世界级大公司已经利用 TRIZ 理论进行产品创新研究，并取得了很好的效果。TRIZ 理论在工程界应用的同时，学术界对 TRIZ 理论的改进和与西方其他设计理论和方法的比较研究也在逐步展开，并取得了一些研究成果，TRIZ 理论的发展进入了新的阶段。进入 21 世纪以来，TRIZ 理论的发展和传播处于加速状态，研究 TRIZ 理论的学术组织和商业公司不断增多，学术会议频频召开，TRIZ 理论正处于发展的黄金时期。我国创新方法教学指导委员会定期举办创新方法和应用研讨，在高校举办创新方法应用大赛，并走进企业帮助其培训研发工程师。

2.9.2　TRIZ 的哲学和理论思想

TRIZ 理论是基于知识的、面向人类的解决发明问题的系统化方法学，也是实现创造、创新设计及概念设计的最有效方法。

1. TRIZ 理论的核心思想

(1) 无论是一个简单产品还是复杂的技术系统，其核心技术的发展都是遵循客观规律发展演变的，即具有客观的进化规律和模式。

(2) 各种技术难题和矛盾的不断解决是推动这种进化过程的动力。

(3) 技术系统发展的理想状态是用最少的资源实现最大效益的功能。

发明根据其难易程度，可分为 5 级，如表 2-2 所示。

表 2-2　技术问题的发明层级

发明层级	解决内容	知识领域	发明程度	约占比率	案　　　例
1	性能优化	本工作范围	最小型发明	32%	对产品局部进行改善，如省力扳手
2	技术革新	本行业范围	小型发明	45%	研发一个小产品，如小型迷你洗衣机
3	技术创新	其他专业范围	中型发明	19%	结构复杂性或技术难度中等的产品研发，如盾构机
4	重大发明	新科学技术	大型发明	4%	超大型设备或产品研发，如 C919 大飞机
5	科技新发现	新的科学知识	特大型发明	<1%	重大技术发明突破，如量子计算机

2. TRIZ 理论的基本哲理

(1) 所有的工程系统服从相同的发展规则。所有发明专利的共同点：一是应用了为数不多的一般性原理；二是像社会系统一样，技术系统可以通过解决矛盾而得到发展，真正的创新是解决矛盾，妥协的解决方案最多只能算优化；三是技术系统的进化遵循一定的模式和规律，技术系统的发展是可预测的。

(2) 工程系统可以通过解决冲突而得到发展。

(3) 任何一个发明或创新的问题都可以表示为需求和不能(或不再能)满足这些需求的原型系统之间的冲突。"求解发明问题"与"寻找发明问题的解决方案"就意味着在利用折衷与调和不能被采纳时对冲突的求解。

(4) 为探索冲突问题的解决方案，有必要利用专业工程师尚不知道或不熟悉的物理或其他科学与工程的知识。技术功能和可能实现该功能的物理学、化学、生物学等效应对应的分类知识库可以成为探索冲突问题解的指针。

(5) 存在评价每项发明创造的可靠判据。这些判据是：该项发明创造是否是建立在大量专利信息基础上的？发明人或研究者是否考虑过发明问题的级别？该项发明是否是从大量高水平的试验中提炼出来的结论或建议？

(6) 在大多数情况下，理论的寿命与机器的发展规律是一致的。因而，"试凑法"很难产生两种或两种以上的系统解。

利用 TRIZ 理论解决问题的过程如图 2-34 所示。设计者首先将待设计的产品表达成为 TRIZ 问题，然后利用 TRIZ 中的工具，如发明原理(Inventive Principles)、发明问题解决算法(Algorithm for Inventive Problem Solving, ARIZ)及 TRIZ 标准解(TRIZ Standard Techniques)等，求出该 TRIZ 问题的普适解，或称模拟解。TRIZ 集成了各领域解决同类问题的知识和经验，突破了个人知识的局限性，通过系统化解决问题的流程，避免了思维的惯性。

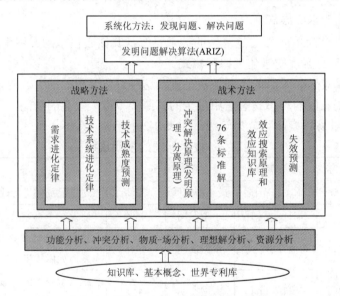

图 2-34　TRIZ 解决问题流程图

TRIZ 中直接面向解决系统问题的模型有功能模型、物质-场模型、冲突模型 3 种，如表 2-3 所示。

表 2-3　TRIZ 的 3 种问题模型

问题模型		基于知识的工具集(解集)	特　点
功能模型		效应知识库	集合了大量专利对应实现不同功能的原理及所蕴含的效应，为实现跨领域的解提供技术支持
物质-场模型		76 条标准解	用于元件间的作用，或场变换过程中出现的问题，标准解描述的是通过物质-场变换解决问题的途径
冲突模型	技术冲突	40 条发明原理	用于解决系统参数改进问题过程中，不同子系统间矛盾的要求
	物理冲突	4 条分离原理	用于解决系统参数改进过程中，对同一对象提出的相反或矛盾的要求

2.9.3　技术系统的进化法则

任何产品或技术系统的每一步进化，都是创新的一个过程，因此，如果我们了解技术系统进化法则，掌握相应的规律，就可以在此基础上确定目前产品所处的发展阶段，发现产品中存在的缺陷和问题；并进一步根据法则的提示、预测其未来的发展趋势，制定产品开发战略和规划；开发下一代符合需求的新产品，做一个能预测产品未来技术及发展的"预言家"。

1．技术系统的进化过程

一个技术系统由多个子系统组成，从辩证的角度，各个组成的子系统也是系统。包含各个子系统的系统外部还有超系统。比如汽车是一个技术系统，而轮胎、发动机、变速器等是汽车的组成子系统。对于外界而言，每个汽车是交通系统的一个组成分子，交通系统是汽车这个系统的超系统。

技术系统的进化，是指实现系统功能的技术从低级向高级变化的过程。对于一个具体的技术系统来说，对其子系统或组成部分进行不断改进，以提高整个系统的性能，即为技术系统的进化过程。如图 2-35 所示，机加工从早期的个人作坊，零件完全依靠工人师傅的技术和经验积累制作而成，可能每一个产品从微观上看都不一样；如今的大型数控加工中心，只需完成安装和固定工件、对刀等操作，即可加工出"千篇一律"的零部件。

图 2-35　个人作坊到大型数控加工中心

2．技术系统的发展阶段

每个技术系统的进化都要经历如图 2-36 所示的四个阶段：婴儿期(初生期)、成长期、成熟期、衰退期(S 曲线)。

(1) 婴儿期(初生期)。此时，新的技术系统刚刚诞生，它以新的功能或其他性能吸引人们的注意力，但是作为一个新系统，存在技术成熟度不够、可靠性差等一系列问题。同时，任何一个新技术、新产品都存在着让人无法确定的未来发展前景预测、研发的人力和物力投入支持等。因此，在这一阶段，发展较为缓慢。

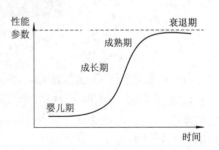

图 2-36　技术系统的 4 个发展阶段

当前我们处于一个很好的创新创业环境，大量的天使投资人在寻找优质的项目或技术系统进行投资。虽然创业的成功率较低，但是一旦成功，回报率也是很高的。如 2012 年创立的今日头条，不仅创新根据每个阅读者的阅读内容和兴趣类别自动推送新闻，更进一步在 2016 年年底推出抖音，让全球亿万普通人能实时分享点滴生活，一举成为社交媒体中最火热的软件。

(2) 成长期。在这个阶段，社会已经认识和认可了新系统的价值和市场潜力，并有更多人力、物力和财力加入到系统的发展中，系统内部的各种问题都得到了很好的、快速的解决，能吸引到更多的关注和投资，从而促进了系统的高速发展。

(3) 成熟期。技术系统发展到这个阶段，前期投入了大量的人力、物力、财力，使得技术系统日趋完善，性能也达到很高水平，所获得的利润达到最大化并有下降趋势。若继续加大投入，则获得的多是低水平的系统优化和性能改进。

(4) 衰退期。在该阶段应用于系统的技术已经发展到极限，很难得到进一步的突破。该技术系统可能不再被需求或者将会被新开发的技术系统所取代，新的系统开始新的生命周期。

3. 技术系统的进化法则

技术系统在进化发展过程中，遵循以下 8 大技术系统进化法则。

1) 法则 1：完备性法则

要实现某项功能，一个完整的技术系统必须包含以下四个部件：动力装置、传输装置、执行装置和控制装置。系统如果缺少其中的任一部件，就不能成为一个完整的技术系统，而且如果系统中的任一部件失效，那么整个技术系统也将无法"幸存"。如图 2-37 所示，以风力驱动的帆船，水手是系统的控制装置，外部的风是动力装置，桅杆是传输装置，船体是最终的执行装置，在海上航行，最终实现了帆船的运载货物和旅客的功能。

图 2-37　帆船

2) 法则 2：能量传递法则

(1) 技术系统要实现其功能，必须保证能量能够从动力装置流向执行装置。例如，收音机的能量传递，如果收音机在金属屏蔽的环境里，就无法接收到信号，不能收听高质量的广播信号。若在汽车或手机外部设置一个天线装置，如图 2-38 所示的尾鳍，就可以大大增强信号接收强度。

(2) 技术系统的进化，应该沿着使能量流动路径缩短的方向发展，以减少能量损失。例如需要将肉片变成肉末，手动拿刀上下剁与利用螺旋刀片绞肉机进行比较，手剁会耗费大量多余的能量，而使用绞肉机，可减少能量损失。

3) 法则 3：动态性进化法则

技术系统的进化，应该沿着结构柔性、可移动性、可控性增加的方向发展，以适应外部环境和执行方式的变化。执行构件从早期的刚性杠杆，到后来的多杆铰链机构，再到综合应用电、液、气、磁等，现在出现了柔性机构等，如图 2-39 所示的柔性机械手爪。

图 2-38　汽车及其尾豚式天线　　　　　　　　　　图 2-39　柔性机械手爪

4) **法则 4：提高理想度法则**

最理想的技术系统，作为物理实体它并不存在，也不消耗任何的资源，但是却能够实现所有必要的功能。如我们期望系统的质量、尺寸、能量消耗趋向于零，而其实现的功能数量趋向于无穷。例如，第一代手机"大哥大"在 1973 年诞生，重 800 克，而其功能仅限于电话通信；随着技术的不断进化，现在的智能手机，重量仅仅约 150 克，功能则超过 100 种，包括通话、短信、闹钟、游戏、MP3、GPS 导航定位、录音、照相、钱包支付等。

英国数学家查尔斯·巴贝奇装配了第一台计算机，重量达数吨，而其功能为输入数字进行数学计算。现代计算机分为超级计算机和家用个人计算机，超级计算机每秒可计算 9 亿亿次，个人计算机重量仅 1000 克左右，功能则达到上千种，如工程分析数学计算、绘图、网络通信视频及语音聊天、多媒体娱乐、浏览网页购物、学习等。

5) **法则 5：子系统均衡进化法则**

每个技术系统都是由多个实现不同功能的子系统组成的。子系统不均衡进化法则是指：①任何技术系统所包含的各个子系统都不是同步、均衡进化的，每个子系统都是沿着自己的 S 曲线向前发展；②这种不均衡的进化经常会导致子系统之间的矛盾出现；③整个技术系统的进化速度取决于系统中发展最慢的子系统的进化速度。

例如，自行车的进化：最早的自行车是将踏板直接与前轮轴固定，因此难以获得较快的速度；一味地增加前轮直径，会使前后轮直径相差太大，从而影响骑行平稳性；后来通过研究自行车的传动系统，增加了链条和链轮，改用后轮为主动轮，且前后轮大小相同，以保证自行车的平衡和稳定。随着人们对自行车功能的需求，后期出现了会议自行车、家庭 3 人骑行自行车、健身车等，如图 2-9 所示。

6) **法则 6：向超系统进化法则**

(1) 技术系统的进化是沿着从单系统向双系统直至多系统的方向发展的。如风靡全球的瑞士军刀，集齐了所有普通野外生存刀所具有的刺、砍、剪、锯、割、削、挑、撬、磨等基本功能外，还拥有镊子、清理钳、止血钳、安装器、牙签、掏耳勺等一百多种作用，是野外生活较好的必备利器。

(2) 技术系统进化到极限时，实现某项功能的子系统会从系统中剥离，转移到超系统，成为超系统的一部分。在该子系统的功能得到增强、改进的同时，也简化了原有的技术系统。例如，空中加油机的出现是源于长距离飞行时，飞机需要在飞行中补充加油而产生的。

起初燃油箱是飞机的一个子系统，技术进化后，出现了空中加油机，如图 2-40 所示，使得飞机的一个子系统——燃油箱，脱离了飞机，进化到超系统，这样使得飞机这个系统得到了简化，不必再携带数百吨的燃油，不但减轻了飞机的整体重量，而且提升了飞行效率。

图 2-40　空中加油图

7) 法则 7：向微观级进化法则

技术系统的进化是沿着减小其元件尺寸的方向发展的。例如，电子元件的进化，从 1906 年的真空管到 1947 年发明的晶体管，进化到 20 世纪 60 年代的集成电路，如图 2-41 所示，体积尺寸越来越小，集成度越来越高，但是其处理性能如处理速度、传送速度和信息量却呈现几何级数的提高。

　　　　(a)　　　　　　　　　　　　　(b)　　　　　　　　　　　　　(c)

图 2-41　电子元件图

8) 法则 8：协调性进化法则

技术系统的进化是沿着各个子系统相互之间更协调的方向发展的，即系统的各个部件在保持协调的前提下，充分发挥着各自的功能。子系统之间的协调性表现在：① 结构上的协调；② 性能参数的协调；③ 工作节奏/频率上的协调。例如，积木玩具的进化：从早期只能摞、搭到现代可自由组合的乐高积木玩具；网球拍的进化：较轻的网球拍更灵活，较重的网球拍可以挥打出更高的击球速度，因此需要协调综合考虑网球拍的重量和力量两个参数，最终设计成将网球拍整体质量降低，以提高挥拍的灵活性，而增加了球拍头部的重量，以保证了挥拍的力量。

第3章　机械系统方案创新设计

　　产品在商业化之前，技术创新过程的障碍主要存在于创造过程，它分为三个部分：
① 模糊前端阶段的创意是如何产生的？本书第 2 章已经论述；② 产品的工作原理及新结构是如何确定的？创新方法与技能是本章重点论述内容；③ 机械加工的新工艺是如何产生的？这一部分内容会在本书第 7 章进行探讨。

　　机械系统方案创新设计，是在给定的机械产品功能或特性基础上，用所学专业知识，充分利用新技术、新理论、新材料等，结合机械产品设计经验，充分发挥设计者的创造力，进行创造性构思，从而设计出具有新颖性、创造性、实用性和经济性的机械产品的一种实践活动。创新是设计的本质属性，设计是制造的先导和起点，决定着产品和服务的价值。好设计提升企业竞争力、可持续发展能力，更是取得引领行业和市场能力的关键。历史经验证明，创造好设计的企业引领行业，创造好设计的国家引领世界，设计之都自然成为创新高地，好设计引领人类文明进步。

　　本章简要论述了机械产品设计史，以及机械产品研发的几个重要步骤，分析了如何选择机械产品突破口和创新点的提炼，给出机械产品评价指标，针对机械产品核心结构的机构，对机构设计要点、机构的特点和应用进行详细论述，在此基础上提出基于功能元求解的机械系统创新设计方法，分析机构组合的杆组理论，并给出了常见的三级组和四级组结构综合图谱库，介绍了机构学理论研究热点，最后总结了多年机械创新设计的一些感悟。

3.1　机械产品设计史

　　随着历史和相关技术的发展，机械设计方法经历了以下几个阶段。

1. 直觉设计阶段

　　农耕文明时期，人类祖先利用直觉设计一些机械装置，如弓箭、杠杆、风车等，从早期知其然不知其所以然，到后来逐步分析其规律和原理，逐渐涌现出很多各行各业的科学家，如发明墨斗、锯子等的木匠祖师鲁班，研制新型织绫机、进一步完善指南车、发明龙骨水车等的机械巨匠马钧，博学多才的沈括等。

2. 经验设计阶段

　　文艺复兴后，欧洲摆脱宗教统治，思想解放、市场繁荣，资本主义兴起，科技创新、设计创造非常活跃。数学和力学知识的发展，以及工业革命的巨大推动力，各类机械的创造发明进入了蓬勃发展期。18 世纪 30 年代开始，英国人设计创造蒸汽机、工业机器、火车轮船等，如图 3-1 所示，引领以机械化为标志的第一次工业革命。但是还缺乏系统性的机械设计理论，仍然停留在依靠设计者经验进行设计的阶段。

(a) 蒸汽机车　　　　　　　　(b) 早期福特汽车　　　　　　　(c) 早期的飞机

图 3-1　第一次工业革命优秀产品

3. 传统设计阶段

19 世纪 60 年代后，德国、美国人设计发明电机电气、内燃机、汽车、飞机等，引领以电气化、自动化为标志的第二次工业革命，通用、西门子、奔驰、福特、波音、空客等成为引领行业的跨国公司。各种机械设计理论和机构图册系统的研究，为设计者提供了大量的设计参考数据。这些作为辅助工具，可以方便地帮助设计者完成设计工作。如图 3-2 所示为这一时期代表性的机械创新产品。

(a) 计算机　　　　　　　　(b) 最早的计算器　　　　　　　(c) 手表

图 3-2　传统设计阶段的机械产品

4. 现代设计阶段

20 世纪后半叶，美国人设计发明了计算机、半导体、集成电路、数控机床、PC、互联网等，引领人类电子化、数字化、信息化进程。依靠知识与技术创新、创意创造，设计新产品、新工艺、新装备，创造新的能源动力、交通运载工具、工艺装备、通讯网络和计算设备、家用电器等现代消费品。

机械专家借助计算机技术和图论，建立机械产品专家设计系统，机械设计进入了现代设计阶段，并实现了产品设计的程序化、自动化和创造性相结合。好设计提升产品应用功能、品质效益，提升企业品牌信誉和市场竞争力，创造经济价值。如图 3-3 给出了一些具有代表性的创新设计成果。

(a) 高端数控机床

(b) 特斯拉电动汽车

(c) 马斯克与可回收火箭

(d) 919 国产大飞机

(e) 天眼-射电望远镜 Fast

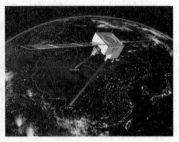
(f) 墨子号量子通信卫星

图 3-3　当代高科技产品

3.2　机械产品研发流程

图 3-4 给出了机械产品研发的流程图。

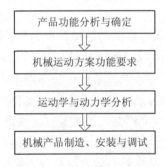

图 3-4　机械产品研发流程图

1. 明确产品功能(创新思维：突破常规，重视"拿来主义"——多看多锻炼，从抄袭到超越)

不管是有明确的参赛主题，还是自主研发的机械产品，都需要进行市场检索和相关资料(产品、论文、专利等)的检索，确定机械产品所具有的功能和市场定位，明确设计目标和内容。机械产品的创新起始于功能创新，即需求设计的确定。通过对市场调查和检索，明确市场上没有的或是对已有产品有重大改进的功能，确定所研发的对象和内容。赋予产品什么样的功能，是创意的体现。

平时要注意学习他人的设计，欣赏的过程须运用批判性思维，学习他人的优点，批判他人的缺点和不足。长期的积累,到了设计时,能由此及彼地将已看过的 A 中的部分结构、机构,应用到自己的 B 作品或产品中,这就是拿来主义。拿来主义不是全盘抄袭,而是变通学习和应用,同样的技术或原理,应用到不同的领域,也是需要创造性地解决一些问题。在设计中加入自己的知识和见解,加入创新的元素,从抄袭进一步前进到超越,在此基础上提出更好的设计,超越已有的产品或作品。

2. **基于功能元求解的机械运动方案设计(方案评判:知识积累,强调"博大精深"——多学多积累,从汲取到积累)**

在产品设计的问题中,设计需求就是期望的目标状态,设计过程就是寻找满足期望目标状态的最佳设计解的过程。机械产品创新设计过程可分为设计方案综合和产品性能分析两大部分。根据分解的分功能,基于功能元分析,求解或设计对应的机械动作,完成原动机—传动机构—执行机构组成的机械系统方案简图设计。对可选的多个机械产品可行方案进行分析与论证,最终获得最优方案。

尽管现代设计方法力图更多地让计算机帮助人类进行创新设计,但是计算机只能部分取代人类思维,一些新奇、巧妙的机械产品,往往还是由机械工程师根据其已有的设计经验和理论综合得到。因此,"成功无捷径",总结常见机构功能元的求解方案,多做生产和生活的有心人,仍然是机械产品创新设计的必由之路。

给予产品什么样的巧妙结构,是体现机械创新设计能力的关键环节。

方案综合内容包括对设计范围的理解,对设计相关人员、环境、工具、行动、信息等的观察,依次进行功能设计、机械运动方案设计和产品结构设计,以期获得确定的产品外观造型(初选构件结构尺寸)和对应的实用功能。该过程偏重原始创新,必须依靠扎实的专业知识、先进的设计方法理论和丰富的经验积累,具有较大的创造性,伴随产生一些新的设计理念和产品。

3. **从运动学和动力学分析获得合适的机械产品结构(计算分析:专业技能,强调"学以致用"——多练多应用,从应试到应用)**

确定了机构运动方案后,可以建立其参数化数学模型,进行机械运动学仿真,获得满足工艺要求的长度尺寸,必要的时候还需要进行机构优化设计获得满足较高性能要求的结构尺寸。构思产品零部件细节,建立产品三维模型,采用虚拟样机技术实现产品运动仿真,验证设计理念,进行运动干涉检验。将产品三维模型数据导入机械动力学分析软件,添加实际力和力矩,获得在一定结构参数下的动力特性分析结果。

走出应试教育的框架限制,引入工程应用的先进教育,第一课堂理论学习与第二课堂专业实践活动相结合,让青年学生有机会在大学阶段体验各种专业实践活动,这样培养出来的学生才是能解决实际问题的专业技术人才。

4. **机械产品的数控加工(加工制造:实践技能,突出"工匠精神"——多动多总结,从想到到做到)**

根据材料购置情况和已有的加工制造条件,制作非标准件的加工工艺卡。既可以作为后期动手加工的指导文件,也可以作为代加工文件发送给制造坊。

购置相关材料,借助三维软件(如 Pro/E 或 UG、SolidWorks 等)的虚拟数控加工模块,自动生成数控加工代码,根据相应的数控加工系统进行局部修改后,传输到数控机床上进行数控加工。将工匠精神落实到产品的每一个细节，是专业基础能力的佐证。

5. **产品的安装调试(安装调试：理想现实，彰显"知行合一"——多思多尝试，从发觉到解决)**

将机械产品系统的所有零部件或组件进行安装调试，尤其是机电一体化系统，需要进行多次调试，以确保安全、稳定运转和各项功能的既定实现。

在这个过程中会发觉很多问题，"理想很丰满，现实很骨感"，需要从理论分析和实践问题两个角度去思考问题所在，并提出多种解决方法，最终解决这个工程实践问题。理想与现实的多次相互妥协和协调发展，知行合一的实践活动，是创新应用型人才培养的最好途径，也是工程师个人综合素养锻炼和提高的最有效途径。

3.3　机械产品选型与创新点提炼

创新设计是以解决发明新产品为目的，将创新方法论和传统设计过程相结合，最终以产品创新为要求的系统化设计过程。

创新设计有别于传统设计，在传统设计中加入了创新元素，要规避已有的设计，但不是 100% 的规避，所以普通人去界定他人的创新设计是很有难度的。创新设计要求最终的产品设计方案，在保证产品经济性、可行性、科学性等的同时，还需要具有新颖性和创造性。

设计可分为全新设计、适应性设计和变参数设计三大类，其中不同设计类型对应的创新程度见表 3-1 所示。

表 3-1　不同设计类型对应的创新程度

设计类型	创 新 程 度									
	赋予产品新功能		实现功能的新原理		整体构造的新结构		产品使用的新性能		制造过程的新工艺	
	总体	局部	总体	局部	总体	局部	总体	局部	总体	局部
新设计	√/×	√/×	√	√	√	√	√	√	√	√
适应性设计	×	√/×	×	√	×	√	×	√	×	√
变参数设计	×	×	×	×	×	×	√/×	√	√	√

机械创新设计，是要设计出的产品比已有机械产品性能更好、结构更加简单可靠、功能更加多样化、产品性价比更高等。在从事机械创新设计过程中的创新性思考，都是对一个未知标准答案的求解。

设计和制造一个机械产品，首先是要明确产品的类型和功能。要善于发现问题和提出问题，这一点有时甚至比解决问题更重要。爱因斯坦曾说过："提出一个问题往往比解决一个问题更为重要，因为解决问题也许只是一个数学上或实验上的技巧而已。而提出新的问题、新的可能性却需要创造性的想象力，而且标志着科学的真正进步。"猎人不缺乏对付猎物的手段，优秀的猎手区别于普通猎手的一个重要的因素，在于他能敏锐地找到猎物的踪迹。

想常人之未想，才能突出"创新"，可以从以下三个方面进行思考突破：产品新颖、功能新颖、技术实现手段新颖。产品是针对功能要求进行设计，功能的实现依赖于原理方案的保证。探索原设计的功能原理和机构组成特点，进一步研究实现同样功能新的原理解法，是实现反求设计技术创新的重要步骤。

创新思维是关键，创新是一个国家的灵魂，也是一个机械产品有别于已有产品或能占据市场的重要因素，同时对于参与机械创新设计大赛的学生来说，所设计的作品是否优秀，一个关键的因素就是所设计的作品是否创新点突出。

创新点可以分为大的创新点和小的创新点。

大的创新点指的是机械产品整体结构或机构的创意设计(如实现该产品功能的核心机构的创新设计、在实现相同功能条件下的巧妙结构设计等)、产品功能的独创性(如 IPHONE 手机突破以往传统手机的电话和短信功能，无缝连接了传统手机和笔记本电脑、Seri 语音识别、指纹锁等功能)等。

如何提炼作品的大创新点？下面以第八届全国机械创新设计大赛为例，完成如表 3-2 所示的调查分析表。第八届全国机械创新设计大赛有 2 个主题：车库和水果采摘器械创新设计。以车库为例，要求学生完成调查分析表，如我国现有 8 大类型的车库，将调查分析的图放置在第一列；分析归纳出每一种类型的车库结构特点、已经实现的功能、相比其他类型所具有的优点和没有解决的问题等，最后基于上述共性和个例，得到智能车库的几个主要评价指标：车库的空间利用率(不少城市车库价格比普通家用轿车还贵，能同时容纳的汽车数量与单个车位体积的乘积，除以车库的总体三维立体空间)、存取车效率(用户更加关注的是取车时间而非存车时间)、存取车过程的能耗(与经济性直接挂钩)、结构复杂性和机构设计难易程度(决定了设计周期和后期制作成本)等是考核一个智能停车库的重要技术指标等。上述评价指标，实际上就是机械工程师需要努力去攻克的难题，解决一项或多项，就是作品的大创新所在。

表 3-2　第八届全国机械创新设计大赛**主题方向调查分析表

现有产品及图片	功能与技术分析			本小组拟解决的关键技术或功能的突破口
	已实现的功能	该产品的优点	没有解决的问题或缺点	
代表产品 1 和图片	1	1	1	1
	2	2	2	2
	3	3	3	3
代表产品 2 和图片	1	1	1	1
	2	2	2	2
	3	3	3	3
……				

而小的创新点则是针对大创新点来说的、一些细枝末节方面的设计思想，当确定了大创新点后，在具体实现机械产品的研发中，总是会有一些小的创新点不断涌现的。

机械产品的创新设计，关键是要发掘出具有至少一个大的创新点的机械产品，附带有若干个小的创新点。在产品创意构思、创新设计之初，我们必须提炼出大创新点 1~2 个，对团队师生在初始阶段提出较高的标准和要求。

很多学生拿到大赛主题后，经过文献检索，往往会有"好的设计构思已经有人做了，我能做什么？"的感觉，尤其是初次参赛的学生，没有指导老师的导引，更是毫无头绪。

如何提炼机械创新作品，建议可采用如下方法：

(1) 认真总结技术分析表。如表 3-2 所示的技术分析表，学生团队通过前期调研，全面系统地分析现有产品的优缺点，尤其是运用批判性思维，在老师的帮助下，分析归纳出该类产品的几个主要技术参数指标。针对现有产品在解决这几个技术参数指标时存在问题进行分析，总结出别人没有做好的、没有做到的，就是团队学生的主攻点。

如第八届全国机械创新设计大赛，学生针对小区智能停车库这一个主题做了深入细致的调查后，针对上述车库技术指标，如能在某一个或几个方面提出更好的设计，即可获得更加优良的技术参数，如空间利用率从当前最好的 60%提升到 75%等，就是一个优秀的创新设计。

基于技术分析表的创新设计，比起灵感思维等，更加的具体化，而且可操作性更强，是一种前期创意产生和创新设计的较好方法。

(2) 积极储备宽广深厚的机械创新设计知识。平常生产生活中，看到一些优秀的作品、或一些自动化设备需求，根据这些由此及彼的联想作为参与大赛的师生团队，完成技术分析表后，如何在众多可行的方案中选择最合理可行的那一个？

一定要摒弃"先入为主"的被动思想，不要认为现有的产品是机械专家研究开发的，自己难以对其进行革新或改进。而是应该抱以"挑刺"的主动态度，对没有的、认为做的不好的方向去努力突破，寻找研发的切入点。

童车给儿童带来了骑行乐趣，也是一种很好的锻炼玩具。家长在给小孩选购自行车时，出于节约成本的考虑，希望自行车可以多用几年，以伴随儿童成长。如图 3-5 所示，车架尺寸、座椅和前扶手均可在一定范围内方便调整，以适应一定年龄范围儿童使用的儿童成长自行车。

图 3-5　儿童成长自行车

现在大学生创业开办公司成为一种时髦，但是如何选择市场的切入点或者找到市场研发产品，成为横亘在众多自主创业者面前的一大难题。向市场需求寻求答案，是提炼机械创新产品的捷径。2013 年是雾霾之年，很多人早晨起床的第一件事情，是打开窗户看空气质量，打开手机查看 PM2.5 的具体指标数据。武汉科技大学机械专业大四学生李恒，有感于此，经过市场调查，发现工业污染、汽车尾气排放、建筑工地粉尘等是雾霾形成的主要原因。结合此前打扫卫生，防止灰尘扬起而预先洒水的灵感思维，他向机械学院专业老师请教具体的技术问题，发明了工地"治霾神器"——高空雾化喷淋系统，在工地上定时定量地洒一些经过高压雾化的雾水，可减少工地八成左右粉尘，并申报了专利保护；他请教管理学院老师，成立了毳雨节能环保公司；他的产品服务社会，被纳入 2014 年武汉市政府 1 号文件，面向市场推广，预计年产值上亿元。

上述案例说明，机械产品或作品研发，需要有深厚的创新设计基础来进行分析、取舍和抉择。

(3) 时刻保持敏锐的创新思维。在平时生产生活中或者在参与比赛过程，看到一点，能敏锐地捕捉到作品的创意思路。对一些生活中的工具，手动的、半自动的，问问自己能否设计出一个全自动的机械装置，去帮助人们减轻劳动强度和操作复杂性等。如果这么去思考和做了，何愁寻觅不到好的素材和研究对象？何愁发掘不出好的创意？

例如，有学生了解到三维扫描仪的结构和工作原理，在理发的时候联想到，通过非接触式扫描仪获得人体头部轮廓，调用存储在软件系统内的各种发型贴图，可以看到每一种发型贴到自己头部轮廓后的各个角度效果图，在个性化的时代，由用户自己决定选用哪一种发型，而不是发型师。因此，有了 3D 自助美发系统的设计构想，在老师指导下获得创新设计大奖。

(4) 解决问题过程中秉承一探究竟的执着。把一个创意、一个思路落实下来，不是浅尝辄止，而是基于专业知识去思考行不行？好不好？

(5) 掌握科学的论证、分析、计算方法。当设计了一个分功能后，用什么方案去实现？需要在脑海里、图纸中去绘制机构简图等，结合所学的"机械原理""机械设计""机械创新设计""数控加工技术""机械工程材料"等专业知识，按照动作次序去逐一论证方案的合理性和可行性，不留疏漏。

3.4　机械运动方案设计内容及评价

机械系统运动方案评价是一个早期发散的创新设计到收敛的最优解确定的过程。评价不仅要对方案进行有限条目的科学分析和评价，还应该针对方案在技术、制造方法、经济方面的弱点进行改进和完善。广义的评价实质上是对产品研发的优化过程。

科学评价，首先需要确定各个评价子目标，并予定性或定量评价。建立机械产品评价体系是量化评价的方法之一，评价体系可将机械产品评价指标划分为五大类型，具体评价时分别对六大类型及更为细致的子项给出分值，然后对整机进行评价。

(1) 机械产品的功能。在满足产品使用可靠性的前提下，尽可能增加产品的实用功能。功能不是越多越好，要充分体现各个功能的实际使用价值和相互之间的和谐统一，不能单纯地为了增加功能而给人以拼凑感。

(2) 机械产品的工作性能。基于产品实际使用环境提出的，大部分为隐性的，需要设计者多角度思考，并将这些性能要求作为设计考核指标。如运动轨迹、某个位置速度和加速度要求、整周期传动角、能耗、占用空间等。

(3) 机械产品的动力性能。运转平稳、加速度小、无较大冲击、振动小和噪声低等，这对大型机械设备是十分重要的评价指标。

(4) 机械产品的结构紧凑性。机械的机构简单、尺寸紧凑、重量轻、传动链短、工作可靠是重要的评价指标。

(5) 机械产品的经济性。制造的难易程度、安装调整的方便性、维修的便利性直接影响了机构及机械的经济性，以及运行维护成本、预期利润、投资回报期等。

(6) 社会评价目标：该方案的社会影响、市场效应、节能环保、可持续发展等。

综合考虑各方面的评价指标，才能在诸多机械运动方案的设计中选出最优者。

3.5　机构设计要点

对于机械产品，结构的创新设计是创意、创新的重要指标之一。一个机械产品，犹如一个人，机构就是一个人的骨架，一个机械产品如果有一个奇妙的机构设计构思，就一定会是一个优秀的产品！

机构设计中最富有创造性、最关键的环节是机构形式的设计。"机械原理"课程教学讲解传授连杆机构、齿轮机构、凸轮机构、槽轮机构、棘轮机构、链轮、绳索、皮带等传动机构的应用场合和设计方法，以及基于此的组合机构创新设计和分析方法。

机构可实现功能可归结为增力(以较小的力输入，获得从动件上较大的力输出，如杠杆)、增程(在整体构件尺寸较小的情况下，实现从动件较大的线位移或角位移)、构件特定运动规律(实现输出构件特定的轨迹、速度或加速度参数要求)三大功用类型。

类似产品创新，机构的创新可以是创新、发明新机构，也可以是对常用机构进行组合设计，获得满足设计功能的组合机构。

要实现同一运动功能原理要求，原则上可以有多种设计方案。因此，在选择和评价机械运动方案中，机构形式设计的原则如下：

1．机构简单

机构的传动链要尽量短，以减少功能损耗。机构设计时应注意如下几点：

(1) 构件数量少，有利于提高产品的刚度，减少产生扰动的环节，提高产品的可靠性。如图 3-6 所示，同样实现直线轨迹输出，图(a) 的结构比图(b)、图(c)的构件数量少。

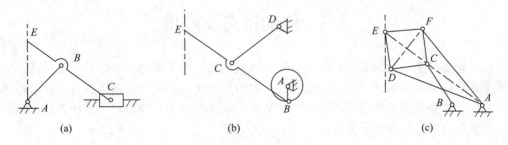

(a)　　　　　　　　　　(b)　　　　　　　　　　(c)

图 3-6　相同直线轨迹输出的不同构件数对应的机构案例

(2) 运动副少，可降低生产成本、减轻产品的质量，有利于减少运动副摩擦带来的功率损耗，能有效地减少运动副的累积误差，提高机械传动效率及使用寿命。适当选择不同类型的运动副，便于后期加工制造。

(3) 尽量选用广义机构，如连杆机构、齿轮机构等，少选用设计和加工比较困难的凸轮、槽轮等机构。

(4) 根据产品的使用场合，合理地选择原动机。选择合适的原动机，尽可能减少运动转换机构的数量。目前工程上使用的原动机主要有三类：① 内燃机。这类原动机主要有汽油机和柴油机。内燃机不适合于在低速状态下工作，用内燃机来驱动低速执行机构必须要使用减速设备。内燃机主要用于没有电力供应或需在远距离运动中提供动力且对运动精度要求不高的场合。② 气、液马达，活塞式气缸、液缸，摆动式气缸、液缸。这些原动机可对外输出转动、往复直线运动、往复摆动，借助控制设备也能实现间歇运动。③ 电动机。电动机的类型不同，机械特性也不相同，电动机的转速变化范围大，输出功率从零点几瓦到上万千瓦，电动机是工程设计中最常用的原动机。

2. 结构尺寸小

在满足机械力学性能的前提下节省材料，尤其是一些贵重的金属材料，同时机械装置占用空间小，可以节约空间。在满足相同工作要求的前提下，不同的机构，其尺寸、质量和结构的紧凑性是大不相同的。例如，在传递相同功率并且设计合理的条件下，行星轮系的外形尺寸比定轴轮系小；在从动件要求作较大行程的直线移动的条件下，齿轮齿条机构比凸轮机构更容易实现体积小、质量轻的目标。

3. 较好的动力特性

采用机构优化设计理论，对影响机械产品使用性能的参数进行分析和优化。例如，全周期内较小的压力角可以提高动力传递性能和效率；较小的加速度及其跃度，可以改善产品的使用受力状况；等强度设计可以提高材料利用率等。

在进行机构形式设计时，应选择效率较高的机构类型，并保证机构具有较大的传动角和较大的机械增益，从而可以减小机构中构件的截面尺寸和质量，减小原动机的功率要求。机构形式设计要注意运动副组合带来的过约束，过约束会造成机械装配困难，增大运动副中的摩擦与磨损。

注意运动副的选择类型，因为运动副元素的相对运动是产生摩擦和磨损的主要原因。运动副的数量和类型对机构运动、传动效率和机构的使用寿命起着十分重要的影响。

3.6 机构特点及应用

尽管有多种类型的原动机，绝大多数的机械产品仍然采用运动特性好、能量转换率高的笼型异步电动机。因此，能将连续转动转换为其他运动形式的机构仍然是设计者最常采用的机构。掌握常用机构的运动特性，熟悉它们所能实现的功能，对于设计者正确地选用或从中获得启示来创新设计机构都是十分必要的。

实现同一个简单的、基本功能的机构是多样的，对基本机构进行归纳和总结，有助于快速、高效地完成简单功能对应的机构设计；复杂的机构设计，可建立在简单的基本机构的基础上，也可以在平时的机械设计知识与经验的基础上，创造性地设计出新机构。

3.6.1　常用基本机构功能

基本机构定义：机械产品结构组成的最小机构单元，不可再拆分。如杠杆是最简单的机构，曲柄滑块机构、曲柄摇杆机构、直动从动件盘形凸轮机构等是常见且常用的基本机构。

机构的类型是有限的，但是机构的组合创新是无限的。而且，即便是同一类型的机构，其研究与应用也是无限的。更进一步，同一构型的机构，当选取不同的结构尺寸或构件形式时，其用途也是不一样的。这些特性是机构创新设计的魅力所在，也是设计的难点所在。

在进行机械产品创新设计时，首先要学习和掌握各种典型的、常用基本机构的特点和用途及其设计方法和准则。积累经验后，才能在此基础上进行发明创造。表 3-3 给出了常用机构的图例及其特点和应用场合。

表 3-3　常用机构的特点及应用

典型机构	图　例	特 点 及 应 用
连杆机构		结构简单，制造容易，工作可靠，能实现远距离动力传递，能传递较大的力和力矩，传动不平稳，冲击和振动较大，很难实现精确的既定轨迹。用于行程较大、载荷较大的工作场合，并可实现一定的运动轨迹或规律
凸轮机构		结构紧凑，工作可靠，调整方便，只要设计得当，能实现任意的轨迹和运动学性能要求；传动效率较低，设计和加工复杂。用于从动件行程较小、载荷不大以及要求特定运动规律的场合
非圆齿轮机构		结构简单，工作可靠，从动件可实现任意转动(传动比)规律，但非圆齿轮制造较困难。用于从动件作连续转动和要求有特殊运动规律的场合
棘轮间歇机构		结构简单，从动件可获得较小角度的可调间歇单向转动，但传动不平稳，冲击较大。多用于进给系统，以实现递进、转位、分度、超越等，多是整体购置选用
槽轮间歇机构		结构简单，从动件转位较平稳，而且可实现任意等时、单向间歇转动，但当拨盘转速较高时，动载荷较大。常用作自动转位机构，特别适用于转位角度在 45° 以上的低速运动，设计制造困难

典型机构	图　例	特 点 及 应 用
凸轮式 间歇机构		结构简单，传动平稳，动载荷较小，从动件可实现任意预期的单向间歇转动，但凸轮制造困难。用作高速分度机构或自动转位机构
连杆组合 间歇机构		多个连杆组合，制造容易，从动件可实现一定范围的停歇，结构简单，制造容易。当需要精确的停歇区域时，需结合优化设计获得机构结构尺寸，设计较为困难
不完全齿 轮机构		结构简单，制造容易，从动件可实现较大范围的单向间歇传动，但啮合开始和终止时有冲击，传动不平稳。多用于轻工机械的间歇传动机构
螺旋机构		传动平稳无噪声，减速比大，可实现转动与直线移动转换，滑动螺旋可做成自螺旋机构，工作速度一般较低，只适用于小功率传动。多用于要求微动或增力的场合，还用于螺母的回转运动转变为螺杆的直线运动的装置
摩擦轮 机构		有过载保护作用，轴和轴承受力较大，工作表面有滑动，而且磨损较快，高速传动时寿命较短。用于仪器及手动装置，以传递回转运动
圆柱齿轮 机构		载荷和速度的许用范围大，传动比恒定，外廓尺寸小，工作可靠，效率高；制造和安装精度要求较高，无过载保护作用。广泛应用于各种传动系统和传递回转运动，实现变速以及换向等
齿轮齿条 机构		实现齿轮的圆周运动和齿条的直线运动之间的转化。结构简单，成本低，传动效率高，易于实现较长的运动行程。广泛用于各种机器的传动系统、变速操纵装置、自动机的输送、转向和进给机构以及直动与转动的运动转换装置

续表二

典型机构	图 例	特 点 及 应 用
圆锥齿轮机构		可实现两交错轴之间的增速或减速运动传递。用来传递两相交轴的运动，直齿圆锥齿轮传递的圆周速度较低，曲齿用于圆周速度较高的场合。用于减速、转换轴线以及反向的场合
螺旋齿轮机构		常用于传递既不平行又不相交的两轴之间的运动，但其齿面间为点啮合，且沿齿高和齿长方向均有滑动，容易磨损，因此只适用于轻载传动。用于传递空间交错轴之间的运动
蜗轮蜗杆机构		传动平稳无噪声，结构紧凑，传动比大，可做成自锁蜗杆，效率很低，低速传动时磨损严重，中高速蜗轮齿圈需使用贵重的减磨材料，制造精度要求较高。用于大传动比减速装置(功率不宜过大)、微调进给装置、省力的传动装置等
行星齿轮机构		传动比大，结构紧凑，工作可靠，制造和安装精度要求高，其他特点同普通齿轮传动，主要有渐开线齿轮、摆线叶轮、谐波齿轮的行星传动。常作为大速比的变速装置，还可实现运动的合成与分解
带传动机构		轴间距离较大，工作平稳无噪声，能缓冲吸振，有过载保护作用，结构简单，安装精度要求不高，外廓尺寸较大，摩擦式带传动有弹性滑动，轴和轴承受力较大，传动带寿命较短
链传动机构		轴向距离较大，平均传动比为常数，链条元件间形成的油膜有吸振能力，对恶劣环境有较强的适应能力，工作可靠，轴上载荷较小，瞬时运转速度不均匀，一般需张紧和减振装置
万向铰链机构		为变角传动机构，两轴的平均传动比为 1；但角速度比不恒等于 1，而是随时变化的。用以传递两相交轴间的转矩和运动的传动机构，作为安全装置，兼有缓冲、减振和过载保护的作用

机械化、自动化程度的提高，对机器的运动规律和动力特性提出了更高的要求。简单的基本机构难以满足上述要求：连杆机构难以精确实现一些特殊的运动规律，也难以克服构件的惯性力；凸轮机构虽可以实现任意给定的从动件运动规律，但行程不可调，也不能尺寸太大；齿轮机构有良好的运动和动力特性，但运动形式简单；棘轮机构和槽轮机构等

间歇运动机构，动力和运动性能均不理想，具有不可避免的速度、加速度波动，会引起较大的冲击和振动问题。

表 3-4 给出了常见、常用的连杆机构、凸轮机构、齿轮机构的各种性能和评价对比分析，可供设计时评价参考。

表 3-4　常见连杆、凸轮、齿轮机构的性能指标对比分析

性能指标	具体项目	连杆机构	凸轮机构	齿轮机构
运动性能	运动规律，运动轨迹	只能达到有限精确位置	能达到任意精确位置	一般做定传动比转动或移动
	运转速度，运动精度	较低	较高	高
工作性能	效率高低	一般	一般	高
	使用范围	较大	较小	较小
动力性能	承载能力	较大	较小	较大
	传力特性	一般	较小	较好
	振动，噪声	较大	较小	较小
经济性	加工难易程度	易	难	较难
	维护方便性	较方便	较麻烦	方便
	能耗大小	一般	一般	一般
结构紧凑	尺寸	较大	较小	较小
	质量	较小	较大	一般
	结构复杂性	复杂	一般	简单

3.6.2　组合机构设计

1. 组合机构的创新设计

基本机构具有如下优点：结构型式固定，各种性能和应用场合均已有深入的研究，选用时可供参考的信息很多。但是也存在有时不能满足预期的复杂功能要求等缺点。

一个内含复杂机构的机械产品，往往是多个基本机构的融合设计。此时可以在基本机构的基础上，进行机构构型的组合创新设计。机构构型创新设计的思路是：以基本机构为雏形，通过组合、变异、再生等方法进行突破，获得新的机构。

按技术来分，创新可分为两大类：一类是采用全新的技术，称为突破性创新；另一类是采用已有的技术进行重组，称为组合性创新。将一个基本机构与另一个或几个基本机构或基本杆组按一定方式有目的地进行组合，构建成一个新机构的设计过程称为机构的组合创新。所获得的新机构称为组合机构。

组合机构将几个基本机构联接起来，各机构间的运动相互耦合和作用，以实现单个机构难以实现的复杂运动规律、运动轨迹和特殊运动的不可拆机构，使得运动性能更加完善、运动形式更加多样化，组合设计可以充分利用各个基本机构的优点。但是组合机构的设计比单一机构的设计更加困难。如图 3-7 所示，分别为输出轨迹变化多样的齿轮连杆组合机

构，(a)图所示；能实现任意输出轨迹的凸轮连杆组合机构，(b)图所示。

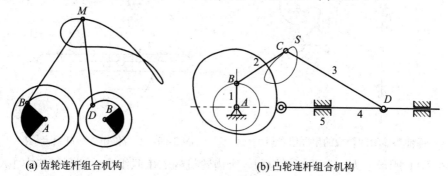

(a) 齿轮连杆组合机构　　　　　　　　　(b) 凸轮连杆组合机构

图 3-7　组合机构案例

　　组合机构的创新设计对设计能力要求更高，如机构的结构分析、参数计算、实体造型等。由于组合机构构型综合的复杂性，目前的多构件组合机构综合，无法做到智能化地获得所需的各种或者目标范围较小的组合机构综合结果。例如，中国地质大学机构学者丁华锋教授，研发出 20 构件以内的、多环耦合的全铰链连杆机构型综合图谱库，为连杆机构的创新设计提供了翔实的数据。当前组合机械的创新设计，大部分工作依赖于设计者本身的经验和灵感。

2．典型的机构组合方式

　　机构的组合方式具有代表性的有 4 种：串联式、并联式、复合式、反馈式等。

　　(1) 串联式组合：若干个基本机构顺序连接，前置机构的输出为后一个机构的输入。其特点是这几个基本机构均为 1 自由度机构。通过选择和控制前端基本机构，从而获得后续串联机构，尤其是最终的执行机构，最后获得所需的输出，如图 3-8 所示。

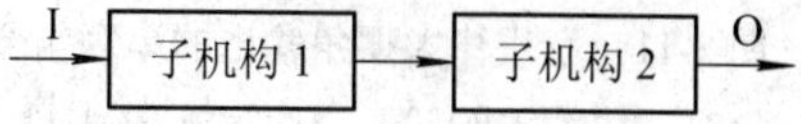

I → 子机构1 → 子机构2 → O

图 3-8　串联式组合机构

　　串联式组合机构的设计遵循"后基本机构+前基本机构"的原则，其设计步骤如下：

　　① 根据工作情况对输出构件的运动要求设计后一个基本机构；

　　② 根据后一个基本机构的输入设计要求，再设计前一个基本机构。

　　串联式组合所包含的基本机构，可以是同类型，也可以是不同类型的。其设计难点是串接点的选择，即为了获得所需的末端输出性能参数，需要在子机构 1 的整个运动周期中的哪个时间点连入子机构 2。

　　如图 3-9 所示，是一个摇杆滑块机构和摆动从动件凸轮机构串联组成的组合机构。该组合机构的设计有两大特点：一是充分地利用凸轮机构设计的灵活性，使摆动从动件凸轮机构的摆杆压缩弹簧并储存弹性势能后，弹力势能得到快速释放；其二是后置摇杆滑块机构的传动角大、机械增益高，在弹力的迅速作用下，对锉刀坯的冲击力大，这种冲击效果是很难由单一基本机构所能实现的。

　　如图 3-10 所示是一个连杆组合机构，利用前置四杆机构连杆上 E 点能实现特殊轨迹运动，若有一段时间的轨迹线为直线，可将后置 II 级基本杆组 RPR 的一个外接铰链与前置机构连杆上的 E 点连接，而使后置 II 级基本杆组的运动输出构件(摆杆 FE)能作长时间停留的间歇运动。

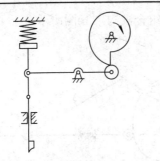

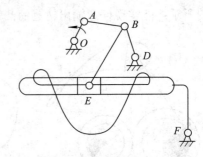

图 3-9　弹性势能瞬间释放的串联组合机构　　　图 3-10　实现停歇的串联组合机构

如图 3-11 所示，为一个四杆机构和一个齿轮机构的串联组合。连杆机构中主动件 *AB* 杆匀速转动，输出 *CD* 杆的规律性摆动，通过扇形齿 *F* 和齿轮 *E* 的啮合传动，实现齿轮 *E* 的有规律正反转，达到末端摆角大幅度输出的目的。

如图 3-12 所示，是一个对心曲柄滑块机构和一个展开式的直动从动件凸轮机构的串联组合。曲柄 *AB* 的长度作为展开式凸轮的左右往复行程距离，通过设计展开式直线凸轮机构的轮廓曲线，实现直动从动件的有规律上下直线运动。

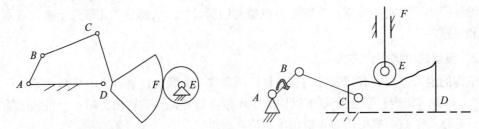

图 3-11　有规律大摆角输出的串联组合机构　　　图 3-12　可控行程范围的展开式凸轮组合机构

(2) 并联式组合：几个单自由度基本机构，其输出同时输入给一个多自由度子机构。

两个或多个基本机构并列布置，具有共同的输入或输出，或两者兼而有之，主要用于实现运动的合成或分解。如图 3-13 所示，给出了 3 种并联的组合方式。

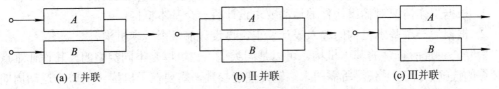

(a) Ⅰ并联　　　　　(b) Ⅱ并联　　　　　(c) Ⅲ并联

图 3-13　三种并联方式

并联组合机构的设计遵循"拟定多自由度基本机构+分解单自由度机构"的原则，其设计步骤：

① 首先根据工作要求实现运动规律或轨迹，选择合适的多自由度基本机构；
② 分析该机构输出运动与输入运动之间的关系；
③ 最后根据该自由度机构的特点，选择和设计合适的单自由度基本机构。

如图 3-14 所示，凸轮 1 和 1′为同轴凸轮，该轴线的转动通过两个凸轮驱动摆杆 2 和 3 的有规律摆动，从而驱动 2 自由度 5 杆机构 2—5—4—3—机架有了确定运动，最后实现附加于杆 5 上面的点 *P* 的特殊轨迹运动要求，如末端安装吸盘，实现吸取到不同工位的生产要求。

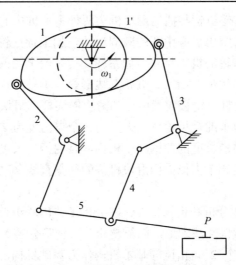

图 3-14 双凸轮输入 5 杆并联组合机构

(3) 复合式组合：一个或几个串联的基本机构，去封闭一个具有 2 个或多个自由度的基本机构，如图 3-15 所示。

如图 3-16 所示机构，由 1—2—3—4—机架 5 构成的 2 自由度 5 杆机构，被一个 1 自由度的直动从动件凸轮机构所封闭，当合理地设计了凸轮的轮廓曲线，实现了 2 自由度 5 杆机构中杆件 4 的长度可调，最终实现点 P 的任意平面轨迹输出。

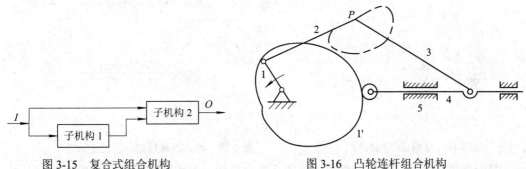

图 3-15 复合式组合机构　　　　　　　图 3-16 凸轮连杆组合机构

如图 3-17 所示，由曲柄 1—行星轮 2—连杆 3—滑块 4—机架 5 组成的 2 自由度 5 杆机构，被一个自由度为 1 的行星轮系(曲柄 1—行星轮 2—固定的内齿轮即机架 5)所约束，实现了滑块确定的、有规律的运动。

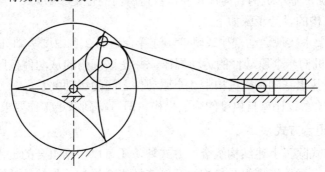

图 3-17 行星轮系与连杆的复合式组合机构

　　该组合机构为行星齿轮机构与曲柄滑块机构两种基本机构的复合式组合。行星轮系中，行星轮的运动是齿轮中心绕内齿圈中心的圆周运动，加上行星轮绕行星轮中心的圆周运动的合成。通过改变行星齿轮的机构尺寸，如系杆、行星轮半径的尺寸关系，可以获得行星轮辐上某点走出均分的多边形，如三、五、九边形等。单独看连杆机构，它是由系杆、行星轮转动中心到轮毂的连杆、链接轮毂中心和滑块的连杆、滑块和机架组成的 2 自由度 5 杆机构。用一个自由度为 1 的行星轮系，去封闭一个自由度为 2 的 5 杆机构，于是，整个机构输出可视为一个变曲柄长度的曲柄滑块机构，且曲柄的长度变化是有规律的。齿轮主动时从动件滑块整体上是一个类似曲柄滑块机构的往复直线移动，但是过程中有振荡和停歇运动。

　　本书第 9 章基于上述分析和机构仿真，在分析了该串联组合机构中输出构件滑块的位移、速度、加速度运动学特性基础上，创新设计了一种筛分装置，应用于沙滩清理。

　　(4) 反馈式组合：一个 2 自由度的基本机构作为基础机构，一个单自由度的机构作为附加机构，基础机构的输出经附加机构转换后，再反馈给基础机构，如图 3-18 所示。

　　如图 3-19 所示为精密滚齿机的分度校正机构，设计与蜗轮同轴的槽轮 2′ 的轮廓曲线，控制直动从动件 3 的左右平移运动，从而驱动与蜗杆一体的轴线移动，实现定期的对蜗轮蜗杆啮合的定位调整，避免轮齿间隙对传动和加工精度的影响。

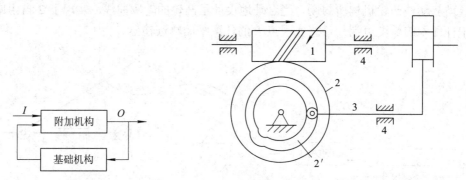

图 3-18　反馈式组合机构　　　　　　图 3-19　精密滚齿机的分度校正机构

　　复合式组合和反馈式组合都属于封闭式组合机构，其设计过程遵循"基础机构 + 附加机构"的原则，其中基础机构为自由度大于 1 的基本机构，而附加机构为约束或封闭基础机构的机构。组合机构的设计内容分为：① 类型综合——选择组合机构类型(组合方式)；② 尺度综合——确定基本机构各构件尺寸，获得所需的性能参数。

　　封闭式组合机构的设计步骤如下：

　　(1) 根据工作要求实现运动规律或轨迹，选择合适的 2 自由度基础机构；

　　(2) 给定基础机构一个原动件的运动规律，并使该机构的从动件按照预定的运动规律或轨迹运动，从而找出基础基础机构中 2 个原动件之间的运动关系；

　　(3) 按此运动关系设计单自由度的附加机构，即可得到满足工作要求的组合机构。

3. 其他机构组合方式

　　机构组合的方式除了上述结构组合的方式外，还可以根据组合的机构类型进行划分，如同类机构的组合、齿轮连杆组合机构、凸轮连杆组合机构、齿轮凸轮组合机构等。这些机构的组合，可实现间歇传送运动，实现大摆角、大行程往复运动，较精确实现给定的预定轨迹、实现同步运动等。

(1) 同类机构的组合。各类机构如连杆机构、凸轮机构、齿轮机构、槽轮机构、棘轮机构、带传动、链传动、柔索传动等，都有其特定的优点和使用场合。即便是两个同类型的机构基本组合，也可以大大丰富机构的输出性能。

如图 3-20 所示的串联式组合机构，是由两个连杆机构组成的，根据前面曲柄摇杆机构的摆杆运动特性，串联一个对心滑块机构，设计 3′和 4 杆的相对尺寸，可以获得预定的对心滑块急回运动特性。

如图 3-21 是 6 个曲柄滑块机构的并联组合，例如多缸发动机，通过对称设计，使得曲柄的输出扭矩波动小，部分或全部消除滑块速度和加速度波动带来的惯性力。

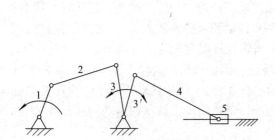

图 3-20　两个连杆机构的串联式组合

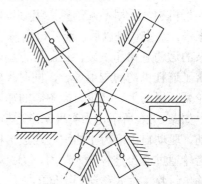

图 3-21　对称布置的曲柄滑块机构

如图 3-22 所示，为同类型连杆机构，对称机构的使用，两套相同的 6 连杆机构并联组合，输出到相同的滑块，由于对称机构的存在，很好地改善了机构的受力状况。

如图 3-23 所示为某类型挖掘机的机构示意图，通过 3 个液压缸的协调动作，可视为 3个独立的 1 自由度的四杆机构，均以液压缸的直线运动为主动力输入，最终完成挖土、提升和倒土等动作。

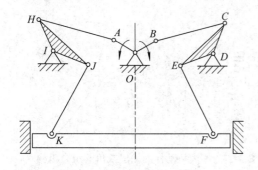

图 3-22　两个单自由度 6 杆机构的组合

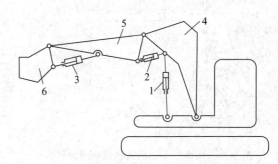

图 3-23　某 3 自由度的挖掘机机构图

如图 3-24 所示，为多个齿轮传动组合的汽车手动变速器，通过手动控制拨叉，在不同的位置推动不同的齿轮组进行啮合，实现不同的传动比，从而进行调速。

如图 3-25 所示，为多个齿轮传动组合的汽车差速器，2 自由度的差动轮系，通过方向盘实现对左右 2 个车轮的方向设定，动力经由齿轮 5 传入自由度为 2 的差动轮系，左右轮与地面接触后不同的转速差，实现汽车转向。

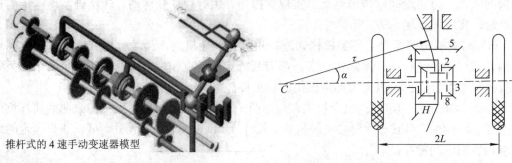

推杆式的 4 速手动变速器模型

图 3-24　汽车手动变速器中的齿轮组合　　　　　图 3-25　汽车转向的差动轮系

(2) 齿轮机构与连杆机构的组合。单独的齿轮机构传动形式单一，而简单如四杆机构的连杆机构，采用不同的参数组合可以获得如水滴形、8 字形、爱心等轨迹输出，但是反向来说，给定轨迹以后，连杆机构很难精确去复演既定轨迹。齿轮-连杆组合机构能实现较复杂的运动规律和轨迹，且制造方便，是应用最广泛的一种组合机构。齿轮连杆组合机构丰富了连杆机构的应用场合，同时齿轮的精密传动和可传递较大的力和力矩等特性，尤其是轮系、局部齿、齿轮、齿条等的加入，为齿轮连杆组合机构的应用增加了更多可能。

如图 3-26 所示，为实现间歇送料的齿轮连杆组合机构，齿轮 1 驱动齿轮 2 和 2′同向转动，驱动自由度为 1 的平行四边形机构的连杆 3 和 3′同步转动，对于该四杆机构而言，双齿轮通过 2 个连杆输入动力，为过驱动系统，最终实现了做平移运动的杆件 4 的圆周运动输出，将工件 6 移动到不同的工位。

如图 3-27 所示，为齿轮连杆组合机构的应用。例如在航空飞机上，膜盒 1 受到外部气压的变化，会产生收缩和膨胀，从而推动连杆 2 绕固定支点 C 转动和滑移，使杆件 3 产生摆动，与杆件 3 为一体的局部齿 4 经过两级大小齿轮的啮合，将构件 3 的摆动转化为与末端小齿轮固定一体的指针 6 的摆动，从而可以在仪表盘 7 上读出当前的外部大气压值。

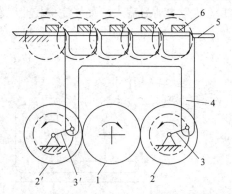

图 3-26　实现间歇送料齿轮连杆组合机构

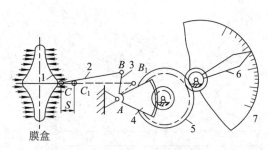

图 3-27　增大从动件的输出摆角的组合机构

如图 3-28 所示的齿轮连杆组合机构，它是曲柄滑块机构和齿轮齿条机构的组合应用。对心曲柄滑块机构的滑块行程为曲柄长度的 2 倍，非对心的曲柄滑块机构的滑块行程可自行计算。将滑块设计成与齿轮一体，再与固定和移动齿条啮合传动，可以实现移动齿条的 2 倍于滑块的行程，从而切削刀具不动，下面与齿条一体的工作台进行大行程的运动。

如图 3-29 所示的齿轮连杆组合机构，用一对齿轮 1 和 2 啮合，去封闭含有一个滚子 B 高副的 2 自由度 1—2—3—4—机架的连杆机构，通过改变约束滚子的槽轮(连杆 AB 的内槽)

形状，可以获得既定尺度后的连杆 *AB* 外接杆上点 *P* 的轨迹输出要求。

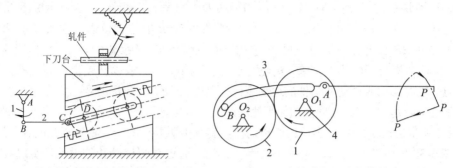

图 3-28　增大输出位移和速度的组合机构　　图 3-29　齿轮连杆组合机构输出预定轨迹

　　(3) 凸轮与连杆机构组合。由于凸轮轮廓设计的灵活性，以及连杆机构杆长尺度综合的多样性、可实现远距离传递力等，凸轮与连杆机构的组合，可以获得很大的灵活性，从而去满足各种性能参数要求，如轨迹、速度、加速度、运动停歇等。

　　如图 3-30 所示的同轴双凸轮机构，用凸轮 1 的外廓曲线去控制 *M* 点的水平轴 *X* 坐标，用凸轮 1′ 去控制竖直轴 *Y* 坐标，从而实现在二维平面内任意输出 *M* 点的轨迹。

　　如图 3-31 所示的由两个同轴联动的凸轮 1 和 1′ 分别控制两个摆动从动件 2 和 3，连杆2、3、4、5 和机架组成自由度为 2 的五杆机构，最终实现连杆 5 的附加杆上 *P* 点的吸盘预定吸纸动作。

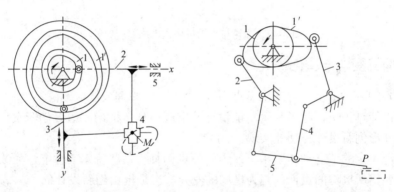

图 3-30　双槽凸轮连杆组合机构　　图 3-31　同轴双凸轮输入的五杆机构

　　如图 3-32 所示的图(a)为可变连杆 *BD* 长度的凸轮连杆组合机构，基于杆组理论，将 *C* 处滚子高副低代，可认为是曲柄滑块机构(曲柄 *AB*，连杆 *BC* 和滑块 *C*)再串接一个二杆组

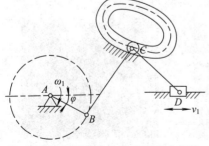

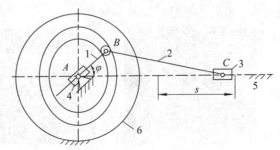

(a) 可变连杆长度的凸轮连杆组合机构　　　(b) 可变曲柄长度的凸轮连杆组合机构

图 3-32　槽凸轮与连杆机构的组合

RRP 构成；也可认为是曲柄 *AB* 转动，通过内槽轮限制滚轮 *C* 的位置，构造出可变连杆 *BD* 长度的曲柄滑块机构(曲柄 *AB*，连杆 *BD* 和滑块 *D*)。同理可分析图 3-35 所示的(b)为可变曲柄 *AB* 长度的凸轮连杆组合机构，通过内槽轮限制滚轮 *B* 的位置，以及摆块 *A* 的约束，构造出可变曲柄 *AB* 长度的曲柄滑块机构(曲柄 *AB*、连杆 *BC* 和滑块 *C*)。

(4) 齿轮机构与凸轮机构组合。齿轮与凸轮机构组合，一般以凸轮机构为主动件输入运动，因为凸轮对摆动或直动从动件的运动规律控制的灵活性，可以获得：① 从动件具有任意停歇时间的间歇运动；② 当输入轴作等速运动时，输出轴可按一定的规律作周期性的增速、减速、反转和步进运动；③ 可实现机械传动校正装置中所要求的一些特殊规律的补偿运动等。

如图 3-33 所示的凸轮与齿轮的串联组合机构，通过对圆柱凸轮的设计，实现其转角与轴向位移之间的特定函数关系。

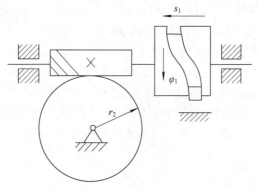

图 3-33　凸轮与齿轮机构的串联组合机构

3.6.3　机构的变异与演化

在看待事物时，由于视角或出发点不同，"横看成岭侧成峰，远近高低各不同"。在机械产品创新设计过程中，除了基于功能设计要求进行基本机构的组合创新设计外，还要特别注意构件外形创新设计与功能实现。

为了实现一定的工艺动作要求，或为了使机构具有某些特殊的性能，而改变机构的结构，演变发展出新机构的设计，是为机构的变异，也是机构创新设计的一类范畴。

四杆机构是结构最简单的机构，但是在生活中通过使用不同的构件作为动力输入/输出、构件外形创新设计(改变构件的形状和运动尺寸，改变运动副的尺寸，选用不同的构件为机架、运动副元素的逆换等)，就会产生很多种产品和对应的应用场合，如划船健身器、健骑机、旋转木马等，如图 3-34 所示。

(a) 划船健身器　　　　　　　(b) 健骑机　　　　　　　(c) 旋转木马

图 3-34　生活中常见的基于最简单的四杆机构的娱乐健身器械

1. 四杆机构变异与演化

表 3-5 列举了四杆机构变异与演化出的多达 14 种的不同类型机构。最简单的四杆机构可以变化出如此多的机构类型，而且不同的结构尺寸和使用应用场合可获得不同的机械产品，因此，机械产品的创新设计是"无止境"的。

表 3-5　四杆机构变异与演化出的 14 种不同类型机构

铰链四杆机构	曲柄摇杆机构		高副机构	齿轮机构	
	双摇杆机构			摆动从动件凸轮机构	
	双曲柄机构			直动从动件凸轮机构	
含一个移动副的机构	曲柄滑块机构		含两个移动副的机构	双滑块机构	
	曲柄摆块机构			导杆滑块机构	
	摆动导杆机构			双导杆机构	
	定块机构			正弦机构	

2. 机构的变异设计

(1) 机构的倒置。机构的运动构件与机架的转换，相对运动关系不变，但可以得到不同特性的机构。如图 3-35 所示，当 *AB* 杆设置为机架时，该机构为一对内啮合齿轮传动；当内齿圈 2 设置为机架时，则变异为行星轮系。

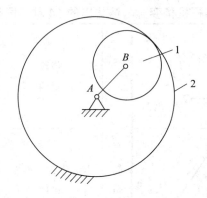

图 3-35　内啮合齿轮机构倒置后成为行星轮系

(2) 机构的扩展。以原有机构为基础，增加新的构件而构成一个新机构。相对运动关系不变，某些性能发生改变。如图 3-36 所示的行星齿轮连杆组合机构，在行星轮系的基础上，串联一个 RRP 二级组输出，由于行星轮轮辐上铰接点的轨迹发生周期性复杂变化，导致滑块在水平导轨上的位移呈现左右往复、左右振荡前行，同时其速度和加速度也呈现跳跃式周期性波动。

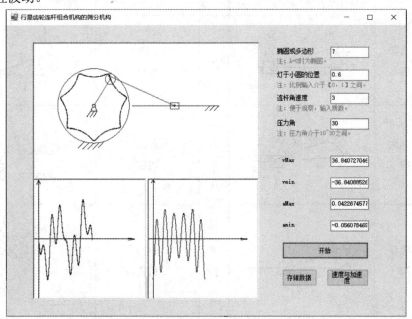

图 3-36　行星齿轮连杆组合机构的运动学分析仿真

(3) 机构局部结构的改变。以改变机构局部形状结构，可以获得有特殊运动特性的机构。如图 3-37(a)所示，改变滑块中滑槽的形状，将平面设计成曲率为曲柄长度的曲面，使得该六杆机构具有了曲柄在一个角度范围内转动时末端执行部分的停歇功能。如图 3-37(b)

所示，曲柄 1 转动时，带动槽内滚子运动，通过设计 2 段圆弧内槽 4，且其中一段弧形槽的曲率半径为连杆 3 的长度，这样，当滚子在该段弧形槽内滚动时，滑块将停滞不动，产生一段时间停歇的运动特性。

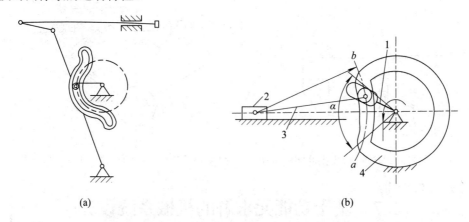

(a)　　　　　　　　　　　　　　　　(b)

图 3-37　带有停歇功能的圆弧形导杆槽

如图 3-38 所示，主动杆带动从动杆往复摆动，由于连杆的一个转动副滚子 A 可在从动杆的槽内滑移和滚动，本质上该机构高副低代后为五杆 2 自由度机构，但是由于受到导块 1 和 2 以及弹簧的限制作用，当主动杆处于极左位置向右摆动时，导块 1 限制滚子 A 向下滚动进入下方导槽，而当主动杆处于极右位置向左摆动时，导块 2 限制滚子 A 向上滚动进入上方导槽。

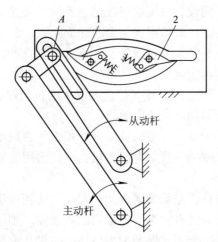

图 3-38　顺时针和逆时针方向运动获得不同的输出运动特性

(4) 机构结构的移植与模仿。将一种机构中的某种结构应用到另一种机构中的设计方法，称为机械机构的移植或模仿。比如将机构中的某些运动副改变形状，得到新的运动输出特性。如图 3-39 所示，可视为将内槽轮机构中的内槽轮 2 展开成直线，通过圆柱销 1 的转动和不同形状配合与驱动，实现类似但不同于齿轮、齿条的输入回转输出直线平移的运动特性，可根据槽轮与拨销的尺寸设计，来满足不同的直线往复运动参数需要。

如图 3-40 所示，将齿轮、齿条的连续回转与直线往复运动之间的运动传递，创新设计成扇形局部齿 2，且伴有中间空缺，并设计与之对应啮合的局部齿的齿条 1，最终实现扇形齿的连续摆动，输出齿条带间歇的、有规律的左右往复移动。

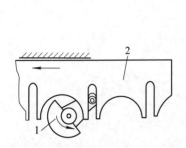

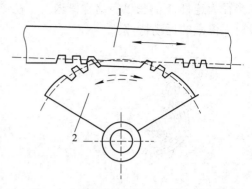

图 3-39　槽轮展开得到类似齿条的间歇运动　　　图 3-40　部分缺齿的齿轮、齿条停歇运动

3.7　基于功能元求解的机械系统设计

在明确了机械产品的功能后，进入机械产品设计最重要、最能体现创新性的环节——机械系统运动方案设计(包含机械产品结构设计)。运动方案设计的优劣，决定了机械产品的性能、造价和市场前景等。

运动方案的设计是设计者通过何种原动机、何种机构组合、何种执行机构，组合为一部完成特定工作任务的机械系统的全面构思。完成同一工作任务，可以有多种不同的工作原理，即使工作原理相同，而设计方案也可能迥然不同。经过认真细致地分析、比较，会发现各种不同的方案各有利弊，然后根据主要的评价原则，舍其余而选其一。

在产品研发的过程中，有需求方和设计者。需求方期待产品具有什么功能，大致了解评判设计的要求和准则，即给定输出和评价准则。设计者期待一个好的机械系统创新设计方案，即打开创新设计的"黑匣子"，或者提供智能化的自动创新设计软件，给定输入和输出，系统能快速给出多种较优创新设计方案。

人类的文明发展，期待创新设计专家或系统。那么能否归纳总结出涵盖各种典型机构的自动化创新设计软件呢？或退一步讲，能否给出一些适用普通专业人士、操作可行的创新设计系统化方法呢？

在设计之初，这种构思往往是最为艰难的，仅仅是达到或满足设计要求已经不易，如果设计方案相对已有方案而言具有多个性能参数的优越性，则该设计不仅仅体现了设计者深厚的设计功底，还应具备一些不可预期的偶然性——设计灵感，因此原始创新一般是可遇不可求的。

为了顺利地进行机械运动方案设计，必须掌握必要的知识和环境信息，必须了解有关学科在实现运动方案设计中所能起到的作用。具体为：

(1) 充分了解并掌握各种常用机构的基本知识；

(2) 必须了解和掌握各种动力源的性能和使用要求；

(3) 必须熟悉对设计方案的选择有重要影响的周围环境信息(如加工制造条件、产品使用条件等)；

(4) 充分重视其他学科的技术发展和应用情况，如电、磁、物理、化学等领域的新发展，各种特殊性能材料等知识。

针对给定的机械系统工艺参数和运动学、动力学参数要求，有多种方法求解获得机械系统设计方案。方法和技巧可以说比内容和事实更重要。法国著名的生理学家贝尔纳曾说过："良好的方法能使我们更好地发挥天赋的才能，而笨拙的方法则可能阻碍才能的发挥。"

在选定了产品的功能和创新点之后，要进行科学合理的分析论证，并进行可行性分析。产品的可行性分析，包括技术实现手段的科学性和合理性、加工制作的难易程度和加工方法选择的合理性、制作时间安排、人员技能水平等。一言以蔽之，即能否用现有技术加工手段制造出该产品。技术不可行，再美好的设计理念也只能"束之高阁"。

本节以功能的视角去分解和求解产品创新设计，提出基于功能元求解的机械系统设计法，其主要步骤包括设计问题的描述、作品功能的确定、分功能分解与排序、分功能求解、系统整体求解、优化系统解、机械产品工业设计等步骤。详见第 9 章内容。

3.7.1　设计问题的描述

在进行机械产品创新设计之前，首先必须完成对设计问题的描述。建议分以下 5 步进行：

(1) 明确系统实现的功能。确定问题所在系统以及实现的功能，明确实现功能的约束，即实现这些功能会面临的难题。

(2) 分析现有系统的工作原理。明确已有的产品或系统由哪些部件或部分组成，各部件之间的连接关系，如何实现系统的整体功能。分析的过程可能伴随着了解和学习前人成果的过程，可以部分吸收前人的智慧，但是一定要思考能否找到更好的替代方案。

(3) 阐明当前系统存在的问题。说明依据现有工作原理，通过查阅大量的资料，归纳总结出现有产品或系统的关键技术参数或性能指标，结合使用情况分析目前系统存在的问题或需要改善的性能参数是什么？

(4) 确定问题出现的条件和时间。明确问题是否是在某一个特殊的条件、某一时间内下才发生的。

(5) 分析类似问题的现有解决方案及其缺点。类似问题的现有解决方案不仅包含设计者尝试解决问题的方法，还包括相关专利中类似问题解决方法和领先企业的解决方案。

上述的分析结果，可以通过完成以下调查分析表来进行汇总(见表 3-2)，针对已有产品实现的功能、优点，没有解决的问题或缺点等，可以很快地找到作品的切入点，并据此拟定所要研发产品的功能。

3.7.2　作品功能的确定

功能是产品或作品起作用的部分，是产品各种工作能力的抽象化的描述。功能的描述不应带有任何倾向性。如本书第 9 章所列举的斗牛士健身车，其功能定位为模拟斗牛运动的、具有健身功能的骑行车；酷跑双轮车的功能定位为一种适用于公园、进行操纵前行的观光游览车，还可以增加音乐、彩色灯光渲染等。

一般而言，一个产品的功能不能太多、太杂，2 个左右的主功能，其他附带功能必须紧密围绕这些主功能进行展开和协调配合；功能也不能太单一，过于单一的产品功能会影响其市场使用价值。例如手机，其主功能为通话、发送信息，后期发展为智能手机后，增加了拍照、支付等主要功能；而手机中的各种 APP 应用软件，结合具体个人的生活习性，则成为可供选择的分功能，如健康运动监测、游戏、交友等。

产品是功能的载体，功能是产品的核心和价值体现，因此，功能分析和拟定以及功能的设计实现，是产品设计的出发点和落脚点，也是难点所在。创新设计过程中，赋予产品什么样的功能，其实也是创意的体现。创意赋予产品功能，而创新则通过技术手段去实现这些功能。

1. 作品功能确定的途径

对于功能的确定，有三种途径：

(1) 开发新功能。在一个物体上继续增加一个新的功能，或者根据某个物体的特性，研究一种具有新功能的新产品。

如图 3-41 所示的苍耳，是很多人小时候嬉戏的玩具，苍耳极易吸附到别的物体上，如人的头发或衣服上。瑞士工程师德梅斯特拉尔喜欢户外旅游，他发现了苍耳的这种极强吸附能力，据此发明了一种可以自由分离和粘接的、风靡世界的尼龙粘带。

(a) 苍耳　　　　　　　　　　　　　　　(b) 尼龙粘带

图 3-41　苍耳与尼龙粘带

(2) 功能挖掘，又叫功能转换或借鉴。从其他不同类型的产品中把相似点借鉴而来。如工业用电烤箱，借鉴其高温封闭空间，重新加入紫外线等消毒手段，进入家庭成为消毒柜。

(3) 功能延伸，是在已有结构主体上开发新的功能。手机从刚开始仅仅被赋予了接收短信和通话功能，后来进入智能手机时代后，陆续集合了影音播放、刷二维码支付、拍照相机等功能。

例如，自拍杆是很多人外出旅游必备神器，而户外登山时，对于很多中老年人，一根登山杖是必需品，那么能否在自拍杆的功能基础上进行延伸，研制出集自拍杆和登山杖为一体的多用拐杖呢？

2. 功能描述的要求

不同的功能目标可引出不同的原理方案。如设计一个夹紧装置时，把功能目标定在机械手段上，则可能设计出螺旋夹紧、凸轮夹紧、连杆机构夹紧、斜面夹紧等原理方案；若将功能目标确定扩大到其他领域，则可能出现液压、气动、电磁夹紧等原理方案。

用一句话简要概括产品的特点，即产品的主功能，具体操作使用该产品的过程中，又会将这句话分解为更加详细的描述，这就是分功能或功能元。

功能的描述一般用"动词 + 名词"的形式来表达，动词为一个主动动词，表示产品所完成的一个操作，名词代表被操作的对象，是可测量的。例如，以网球陪练机器人为例，如图 3-42 所示，其分功能可以描述为拾取网球、推进弹舱、进入发射位、发射网球等。

<table>
<tr><td>(a) 网球搜集部分图</td><td>(b) 网球发射部分图</td></tr>
</table>

图 3-42　网球机器人

功能是产品设计的依据，功能的描述应符合以下的要求：

(1) 简洁准确。功能的描述必须做到简洁、明了，能准确地反应功能的本质，与其他功能明显地区别开来。对动词部分要求概括明确，对名词部分要求便于测定。例如，传动轴的功能是"传递扭矩"，变压器的功能是"转换电压"。

(2) 定量化。定量化是指尽量使用可测定数量的语言来描述功能。科学研究领域不允许用感性的、模糊的表述来描述研究对象，如"差不多""可能""也许"等。定量化是为了表述功能实现的水平或程度。当然，在许多情况下，是很难对功能进行定量化描述的，如"将一个系统的机械效率从 50%提升到 70%以上""速度达到 50 公里/小时"等。

(3) 抽象化。功能的描述应该有利于打开设计人员的设计思路，描述越抽象，越能促进设计人员开动脑筋，寻求种种可能实现功能的方法。例如，设计清洗小龙虾，既可以是机械式的高速射流冲洗，也可以是加入清洗剂的长时间浸泡，还可以是超声波清洗等。

(4) 考虑约束条件。要了解可靠地实现功能所需要的条件，其中包括：功能的承担对象是什么(What)？为什么要实现(Why)？由什么要素来实现(Who)？在什么时间、什么位置实现(When，Where)？如何实现(How)？实现程度如何(How much)？虽然在描述功能时这些条件都省略了，但是决不能忘记这些条件。

3.7.3　分功能分解与排序

功能是从技术实现的角度对待设计系统的一种理解，是系统或子系统输入/输出参数或状态变化的一种抽象描述。对于一个技术系统或产品而言，功能表现为系统具有的转化能量、物料、信息或其他物理量的特性，即技术系统输入量和输出量之间的关系。

功能分解将设计问题模块化、结构化，从而使设计问题转变为一系列容易求解的子问题。例如，设计一个汽车车库，可以根据功能，将一个复杂的车库分解为车辆进出、车辆升降系统、车辆移位等模块；设计一个苹果采摘装置，可分解为水果定位、水果套入、切割根部、落袋收集等多个动作。基于功能的分解，将一个复杂的系统拆分为若干个简单的子系统，可使复杂问题化整为零，利于各个击破求解。

确定能够求解的功能元，主要依赖于设计人员的知识和经验。对"动词＋名词"的功能描述方式中的"动词"和"名词"的选择也依赖于设计者自身，这种描述方式的优点是更具体，缺点是抽象程度不够，会约束思考的方向。

基于基本机构所能实现的动作复杂程度，结合一个动作的完整性和复杂性等考量，对主功能进行分功能的分解。分功能的排序，则建议按照该产品的操作流程、动力源的流向相结合来完成。

如图 3-43 所示，给出了网球机器人的主功能和分功能分解结构图。

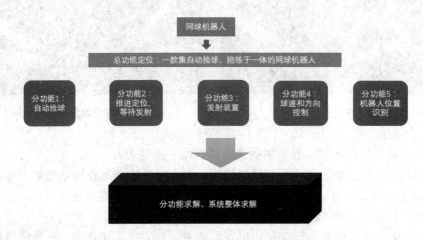

图 3-43　网球机器人的主功能与分功能分解结构图

网球机器人设定为一款集自动捡球、陪练功能于一体，按照实际工作情况分析，首先是采用图像识别技术，辨识到球场上散布各处的网球；然后是捡拾地上的网球；接着，将收集到的网球推进到待发射位置；为了发射出不同方向和力度的网球，需要设计相应的机械装置；无论是捡球还是发球，该网球机器人都需要"知晓"自己所处球场的位置。基于上述操作过程的流程分析，可以针对性地对某几个流程设计对应的机械装置，最终获得整个系统——网球机器人的机械系统运动方案。

3.7.4　分功能求解

任何一个复杂的机械系统，都由完成各个不同动作的功能元组成，而一个功能元对应一个或多个动作，一个或多个动作的完成对应单一机构或组合机构，即遵循"功能—动作—机构"的倒推机理。鉴于组合机构是无法穷尽的，而机构是可以一一列举，且其主要运动规律是可以归纳总结的，本文提出基于功能元的机械系统方案设计与求解的方法。

1. 机械传动系统的功能

根据机械系统内部运动传递性质的不同，可以将机械传动系统的功能分为以下 6 大门类：

(1) 运动形式变化——回转到回转，回转到摆动，回转到单向直线，回转到往复直线，回转到特殊轨迹；摆动到摆动，摆动到单向直线，摆动到直线往复；直线到单向直线，直线到直线往复，直线往复到直线往复等。

(2) 运动性质变化——连续到断续、连续到连续等。

(3) 运动速度变化——等速、升速、降速、变速(有级、无级)，如非圆齿轮。

(4) 运动方向变化——相交轴、平行轴、一般交错轴、垂直交错轴，如锥齿轮。

(5) 运动合成分解——串联、并联、复合、反馈等。

(6) 传动辅助系统——运动离合，如汽车制动器；运动连接，如汽车换挡器；过载保护，如皮带具有的过载保护，根据构件速度波动，当速度达到一定数值时会产生离心力，当离心力较大时则会导致连接脱离等。

表 3-6 总结了常见简单动作转换及其对应的基本机构，注意表中列举的输入/输出的动作多数是可逆的。除了对各种机构在动作转换方面的特性有较深入的了解外，还应对各种典型机构的设计难易程度、制造成本和条件有比较合理的分析论证，从而对机械系统中每一个功能元排列出所有可能的设计子方案。

表 3-6　常见简单动作转换与对应的基本机构

动作转换	可实现的典型基本机构
回转运动—回转运动	双曲柄连杆机构(主动件的匀速转动，产生从动件的变速转动，具有平均角速度相同的特点)
	圆柱齿轮机构(恒定的传动比)
	非圆齿轮(主动件的匀速转动，产生从动件的变速运动，可根据需要调节从动件输出)
	带轮传动、链轮机构(恒定的传动比，主动件与从动件间有较大的中心距)
	摩擦轮传动(依靠挤压摩擦传动，传动比难以确定)
回转运动—回转运动	槽轮机构(主动拨盘的连续匀速转动，产生从动件的间歇转动，且从动件转速波动较大)
	棘轮机构(主动件带动从动件作同一方向的、固定单位角度的同步转动)
	不完全齿轮机构(在啮合区域具有恒定的传动比)
	蜗轮蜗杆机构(实现空间两轴线角速度的恒定传动比)
	圆柱凸轮机构(可实现转动从动件转角与主动凸轮转角间的函数关系式)
	万向传动机构(可实现交错轴间转动的运动传递)
回转运动—直线运动	曲柄滑块机构(曲柄的整周转动转化为滑块的往复直线运动)
	螺旋机构(丝杠的旋转运动，转化为套接其上滑块的直线运动)
	直动从动件凸轮机构(凸轮的转动，转化为直动从动件的任意直线规律)
	圆柱凸轮机构(圆柱凸轮的转动，转化为与其导槽接触的移动从动件的直线运动)
	齿轮齿条机构(齿轮的转动，转化为齿条的往复直线运动)
回转运动—往复摆动运动	曲柄摇杆机构(曲柄的整周转动，转化为摇杆的左右往复摆动)
	摆动从动件凸轮机构(凸轮的整周转动，转化为与其接触的摆动从动件的往复摆动)
直线运动—直线运动	楔紧机构(两个有一定接触角的楔紧块，在各自的导槽内作直线运动)
	移动凸轮机构(展开式移动凸轮，将其直线往复移动转化为与其接触的移动从动件在导槽内的往复移动)
	双滑块机构(两个通过连杆连接的滑块，在各自的导槽内移动，实现各自直线运动的传递)

2. 机械系统运动方案设计的主要内容

机械系统运动方案设计的主要内容和步骤如下：

(1) 产品或作品相关的使用要求，即工艺参数的给定及运动参数的确定；

(2) 方案的比较和决策；

(3) 执行构件间运动关系的确定及运动循环图的绘制；

(4) 动力源的选择及执行机构的确定；

(5) 机构的选择及创新设计，机构运动和力学性能的分析。

3. 机械系统运动方案设计的方法

对于一个较为复杂、功能多样的机械系统，在拟定了主功能和分功能之后，建议按照以下方法进行创新设计：

1) 根据要实现的分功能，推导出对应的动作

各个分功能之间存在时间上和空间上的独立关系，有时也存在顺承或交叠关系，但是在分解分功能动作时，还是建议以分功能为单元，推理出对应的动作。若该动作较为简单，能用基本机构实现的，优先选用易于设计、便于控制和加工制造的基本单一机构。而对于较为复杂的动作，必须首先理清各个动作之间的关系，确定具有明显的时间先后承接、或交叠、或间歇等关系。

根据工艺要求进行工艺动作的分解及执行运动的确定。同一个工作原理，可以有多种工艺动作分解。不同的工艺动作分解，将会得到不同的设计结果。如将散落在地上的网球收集到一个框内，可以有不同的动作编排，比如用连杆机构将球推入"怀"中，也可以用柔性带倒刺的塑料藤条的高速向内旋转，去勾住表面带绒的网球等……

2) 绘制机器的运动循环周期图

机器的运动循环图又称工作循环图，它是描述各执行机构之间有序的、既相互制约又相互协调配合的运动关系的示意图。运动循环周期图主要有以下两种：

(1) 圆周式运动循环图。将运动循环的各运动区间的时间和顺序按比例绘制在圆形坐标上，以一个主动件的周期运动为核心，其他运动构件的周期性运动分布在不同圆周上，如图 3-44 所示。

图 3-44　圆周式运动循环图示例

(2) 直角坐标式运动循环图。将运动循环的各运动区段的时间和顺序按比例绘制在直角坐标轴上。实际上它就是执行构件的位移线图，但为了简单起见，通常将工作行程、空

回行程、停歇区段分别用上升、下降和水平的直线来表示，如图 3-45 所示。

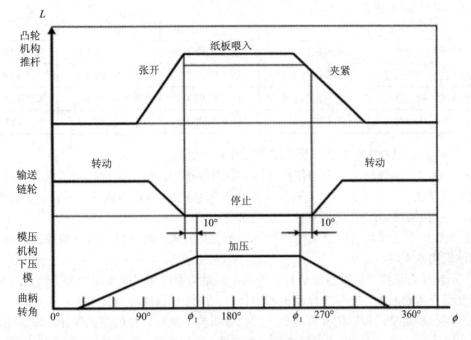

图 3-45　直角坐标式运动循环图示例

从上述两种运动循环图来看，其本质核心还是整个运动周期内，揭示不同动作之间的时间关系、不同动作的耦合关系等。工作循环图的作用主要有：① 核算机器的生产率，作为分析和研究提高机械生产率的依据；② 确定各个执行机构原动件在主轴上的相位，或者控制各个执行机构原动件安装在分配轴上的相位；③ 指导机器中各个执行机构的具体设计、装配和调试。

3) 检索功能元，对每一个动作给出所有可能的基本机构求解

若是简单动作对应的功能，则可直接评估各个方案，然后选择最优方案，再进行后续的计算、分析和制造；若是多个动作对应的多个功能，则可在给出各个动作功能元解的基础上，综合考虑后续设计。

需要注意的是，从机构的角度来讲，某一功能就意味着某一个特定的动作，单独为一个动作设计一个运动链或运动方案是比较简单的，难度在于整体地将多个功能即多个动作糅合到一个运动链中，或者将多个独立的机构整合到一个机械产品中，要求相互机构之间在时间和空间上须协调、互不干涉。此时不仅需要考虑子运动链与整体运动链其他环节的动作协调问题，还需要考虑运动干涉、结构尺寸配置、各子动作的相互配合与影响等。因此，能巧妙地用一个运动链来实现多个动作，需要在机械创新设计方面有较深厚的功底。

以网球机器人为例，在分析了分功能后，可以结合之前的基本机构进行分析求解，列出功能元和功能元解的求解矩阵信息表，见表 3-7。根据前述机械运动方案评价标准，对每一个方案给出评价分值，代入计算矩阵，获得各种可行方案的组合及其评价分，再择优选用。

表 3-7　基于功能元的基本机构求解矩阵

功能元＼功能元解	1	2	3	4
功能描述对应动作 1	基本机构 1-1	基本机构 1-2	基本机构 1-3	基本机构 1-4
功能描述对应动作 2	基本机构 2-1	基本机构 2-2	基本机构 2-3	基本机构 2-4
功能描述对应动作 3	基本机构 3-1	基本机构 3-2	基本机构 3-3	基本机构 3-4
功能描述对应动作 4	基本机构 4-1	基本机构 4-2	基本机构 4-3	基本机构 4-4

(1) 思考组合机构实现所有或尽可能多动作的可能性;

(2) 当后一个动作与前一个动作在时间上有重叠部分,可用组合机构实现时,可以考虑变胞机构理论,用行程开关、具有分支作用的间歇机构(槽轮、棘轮、不完全齿轮等)等来实现,但是需要解决动作的周期性和往返实现;

(3) 当后一个动作与前一个动作在时间次序上有间隔,既可以采用单独控制,也可以使用间歇机构来实现;

(4) 虽然组合机构可以减少原动机的使用,但是给设计和空间布局带来了较大的难度,所以需要综合考虑利弊,在多个原动机和组合机构中进行合理的折衷选择。

实现同一种运动,可以选择不同型式的执行机构。执行机构的型式设计,即选用何种机构来实现所需运动,这需要考虑机构的动力特性、机械效率、设计难易、制造成本等因素。

4) 执行系统的协调设计

对于由多个执行构件及执行机构组合而成的复杂机械,必须使这些执行构件的运动以一定的次序协调配合,以完成预期的工作要求。

5) 具体分析、计算,有时甚至需要复杂的优化设计求解

设计团队需要掌握一定的编程能力,采用交互式程序设计对机构进行分析,获得合适的长度尺寸。必要时甚至需要进行尺度综合的优化设计。在获得长度尺寸的基础上,用动力学分析软件,进一步确定构件的截面尺寸和良好的力学性能。

6) 基于前期分析结果的虚拟样机三维造型与运动仿真分析

对于复杂的结构,人脑无法预测组合机构对应的结构件之间的运动干涉问题,需要在虚拟样机中利用运动仿真和干涉检验软件加以确定。这一验证环节甚至可能导致前期设计的返工或放弃。

完善的图纸将会很好地指导后期的数控加工制造,做到胸有成竹。而走一步看一步的设计流程,不仅会延缓设计周期,更有可能会导致前期设计和加工制造全部作废。

3.8　基于杆组的结构分解法

阿苏尔(Assur)杆组理论认为:任何一个平面闭式链机构,都可以认为是由机架、原动件和若干个基本杆组组成的,其中原动件或主动件的数目等于机构自由度的数目。杆组是自由度为 0 的结构单元,是组成机构的基本模块。

基于阿苏尔杆组理论分析机构的运动学,具有模块化的优点。当杆组的外接运动副位

置确定时，该杆组其他关键点的位置一般可由计算获得。因此，若获得所有阿苏尔杆组构型综合结果，并且对有限的、常见常用的 2 杆组、4 杆组(4A 杆组对应 3 级组、4B 杆组对应 4 级组)进行模块化程序设计，在分析机构的运动学时，只需要调用相应的模块即可，这可以大大简化机构的分析。

　　阿苏尔杆组的应用，首先必须解决杆组的型综合问题。表 3-8 给出了常用的 2 杆组和 4 杆组的所有实用可动型结构模型。机构的实用可动型即机构数学模型的可计算性，意即该机构具有一定的运动空间，且具有一定的实际研究和使用价值，不存在无功能结构或是可用简单低级别杆组替代。经分析论证，2 杆组有 5 种实用可动型，4A 杆组有 16 种实用可动型，4B 杆组有 21 种实用可动型。

表 3-8　基于实用可动性的 2、4 杆组的型综合

高级别杆组	结 构 图 及 名 称		
2 杆组	2_RRR	2_RRP	2_RPR
	2_RPP	2_PRP	
4A 杆组	4A_0P_RR_RR_RR	4A_1P_RP_RR_RR	4A_1P_PR_RR_RR
	4A_2P_PP_RR_RR	4A_2P_PR_PR_RR	4A_2P_PR_RP_RR
	4A_2P_RP_RP_RR	4A_3P_PR_PR_PR	4A_3P_PP_PR_RR

高级别杆组	结 构 图 及 名 称		
4A 杆组	 4A_3P_PP_RP_RR	 4A_3P_PR_PR_RP	 4A_3P_PR_RP_RP
	 4A_3P_RP_RP_RP	 4A_4P_PP_PR_PR	 4A_4P_PP_PR_RP
	 4A_4P_PP_RP_RP		
4B 杆组	 4B_0P_RRR_RRR	 4B_1P_RRP_RRR	 4B_1P_PRR_RRR
	 4B_2P_PPR_RRR	 4B_2P_PRP_RRR	 4B_2P_PRR_PRR
	 4B_2P_RPR_RPR	 4B_2P_PRR_RPR	 4B_2P_PRR_RRP

续表二

高级别杆组	结构图及名称		
4B 杆组	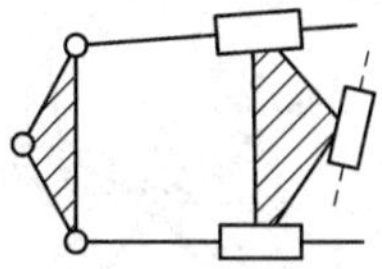 4B_3P_PPP_RRR	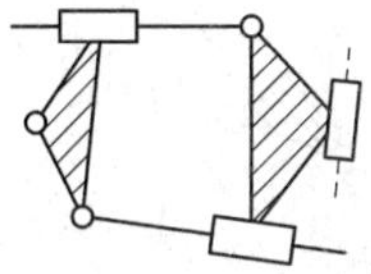 4B_3P_PPR_PRR	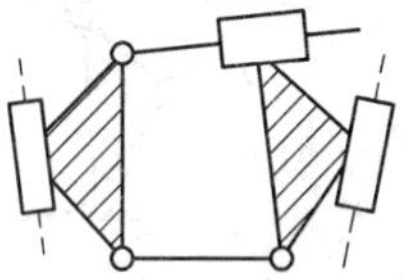 4B_3P_PPR_RPR
	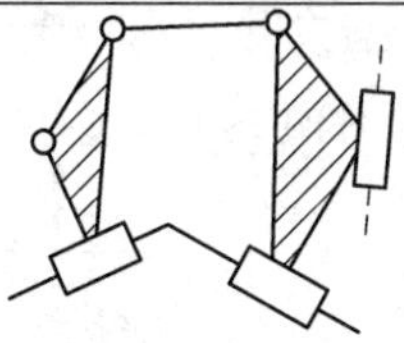 4B_3P_PPR_RRP	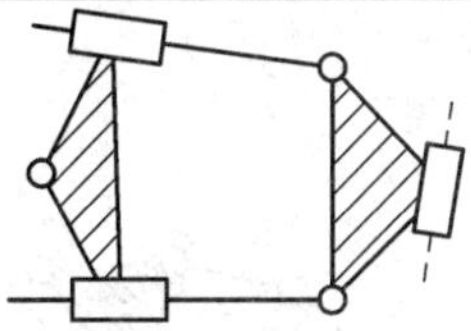 4B_3P_PRP_RPR	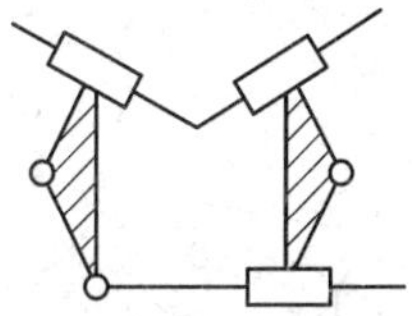 4B_3P_PRP_PRR
	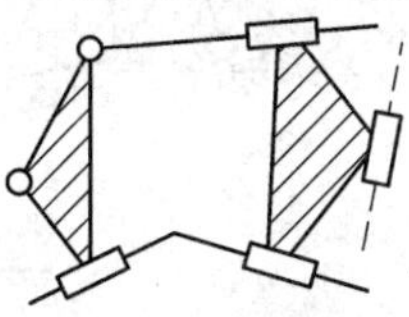 4B_4P_PPP_PRR	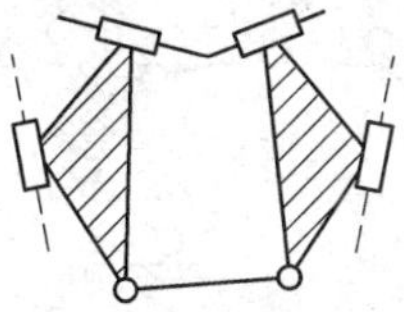 4B_4P_PPR_RPP	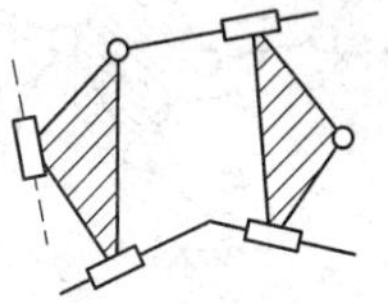 4B_4P_PPR_PRP
	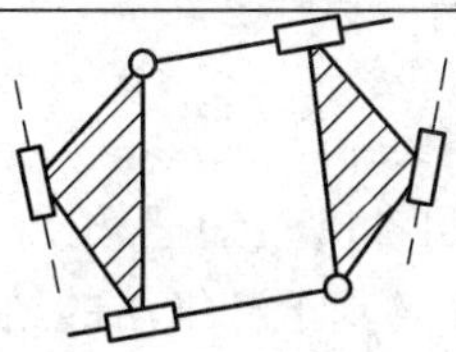 4B_4P_PPR_PPR	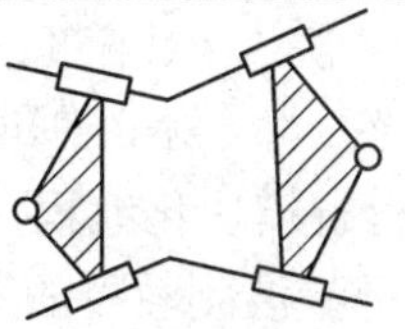 4B_4P_PRP_PRP	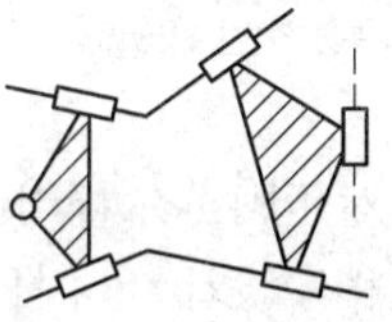 4B_5P_PPP_PRP

　　其次，要善于利用阿苏尔杆组理论，对平面闭式链机构进行杆组拆分。对杆组拆分就是将给定的机构分解成机架、原动件和若干个基本杆组，并依据其中最高级别杆组类型确定机构的级别。

　　拆分杆组的一般步骤建议如下：

　　(1) 去掉虚约束和局部自由度，并进行高副低代，计算机构的自由度。

　　(2) 去掉机构运动链中的机架和原动件，从远离原动件的位置开始拆分，对照表 3-7 中的杆组模型，先拆分低级别杆组，不行再拆分高级别杆组，直至将该机构对应的运动链拆分为若干个不可再拆分的基本杆组为止。

　　(3) 任意一个构件或运动副不能重复出现在两个基本杆组中，注意复合铰链、附加杆(可视为多元构件)的情况。

　　如图 3-46(a)所示为一个 10 杆组结构图，其构成中包含构件数 $n = 10$，运动副(此处全部为转动副)数 $p = 15$，二元构件数 $n_2 = 5$，三元构件数 $n_3 = 4$，四元构件数 $n_4 = 1$，外接运动副数 $p_w = 4$，独立环路数 $L_g = 2$。

　　给该 10 杆组加上机架和原动件 A，其余 3 个外接运动副加以固定，如图 3-46(b)所示，则该机构为 10 级机构。以构件 B 为原动件，则为机架 + 1 个原动件 + 2 个 4 杆组 + 1 个 2 杆组，为 4 级机构，如图 3-46(c)所示；以构件 C 为原动件，则为机架 + 1 个原动件 + 1 个

4 杆组 + 3 个 2 杆组，为 4 级机构，如图 3-46(d)所示；以构件 D 为原动件，则为机架 + 1
个原动件 + 1 个 4 杆组 + 3 个 2 杆组，为 4 级机构，如图 3-46(e)所示。

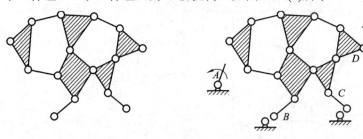

(a) 10 杆组结构图　　　　　　　(b) A 为原动件的 10 杆组 54142

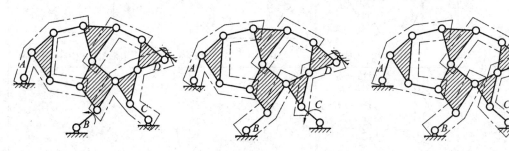

(c) B 为原动件：2 个 4 杆组　　(d) C 为原动件：1 个 4 杆组　　(e) D 为原动件：1 个 4 杆组
　　 + 1 个 2 杆组　　　　　　　　 + 3 个 2 杆组　　　　　　　　 + 3 个 2 杆组

图 3-46　对 10 杆组进行机构变换

对于阿苏尔杆组的运动学求解模块化编程，2 杆组可参阅王知行教授编辑的《2 级组电
算化程序设计》，4 杆组可参考孙亮波副教授的博士论文《基于杆组法的结构型综合和运动
学分析研究》，此处不再赘述。

3.9　先进机构学理论

借助先进的机构设计方法和理论，可以设计出结构更加巧妙、性能更加优良的机构和
对应的机械产品。本节介绍目前机构学领域近年来的新理论。

3.9.1　受控机构

受控机构在 20 世纪 90 年代由武汉科技大学孔建益教授引入我国，并掀起受控机构研
究热潮。受控机构将多自由度机构各原动件间的相对
独立的运动规律，进一步根据输出件的运动特性要求，
创新设计为某个原动件做独立运动，其他原动件"受
到控制"做相应的类似"协调"或"补偿"运动，从
而达到输出构件的比较灵活多样的运动性能要求。

图 3-47 给出了一种五杆二自由度受控机构模型。
主动件 AB 在电机驱动下作匀速圆周运动，优化设计后
获得控制电机的对应控制信息，控制滑块 C 在其支撑

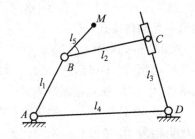

图 3-47　五杆二自由度受控机构模型

导轨 *CD* 上作相应的"补偿"运动，从而实现连接构件 *BC* 的附加杆上 *M* 点的任意运动轨迹输出。

相对于已有的各种机构，在实现相同运动学参数输出的前提下，受控机构具有结构简单、控制灵活的优点。而常见机构在实现既定运动学要求时，往往要么只能近似达到运动学性能要求，要么结构复杂、设计困难。

3.9.2　变胞机构

变胞机构是机构学者从纸盒折叠中受到启发而定义的一种新类型机构，20 世纪末由戴建生教授和机构学先驱张启先院士引入我国。也许有些人"不自觉"地设计和使用了变胞机构，变胞机构在其运动周期内至少有两种构态，各构态之间的差异体现为构件数目的增加或减少、机构自由度的变化、运动副性质的改变等，上述变化必然导致机构结构与功能的变化。

如图 3-48 所示的可折叠餐盒，数字表示的多个餐盒平面可视作杆件，而折叠线可视作连接两个构件的转动铰链。在纸盒的折叠或展开过程中，构件数减少或增加，自由度也随之发生改变，从而可以实现餐盒的扣紧存储和打开取出食物，对应具有类似机构的多个构态的不同功用。

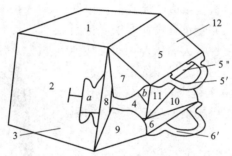

图 3-48　衍生出变胞机构理论的折叠餐盒

本书第 9 章救援变形金刚的设计，是作者在 2009 年参加第四届全国机械创新设计大赛时，创新设计出的变胞机构，根据使用功能的要求，该产品具有担架、推车和轮椅三种功能和对应机构的 3 种构态，因此变胞机构很好地解决了该设计问题，诞生了一种新型的机构。上述案例，相关设计要点见本书第 9 章。

3.10　机构创新设计感悟

从事机械原理、机械创新设计第一课堂教学十余年，同时在第二课堂作为指导老师和有关创新设计大赛评委，指导和观摩了很多学生的创新作品，在此将机械专业学生的创新设计所反馈出来的问题进行汇总，并结合自己的感受，谈谈如何帮助学生设计出更多、更好的机械创新作品。

3.10.1　开式链与闭式链的比较和应用

在"机械原理"课程教学中，老师常会要求学生思考一个问题：既然各类机构均有自己的设计难点和应用局限性，而开式链具有设计灵活、可实现任意输出运动轨迹等优点，为什么还需要学习和使用如此众多的机构呢？这个问题貌似简单，实则道出了机构的真正使用价值，也是为什么机械专业学生必须开设并认真学好"机械原理"的根本原因。

开式链具有操纵灵活，如图 3-49 所示的灵巧机械手和工业机械臂，可应对各种工作性能要求，尤其是在执行动作不可预测的情况下，具有无法替代的优势。当一个动作具有固定的周期和次序时，设计一个开式链是非机械类学生或工程师非不得已情况下的选择。

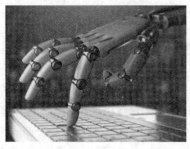 

(a) 机械手　　　　　　　　　　(b) 工业机械臂

图 3-49　开式链组成的机械手和工业机械臂

由各种基本机构或组合机构组成的闭式链，根据工作要求，一般可以近似或完全符合设计要求，特别适用于执行动作固定且重复性较大的场合，如果某种机构能凑合，或接近性能指标，应优先选用闭式链，如图 3-50 所示四杆机构不同关键点的不同轨迹输出。要充分学习和了解各种典型机构设计与应用场合的原因和重要性。

开式链虽然在完成动作方面具有结构和设计简单、机械专业知识含量少等特点，但是却有需要协调控制多个电机、力矩性能要求高、电机对周围环境使用要求高、高精度电机的成本高昂等问题，这些问题极大地限制了各类控制电机的使用场合和市场应用。

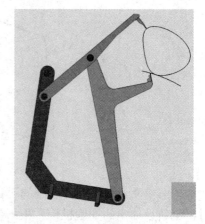

图 3-50　四杆机构闭式链输出各种轨迹

而在工厂中，为了完成某个生产任务，不断地重复某个动作，无论其是否简单或复杂，都可以创新设计一个对应的机构来满足该要求。当任务重复次数达到成千上万次以上时，上述设计的难度和加工制造的成本相对而言就不是问题了。而用机构来完成同一个多次重复的动作，与控制多个电机驱动开式链的方法比较，采用机构具有所无法比拟的成本低廉、运动精度可靠、不受外界如气温和粉尘、湿度等的影响等诸多优点。

总之，当一个动作具有随机变化性，只能用开式链完成其动作和功能；若一个动作是固定的，即固定的时间完成一个确定的动作，那么总是可以设计出一个闭式链机构来完成这个固定的动作。

3.10.2　先进机构学理论对创新设计的重要性

要充分重视先进机构学理论的学习和应用，如变胞机构(如将汽车差动轮系的转向机构，结合变胞机构理论，分别控制可调节高度的可变结构运输车；运用变胞机构理论成功解决汽车人玩具人形行走和车型遥控的两种构态可逆变形的救援变形金刚等)、可重构机构、柔顺机构等,这些先进机构学理论,将大大有助于我们创新设计新机构、用巧妙的机构创新来解决棘手的复杂动作实现,同时还可简化机构结构的复杂性。

例如,运用变胞机构设计理论,是可以将任意两个机构进行合并的,这样简化了构件数量,但是随之会带来机构设计的难度、构态变化时的动力学冲击等问题。

图 3-51 所示的平面五杆二自由度变胞机构为例,其变化规律如下:在一个变胞构态周期内,构态 1,变胞运动副 D 处通过适当的约束使相连杆件 L_3 和 L_4 相对静止,此变胞副失去自由度,变胞源机构变化为曲柄滑块机构;变换到构态 2,构态 1 的变胞运动副解除约束,同时,滑块受到约束使其相对机架保持静止,构件 L_3 和 L_4 可相互转动,变胞源机构变化为全铰链四杆机构。该变胞机构的两个构态变化,可完成对纸张的沿折线折叠。

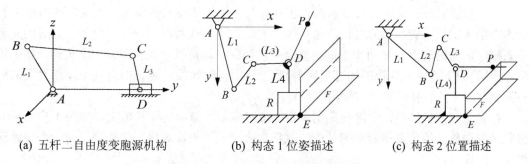

(a) 五杆二自由度变胞源机构　　　(b) 构态 1 位姿描述　　　(c) 构态 2 位置描述

图 3-51　变胞机构工作阶段位置描述

机构的创新设计,除了前述的各种机构形式的不同组合外,针对同一构型的机构,结合机构仿真技术,编程获得一些自己感兴趣的、有代表性的机构的运动学参数,通过尺度综合,也可以赋予该机构某种特殊情况下的应用,这不失为机构创新设计的一个好途径。要不断地归纳总结各种典型机构的位移、速度、加速度输出特性,了解其共性和特性,在需要的时候能想到和用上(如图 3-52 所示,在观察了行星齿轮连杆组合机构中,滑块的运动具有位移、速度、加速度左右振荡移动变化特性,创新应用于振动筛)。要加强编程求解奇异机构的运动学,如四杆机构可输出关键点直线运动轨迹,通过观察仿真结果,深刻地体会各种位移、速度和加速度曲线,所代表的可能应用到的场合,并在某一次设计中能触类旁通应用到具体产品中。

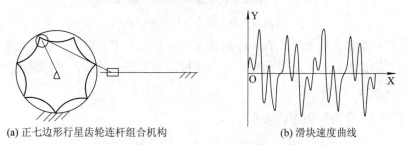

(a) 正七边形行星齿轮连杆组合机构　　　　　(b) 滑块速度曲线

图 3-52　行星齿轮连杆组合机构及其滑块输出速度波动曲线

机械产品创新设计的核心为机构的创新设计,赋予相同的机构以不同的应用场合也是机构创新设计的应用之一。

3.10.3　基本机构与组合机构的选择

一个机械装置应该有几个自由度？什么样的动作可以由一个机构实现？什么样的动作必须由两个以上机构实现？两个以上的机构是否可以合并为组合机构来实现？什么情况下我们需要对多个动作单独控制？多个独立自由度机构能否合并为自由度较少的组合机构或用变胞机构实现？

必须熟悉各种典型基本机构的运动输出特点，当强制性地将两个以上的基本机构实现的动作，通过机构学理论创新设计成一个整体机构时，这样处理的好处是如果设计合理，必将诞生一个构思巧妙的机构和对应的机械产品，如早期的包含三个凸轮机构的补鞋机，但是设计过程必须综合考虑空间干涉、设计难易、控制难易、现有加工设备条件、加工复杂性、加工成本等。

要从功能对应的动作进行分解，作出动作时序图。从技术的角度，如果实现动作 1 和动作 2 的机构均为较简单的机构，而动作 1 和动作 2 存在着时间次序、空间位置等的先后关系确定，无论动作 1 和动作 2 的机构自由度如何，均可以将其合并为一个机构，如采用带停歇的机构(槽轮、棘轮、局部齿轮等机构)解决其时间差问题。但是几个动作对应的机构的合并，会给机构的设计带来很大的难度。

在轻工包装机械中，经常会见到多个工位对应多个简单动作的机构，如图 3-53 所示，将复杂的动作分解为多个简单的动作，这样大大降低了设计难度，也提高了每一个分解动作执行的效果。

图 3-53　具有多个工位的轻工机械

机构的自由度多，或多个单自由度机构配合动作，就需要更多的原动机提供动力，当然也可以由一个原动机经过运动的分流来对不同的分支进行控制，这样对电机的功率、较长的传动链等又提出了新的要求。

3.10.4　平面机构与空间机构的选用

平面机构分析相对空间机构较为简单，但是空间机构可以实现三维空间更加复杂多变的运动轨迹和特性参数，不过非专业机构学者很难去求解分析该机构。如机构学者李端玲教授在国内机械类顶级期刊《机械工程学报》撰文，分析了一种小孩子玩的魔术花球的结构，如图 3-54(a)所示。机械原理教学中，均以平面四杆机构为例进行分析，内容较为浅显，若需对如图 3-54(b)所示的空间全铰链四杆机构进行分析，如全转副、摆动副性质计算等，则较为复杂。因此，对于一般的研发团队，建议选用平面机构，因为这种情况下，对设计者的专业技能要求相对较低。

 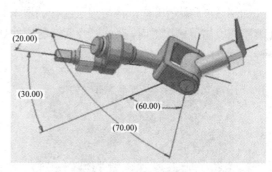

　　　　(a) 魔术花球　　　　　　　　　　　　　(b) 空间铰链四杆机构

图 3-54　空间机构对应的魔术花球和空间铰链四杆机构

3.10.5　形位配合或结构形状的创新设计

在学习了机械原理专业理论后，通常用机构简图来表达一些知识点，在进行创新设计时，也会用机构简图来表达设计思想。一个构件必须用标准的符号来表示，但是在具体的机械创新作品中，构件由于使用场合的不同，被设计成各种各样的结构形状，并非简单的两点之间的直线，表示一根杆、轨道也可能是各种不规则的曲线槽等。这一类的设计也属于机械创新设计的内涵，它是建立在对功能和结构分析的基础上的，是结合产品实际使用过程分析后深入思考得到的，不是凭空想象得到，不能片面地理解为工业设计。

如图 3-55 所示的救援变形金刚(见第 9 章具体设计)，经过计算分析，由于人体上肢较重，躺在上面的人会使得上肢板块绕铰接点顺时针转动，而这种运动是我们不希望看到的。因此在中间板块设计有延伸的挡块，以防止上肢板块的顺时针旋转。

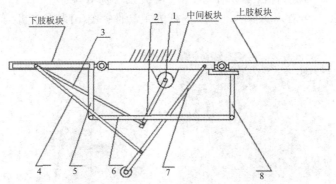

1—固定于中间板块的电机和蜗轮蜗杆减速器；2—连接减速器的主动杆——摆杆；
3—连接主动杆与滚轮的连杆；4—连接滚轮与后轮杆的连杆；5—铰接于中间板块的后轮杆；
6—与前后支腿连接的连杆；7—与后支撑轮连接的连杆；8—与上肢板块固连的后端支腿

图 3-55　救援变形金刚结构简图

本团队创新设计的斗牛士健身车(见第 9 章具体设计)，经过运动仿真分析，可知骑行人臀部的轨迹为刀形曲线，因此骑行时人体会前俯后仰。仿真结果验证了该机器可以模仿骑牛运动，但是也带来一个问题，其对骑行人裆部冲击较大。因此，基于上述仿真分析，提出改进创新设计，如图 3-56 所示的座椅设计为转动铰链连接，并增加前后约束弹簧，防止剧烈的骑牛运动对裆部的冲击。

如图 3-57 所示机构，将与滚子配合的滑槽某一段设计成曲率为曲柄长度，这样可以获得在滚子该段与滑槽接触时，摆杆以及后续的构件处于停歇状态，从而获得特殊的运动输出特性。

图 3-56　局部改进设计以减轻裆部冲击

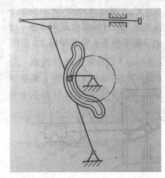

图 3-57　改变内槽形状获得带停歇的特性

综上案例分析，在机械产品创新设计领域，基于机构分析、计算后设计出的各种奇异形状的构件，本质也是机械创新设计的范畴。

3.10.6　不同的思考角度对创新思路的影响

在看待事物的时候，由于视角或出发点不同，"横看成岭侧成峰，远近高低各不同"。进一步，为什么面对同样的问题，有的人会有很多想法，或者一下子就想到了很好的方案？其根本原因在于专业知识的积累和宽广的见识，以及运用创新思维从不同角度思考和敢于放飞想象的翅膀。

(1) 不同的构件作为输入件或输出件，会得到意料不到的效果(四杆机构选择不同的输入/输出构件，可以作为健骑机、划船健身器、可折叠座椅等)。

如图 3-58 所示，图(a)为健骑机，使用摇杆为主动件；图(b)为汲水机构，四杆机构中的连杆为主动件。

　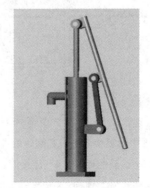

(a) 健骑机　　　　　　　(b) 汲水机构

图 3-58　生活中常见的四杆机构

(2) 不同的长度尺寸，会获得不同的特性参数 s、v、a 输出(《机械原理》教材上讲述连杆机构时，会展示各种不同比例对应的连杆关键点轨迹曲线)，这就是机构的尺度综合。从理论上分析，尺度综合可以获得无穷尽的应用情况，关键在于如何结合实际情况和机械优化设计加以应用。

(3) 在观察机构简图时，具有创新思维和机械创新设计能力的人，看到由直线代表的杆件、长方形代表的滑块、小圆代表的转动副等，他不会认为这是普通的几何图形，而是会赋予这些符号以真实的机械产品"生命"，尤其是观察到机构运动仿真后，和头脑中的一些机械产品联系起来，衍生出机构的创新设计。

(4) 拓展到生活中，毫不相关的机械产品，有的人就会联想到与自己所设计相关的点子上去。所谓"不疯狂不成魔"，是一个人进入沉思、痴迷状态，往往会比普通人想出更多、更好的设计想法。如第六届全国机械创新设计大赛，主题之一为硬币分拣机设计制造，在硬币分拣归类后，很多学生会按照银行用牛皮纸包裹的方式对硬币进行自动化包裹，技术难度很大；进一步有学生想到用塑料薄膜包裹更简单且易实现；有的团队师生别出心裁，为什么不能直接生产对应尺寸的塑料套筒呢？经过市场调查和分析，这种方式成本较低，而且大大简化了硬币分拣机后续的硬币包装技术和设备要求。

综上所述，在参加全国机械创新设计大赛，或是从事机械产品研发时，转换不同的思维角度，对后续所产生的创新结果影响很大。我们需要经常性地"别出心裁"思考解决创新设计问题，这样才能够构思出让人觉得"新"和"奇"的创新设计作品。

3.10.7　拿来主义的重要意义

为了培养机械创新设计能力，开拓眼界和见识，最好的方法就是平时多看、多观察设计巧妙的机构动态图和机械产品视频。当有一天要进行某类功能产品创新设计的时候，头脑中会浮现之前见过的某个作品的某个细节，因为从本质上讲，不管机械产品类别如何、作用如何、功能如何，其实现某个功能最终都是归结为一个动作，而这个动作总是可以用基本机构或简单组合机构来拟合(基于功能元求解的机械产品创新设计思路来源)。当拟合度较为接近时，通过对结构尺寸的综合，直接采用基本机构来实现；当拟合度有一定差距时，在采用某种基本机构的基础上，采用组合机构来补偿这种拟合度误差。所以组合机构的创新设计貌似毫无章法，实则是有章可循的。

任何机械产品的创新设计都会有已有产品的影子，所以拿来主义很重要。但是一定要在拿来主义的基础上进一步深入剖析和创新，创新设计作品的奇妙之处在于作品到底有几成结构创新，如果八九成都是复制，自然难称之为创新性好的作品。对于创新设计新人，第一次的设计能做到三成左右创新，已属不易。

拿来主义不是抄袭，是对现有的东西活学活用，同样的结构，应用于不同的领域、不同的作品，本身就是一种创新。只是创新有难度、高低之分，简单的拿来用，而不去结合专业知识、具体使用环境进行融会贯通，那是低端的拿来主义；高端的拿来主义是沉积和沉淀，是对前人先进理论和设计经验的学习和领悟，是对先进机构学理论、大量优秀机械创新视频、大量机构动图等，应用批判性思维进行鉴赏，同时也可以从中寻找到创新设计的灵感和作品线索，拿来为我所用时"胸中有丘壑"。成功的模仿离不开理论创新与技术创新，模仿中的某些创新还具有超越的性质。如图 3-59 给出了普通人从模仿、复制到最终的领跑者的成长轨迹。

图 3-59　从低端复制到高端领跑

3.10.8　创新设计类比赛和创新设计制造类比赛的异同

两者的相同点是都需要建立在科学性、可行性、合理性之上的创新，参与这些专业实践活动，对创新人才的创新能力培养很有帮助。没有参与专业实践活动的所谓"创新人才"，其创新能力是"空中楼阁"式的虚无缥缈。

两者的不同点在于，创新设计类比赛因为不需要制作出实物，因此可以在产生创意时天马行空。创新设计类的这种虚拟样机设计，被一些老师所诟病，认为是"空想主义"。从大量学生初次进行创新设计的作品来看，设计的合理性和可行性方面问题突出，因而这种说法有一定的道理。正因为有这样的批评，作为参与的老师和学生，包括创新设计类的评审专家，更应该注重虚拟样机设计的现实意义，用科学性、可行性、实用性来衡量创新设计类作品，从原动机到传动机构再到末端执行机构，都需要给予科学合理的计算分析，得出具体的尺寸，并能在市场翔实调查的基础上，给出各项改进和创新设计数据。在进行讲解答辩时，多讲科学数据，少谈概念设计，这是指导老师需要灌输给学生的科学严谨的思想。

此外，我们还应该清醒地看到，少数双一流高校对于参与创新设计类大赛已经做到了全员覆盖，而大部分普通高校，不少学生在参与大赛方面大学四年的履历还是一片空白。在国家大力宣传和渴求创新人才的背景下，我们希望有更多的学生到专业竞技的舞台去参与和学习。在谈及创新设计类大赛存在"空想主义"的时候，需要看到这些赛事对学生专业技能的锻炼和创新能力的提升，更应该去思考如何破解现阶段创新人才培养的困境，有没有其他更好的方法和途径？解决问题永远比指出问题更难。

创新设计类比赛难度相对较低，创新设计制造类大赛("想到+做到")为综合性大赛，难度相对较高，成功参与的学生综合素质提升更多。因此，可以将创新设计类大赛(如全国三维数字化创新设计大赛、全国机械产品数字化设计大赛等)作为低年级学生的创新设计入门训练，因为这些创新设计类大赛，为初学者提供了一个锻炼的机会、一个可以与其他学校同专业学生比较、检阅自己能力和水平的舞台。优异成绩的获得，是一种提升自信心、开拓格局和眼界的很好的尝试；而明白自己与优秀学生的差距，未尝不是一件好事，通过知晓自己的优势与不足，可以明确自己今后努力和奋斗的方向。

创新设计类比赛一般周期为 3 个月左右，而创新设计制作类比赛必须历时 1 年左右(参赛对象是学生)。一台计算机便是创新设计类比赛对学生的基本要求，而创新设计制作类比赛则需专款加工设备和专用制作场所支持才能进行。对于大部分高校而言，创新设计类竞赛才是具有普适性的创新人才培养活动。创新设计制造类比赛必须制作出实物来验证设计理念，在创新设计阶段必须考虑到后期的可行性，因此一些曾经在创新设计阶段认为很好的创意，此时由于技术、加工制造条件等的限制，可能需要舍弃，故创新设计制造类比赛一定要做到脚踏实地。

3.10.9 功能是否越多越好

从理想的角度，自然是功能越多越好；从现实的角度，每一次对产品的改进和提升，在不影响既有产品功能作用的前提下，能在现有类似产品的基础上增加 1～2 个实用功能已经很不错了。增加新的分功能，必须与主功能协调一致，不能拼凑痕迹明显，显得不伦不类。好比周星驰主演的电影《国产凌凌漆》中的杀人王拿出"要你命三千"，实质上是将各种杀器用绳子串起，类似这种的功能添加的机械产品创新设计没有新意，也毫无技术创新可言。

例如，2019 年全国大学生机械产品数字化设计大赛的主题为"精心照料，体贴入微"。内容为："康复服务机器人的设计；老年人服务机器人的设计；家用服务机器人的设计；月球营地机器人"。其中，老年人服务机器人要求能完成对老年人的特殊服务或帮助：① 服务对象是行动能力有某种障碍的老年人。② 服务内容包含：提供取物、递送等帮助，使老年人可获取饮料、食物、书报；协助老年人站立、行走；帮助老年人在站立、坐、卧等状态下进行部分躯体适度运动。

采用功能分析法，先用一句话解析其主功能：由轮椅和床组合而成的老年人康复床和出行轮椅。

分功能可初步拟定为：① 康复床具有半躺和仰卧姿态，让伤病员方便吃饭、读书看报等；腿部可以一定角度撑起，帮助长期卧病的患者进行腿部屈伸锻炼；可侧翻身，帮助护理人员将体重较大的伤病员进行翻身和擦拭；② 轮椅出行，高能锂电池供电，可任意姿态躺，可调节爬坡和楼梯；③ 轮椅可与床体其他部分无缝衔接，实现轮椅和护理床两者功能的和谐统一；④ 在此框架基础上的其他辅助功能，如脑电波控制、大小便处理，按摩功能可直接利用三面条状床板正反转来实现，同时辅以不同的曲面曲线、相邻床板的不同方向和转速差异来实现按摩挤压强度调节等。图 3-60 给出了已有的部分相关产品。

(a) 护理病床

(b) 电动多功能轮椅

(c) 脑电波控制的残疾人轮椅

图 3-60 已有的老年服务产品

家用服务机器人要求能完成对中青年、儿童的特殊要求服务：① 服务对象是家庭的中青年(父母)和少年儿童(子女)。② 服务内容包含：如提供家庭内除餐饮以外的其他便利性服务；给少年儿童提供娱乐性服务。

根据上述创新设计主题要求，经过调研，已有相关产品如图 3-61 所示。拟定主功能：基于语音控制的多种健身功能于一体的综合训练器材。

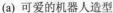

(a) 可爱的机器人造型   (b) 市场上的综合训练器

图 3-61　折叠后的机器人外形与展开后的综合训练器

分功能可拟定为：① 未使用状态下的折叠尺寸尽量小的、呆萌可爱的机器人外形，健身时展开的、糅合尽量多健身功能的综合训练器；② 包含单杠、卧推、站立挺举、蝴蝶臂、蹬腿训练、坐姿提重、单双杠后勾腿训练、站姿提重侧身提拉、单双臂坐姿与站立划船、深蹲训练等，协调处理好各种功能的空间干涉、正反行程影响等。

3.10.10　在创新设计时要全面思考正、反行程两个方面

很多人在设计机构时，惯性思维会只思考正行程的动作是如何用机构来设计实现的，没有或疏漏了去考虑机构的反行程如何实现，或者反行程会对下一个周期的正行程造成什么样的影响？在设计机构时，必须要保证"有来有回"，一是要考虑反行程如何实现，二是要考虑反行程不对下一次的正行程造成不利的影响。

例如，在设计救援变形金刚(见第 9 章相关设计细节)时，构思了担架到推车、推车到轮椅三种构态之间两两可逆变形。在机构设计时，遇到了很大的困难，单纯的从担架到推车，从推车到轮椅的机构设计比较简单和容易实现，如何将上述两种变化过程衔接起来实现，则是非常困难的。难度还在于如果将正行程规定为从担架到推车到轮椅，那么反行程则为从轮椅到推车到担架，从担架到推车，从推车到轮椅是两个状态的切换，并且要思考反行程如何实现？反行程会不会影响下一次的正行程？最终采用变胞机构理论，使用一根横杠与主动件摆杆的接触与分离，实现了上述设计要求。如图 3-62 所示。

在具体设计时，我们可以利用下述手段实现反行程：① 利用重力、浮力等回位，如直动导杆盘型凸轮机构，利用导杆的自重，实现导杆上升到最高点后下落到最低点；② 利用弹簧力、电磁力等回位，通过控制电磁开关使机构复位等；③ 利用形位配合之间的接触与分离来进行周期性动作。

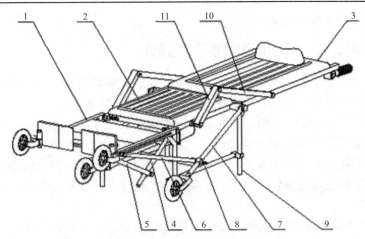

1—支撑下肢的前端板块；2—支撑臀部的中间板块；3—支撑上肢的后端板块；4—电机与蜗轮蜗杆减速器输出连接的摆杆；5—与摆杆和前端板块滑槽内滚轮连接的连杆；6—与滚轮和后轮拉杆连接的连杆；7—铰接于中间板块的后轮杆；8—固连于后端板块的支腿；9—连接前后支腿的连杆，中间固连一根横杠；10—连接于后端板块的扶手连杆；11—连接于中间板块的扶手连杆

图 3-62　兼顾正反行程的摆杆的创新设计

3.10.11　师生如何强强组合结硕果

　　一些新问题或是设计的巧妙构思，往往诞生在讨论环节中，所以交流很重要，我们需要高质量的探讨环节。但是老师的时间、精力有限，学生需要耗费大量时间去完成第一课堂的学习任务，参与第二课堂的必须是第一课堂学有余力的优秀学生，如何找到并发现这些有理想和行动力强的学生，老师可以通过前期布置一些简单的专业课题进行选拔。建议如下：

　　(1) 感恩和行动，按照老师的指导，认真落实每个环节的任务。

　　(2) 加强交流学习，认真体会老师对于创新设计的构思，很多同学的反馈也能激发老师的创意。

　　(3) 指导老师都会很欣赏努力去执行团队任务的学生，"得天下英才而育之，不亦悦乎！"用优秀的表现回报老师的辛勤付出，让老师以愉悦的心情投入到培育优质人才中。

　　一个团队、一个人，能否走的远、出优秀作品，继而书写灿烂的大学生涯、实现自己的人生理想，执行力很重要！执行力是什么？执行力是用心去把每一件事情做好，同时提高效率。而不是这个事情我做了，已经完成了，就可以上交了。我们需要培养良好的职业素养，在任务完成上交前问问自己：这是我能做到的最好的吗？与执行力相反的是轻易放弃：间歇性踌躇满志，持续性混吃等死。普通人和各行各业的佼佼者之间最大的差距就是执行力，随意放弃的人注定与大成功无缘。不忘初心，方得始终！初心易得，始终难求。要学会一门技术，需要耐得住寂寞、吃得了苦、能埋头攻坚克难，能在周围人娱乐的时候坚持学习工作……

　　如何定义快乐学习？纯粹的学习而感到快乐的人是较少的，那些追求真理、探索自然和未知世界并以此为乐的人，在人类漫长历史长河中更是凤毛麟角。普通人的快乐学习，来源于通过学习而取得的成就和满足。对学习应该有一个很正确的认识和理解，有理想，更要有行动，用行动和结果来证明自己的优秀。

3.10.12　培养和提高机械创新设计能力的建议

　　培养创新能力、创新人才绝非一朝一夕，需要学生勤奋踏实从一点一滴做起，也需要有优秀的老师去指导学生学什么、怎么学。这里给出一点建议：

　　(1) 深入扎实学习好机械原理，对各种典型机构的设计方法、适用范围等，学习过程多结合生产、生活联想。机械原理学习内容，以连杆机构为例，教学限制于四杆机构，而生产中十杆以上的连杆机构非常少见，一则说明多杆机构的分析计算非常困难，二则说明有大量的机构创新领域等待我们去开采。一旦同学们赋予了一个机构新的使用用途，机械创新也随之而来。

　　(2) 鼓励团队个人提出或高或低、或深入或浅薄的看法，创新设计所有团队成员都必须参与进来。每个学生都是一个特殊的个体，每个人的兴趣爱好和能力大小在不同的领域均不尽相同。以学生为中心的教学模式，要鼓励学生发表不同意见，通过交流引导学生去走适合他个人发展的道路。每个学生针对大赛主题提出的思想火花有大有小，但是激发群体的想法并不是以火花的大小来定该创新思维的价值。因此要鼓励学生说出自己的想法，前提是必须经过缜密的思考和论证。

　　(3) 创新设计能力的培养和提高非一朝一夕，也不可能复制，只有边实践边悟道，才是成长为创新应用型人才的唯一途径。经历过一次完整的创新设计过程，才会明白一个想法好不好？到底有多好？还有哪些地方可以改进？才会由衷地钦佩那些优秀的作品和优秀的设计师，并且虚心地接受别人的批评和教育、潜心去学习更多相关的知识。

　　(4) 古人作诗，为一字或一句而推敲良久，"语不惊人死不休""两句三年得，一吟双泪流"。很多参与机械创新设计的同学向老师吐槽：我们不停的在否定，否定别人，也否定自己，却总是找不到一个大家都认为很好的设计构思。我们还是不太习惯有更多的选择，当一个有主题限制的大赛出现后，如果明确了就是某一类作品，大家很快就能集思广益获得结果，如第八届全国机械创新设计大赛设计主题之一为车库，那么只能针对车库进行革新和改进，针对性很确定和具体；而如果范围很广，大家就会觉得这个方向思考的不行，那个方向思考了也不好，和猴子掰玉米一样，总是认为当前的想法不够好，是不是换到另外一个领域或方向，会得到更好的想法？如第九届全国机械创新设计大赛主题之一为帮助老年人设计一款助老机械，到底帮助老人解决什么生活难题？这是一个痛苦而漫长、但是充满希望的探索过程，所以，当最终的作品制作出来，演示成功后，发自内心的满足和自信无以言表。用一句打油诗来形容机械创新："功能实用是前提，结构创新为首创；知行合一出真知，人才培养结硕果。"

　　(5) 大道至简，万法归宗。基于机械创新设计能力培养的机械产品创新设计，将会引导参与者将创新思维应用于今后的工作和生活中，一个有过创新思维和创新设计锻炼的人，将来无论是从事机械产品研发，还是在其他领域如生活和工作管理中，都会有用之不竭的好点子冒出来。因此，唯有创新才有未来，并将受益终生！

第 4 章　机械优化设计与仿真

　　机械工程师在从事机械产品设计和分析过程中，首先需要进行机械系统运动方案创新设计(机械结构或机构的创新设计，即机构的型综合，见第 3 章)，根据产品的性能要求，从多个可选结构参数数值组合中选取一个较优的方案(机构的尺度综合)。机械优化设计是机械产品设计过程中不可或缺的一个环节。

　　随着计算机技术的飞速发展，计算机仿真技术被广泛应用于各行各业。在机械设计过程中，解析法结合虚拟样机技术(计算机仿真)，已经成为主导的研发手段和方法，它可以大大缩短设计周期、节约设计成本等。

　　关于机械优化设计、基于 C 语言或 VB 的程序设计，读者可以找到很多相关书籍。这些书籍，一般不针对某个特定的专业，如优化设计则直接给出数学模型，而程序设计则只研究基本语法和编程知识。针对这种现状，本章在内容编排上侧重机械产品、机构分析与仿真相结合，重点论述优化设计和仿真技术在机械产品研发中的应用和技术要点。

　　本章简要介绍机械优化设计的相关理论和方法，论述机械产品的优化设计方法和步骤，再结合机械产品实例详细说明，使学生能了解优化设计的基本概念和传统优化设计方法，理解常用的优化算法设计原理，并能熟练应用和编写优化设计程序，求解典型的机械优化设计问题。同时，以容易入手的 VB.net 程序设计为切入点，详细、完整地论述全铰链四杆机构的运动仿真程序设计相关函数、控件及其编程实现，在掌握这些知识的基础上，学生可以独立完成较复杂的机构分析与运动学仿真。

4.1　机械优化设计

　　优化设计(Optimization Design，OD)是根据给定的设计要求和现有的技术条件，应用专业知识或理论、优化方法，在电子计算机上从满足给定的设计要求的许多可行方案中，自动选择满足设计要求最佳方案的设计方法。它以数学中的最优化理论为基础，以计算机为技术手段，根据设计所追求的性能目标，建立相应的目标函数，在满足给定的各种约束条件下，寻求最优的设计方案。

　　大自然界的一切生物，都或多或少地进行着"优化设计"。如生物繁殖下一代，是以保留优良基因、舍弃有缺陷或是竞争性不强的基因为原则，繁衍出更优良、更适合生存环境的强者。有科学家据此制定优化原则，创造性地提出"遗传算法"(Generatic Algorithm，GA)；蚂蚁寻找食物的过程中，会在已经探索过的领域释放"信息素"，以便和蚁群中的其他蚂蚁进行信息交流，从而在尽量短的时间内找到食物，据此科学家设计出"蚁群算法"(Ant Colony Optimization，ACO)；人用手拿取物体，遵循的是以肩膀、肘部、手腕 3 处"转动副"控制的手到物体的最短路径原则等。

在设计机械产品时，会面临一系列的特性参数选择，如某个构件的长度、截面尺寸、所选择的驱动电机功率和转速等。这些参数数值的确定，如果不具备机械优化设计知识，只能依靠经验来选取，所选值是否科学、合理则值得商榷。

机械优化设计是把机械设计与优化设计理论及方法相结合，借助电子计算机，自动寻找实现预期目标的最优设计方案和最佳设计参数。机械优化设计领域主要包括：机械零部件的优化设计、机构优化设计、机构动力学优化设计、工艺装备参数的优化设计等。其设计和研究内容包括：将工程实际问题用数学表达，即建立优化设计数学模型；选用最优化计算方法在计算机上求解数学模型，获得最优目标参数。

建立优化设计问题的数学模型一般步骤如图 4-1 所示。

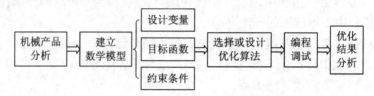

图 4-1　机械优化设计步骤

(1) 根据设计要求，基于专业知识和设计经验、产品市场调查研究等前期准备工作，对所研究和优化的对象进行分析。

(2) 对影响机械系统的所有参数进行分析，以确定设计方案中的设计常数和设计变量。

(3) 根据设计要求，确定并构造目标函数和相应的约束条件。根据机械系统特性，有时要构造多目标函数。

(4) 选择合适的优化求解方法，编制程序，利用计算机求解获得最优解。

(5) 进行最优方案的分析与评价。

优化设计的关键技术包括：正确建立优化数学模型、选择合适的优化算法、编写或借用现有的优化软件计算获得最优解。

优化设计方法或算法主要包括：传统优化算法(如黄金分割法或 0.618 法、单纯形法、复合形法、最小二乘法等)、模糊优化法、遗传算法、蚁群算法、神经网络算法等。

4.2　优化设计的数学模型

一个优化设计数学模型中，一般包含三个基本元素：优化变量(在设计领域称设计变量)、约束条件(若干个包含设计变量的等式或不等式)、目标函数(系统所应满足的特性指标转化的数学表达式)。

多目标函数一般为几个评价函数的综合，即

$$\min F(X) = W_1 f_1(X) + W_2 f_2(X) + \cdots + W_i f_i(X) \tag{4-1}$$

其中，W_i 为多目标函数的权重系数，由设计者判断并确定各个权重系数数值，具有较大的不确定性，一般满足 $\sum W_i = 1$。

实数设计变量:

$$X = [x_1, x_2, \cdots, x_n]^T \in \mathbf{R}^n$$

应满足约束条件(等式约束和不等式约束):

$$\text{s.t. } g_u(X) \geqslant 0, \quad u = 1, 2, \cdots, n \tag{4-2}$$

$$h_v(X) = 0, \quad v = 1, 2, \cdots, p < n \tag{4-3}$$

对于复杂的问题,要建立能反映客观工程实际的、完善的数学模型往往会遇到很多困难,有时甚至比求解更为复杂。过于简化的模型则会使系统失真,过于复杂的系统模型会让后续优化求解变得困难,甚至得不到最优解。要抓住关键因素,适当忽略不重要的成分,使问题合理简化,以易于列出数学模型,这样不仅可以节省时间,有时也会改善优化结果。

4.2.1　设计变量

设计变量是相对于设计常量(如材料的机械性能,或已经给定的在整个过程数值不变的设计量)而言的,在数学模型中为可变化量,且其数值的变化对目标函数的影响较大。根据在设计域中变量是否连续,可分为连续变量(如杆件的长度取值,理论上是连续的)和离散变量(如齿轮的齿数选取,只能选取一定范围内的正整数)。

设计变量的个数,对应设计问题的维数,表征了设计的自由度。每个设计问题的方案(设计点 X^*)为设计空间中的一个对应的点。根据设计变量的个数,定义包含所有设计点的空间为设计空间,如二维(设计平面)、三维(设计空间)、更高维(超设计空间)。对于既定的设计空间,若为连续的设计变量取值,应根据实际问题选择合适的两相邻点之间的距离为设计变量的步长,即迭代计算精度。例如构件长度,考虑到其制造安装误差,精确到毫米即可,这样可以减少优化设计的计算量。有一些机械优化问题,本身要求就对精度要求很高,如机床加工,那么这些设计变量的迭代计算精度就要求很高了。

设计变量的个数 n 决定着优化问题规模的大小、优化设计求解的难易程度。变量多,可以淋漓尽致地描述产品结构,但会增加建模的难度和造成优化规模过大。所以设计变量时应注意以下几点:

(1) 抓主要,舍次要。对产品性能和结构影响大的参数可取为设计变量,影响小的可先根据经验取为试探性的常量,有的甚至可以不考虑。

(2) 根据要解决设计问题的特殊性来选择设计变量。

一般而言,应以保证机械系统不失真或失真最少的前提下,尽量选择较少个数的设计变量。因为每增加一个设计变量,虽然考虑到了更多影响机械系统性能的因素,但是在求解最优设计方案(最优设计点即最优解 X^*)的过程中,搜索计算工作量将会呈现几何级数增加。因此在对实际问题进行数学建模的时候,应尽可能地在不影响整体机械系统性能的前提下,减少设计变量,确定更多的结构参数。

4.2.2　目标函数

在机械产品设计中,如果一个方案的好坏仅涉及一项设计指标,则称为单目标优化设计问题。而在实际问题中,一个设计方案往往期望多个设计指标达到最优。在实际机械产品研发和设计中,可作为参考目标函数的有:体积最小、重量最轻、效率最高、所需电机功率最小、承载能力最大、运动周期内压力角的最大值最小、行程速比尽量较大、整个运动周期内某构件的直线位移或摆动角度最大、运动轨迹尽可能拟合理想曲线、结构运动精度最高、振幅或噪声最小、成本最低、耗能最小、动负荷最小等。这些性能要求在设计时必须予以综合考虑,只有具备一定的机械优化设计知识,才能设计出满足上述要求的机械产品。在设计过程中通常需要考虑多目标优化,这些目标又往往彼此相互耦合、难以协调,需要综合各个目标,寻求解决多目标优化问题。

在构造目标函数时,应注意目标函数必须包含全部设计变量,所有的设计变量必须包含在约束函数中。

最优化设计的目标函数通常为求目标函数的最小值。若目标函数的最优点为可行域中的最大值,则可看成是求$(-F(x))$的最小值,因为$\min(-F(x))$与$\max(F(x))$是等价的。当$F(x)$在整个取值范围内不为 0 时,也可看成是求$1/F(x)$的极小值。

在实际工程设计问题中,常常会遇到在多目标函数的某些目标之间存在矛盾的情况,这就要求设计者正确处理各目标函数之间的关系。在一般的机械最优化设计中,多目标函数的情况较多。目标函数越多,设计的综合效果越好,但问题的求解亦越复杂。权重系数 W_i 表征该项指标在整个评价指标中的重要程度,其选择应根据具体机械系统斟酌选取。

对于多目标函数,除了合理地选择权重系数外,还应对其进行归一化处理。因为两个以上不同量纲、不同数量级的函数值简单相加,是无法体现各个目标函数在整个机械系统中的重要程度的,因此其优化结果也是不合理的。

如在实际操作中,包含两个目标函数的多目标优化,其目标函数可设计为

$$\min F(X) = W_1 \frac{f_1(X)}{f_1^0(X)} + W_2 \frac{f_2(X)}{f_2^0(X)} \tag{4-4}$$

式中, $f_1^0(X)$、$f_2^0(X)$ 分别为函数 $f_1(X)$、$f_2(X)$的在设计空间内的极小值,或者也可以用其初值代替,表征每个目标函数的发散基数,再乘以各个目标函数在整个系统中的权重系数 W_1、W_2,即实现了不同量纲、不同数量级的多目标函数的归一化。

4.2.3　约束条件

约束条件是设计变量应满足的取值范围,分为等式约束 $h_v(X) = 0$(约束个数小于设计问题的维数)和不等式约束 $g_u(X) \geqslant 0$。约束条件是根据机械系统实际情况,如构件长度范围、压力角范围、最大或最小的线位移或角位移、力或力矩范围、有无曲柄、传动比范围、效率值范围、输出构件的位移和速度等要求而转化的等式或不等式。在分析问题时,尽量找到所有的约束条件,尤其是隐含的约束条件。

满足约束条件的设计点称为可行点,由所有可行点组成的集合构成可行域。优化设计的过程,就是在可行域中寻找最优点,可行点或最优点都对应着设计变量的一组组合。将最优点对应的相应设计变量的值代入目标函数,可获得最小的目标函数值。

4.2.4　最优解分析

机械优化设计的特点是大多数机械设计的数学模型为非线性模型,且为约束最优化模

型，广泛采用约束非线性规划算法来计算求解。

在完成机械优化设计的数学模型建立后，必须应用数学和计算机编程工具，高效、准确地获得最优解(X^*)及其对应的最小函数值 $minF(X^*)$。好的寻优算法可以大大地减少搜索次数及相应计算工作量，并且还可以规避由于算法设计的缺陷性，而导致出现将局部最优解当作全局最优解的问题。

关于局部最优解和全局最优解的概念，可参阅相关优化设计书籍，限于篇幅，这里不予讨论。

要注意这里说的优化结果，并不是严格意义上的绝对优化，即最优结果。这是因为：

第一，有些优化设计方法和计算方法本身就有局限性，尤其是对于多维设计空间而言更是这样；

第二，数学模型在多数情况下具有简化的特点，不一定能真实反映客观事物全部；

第三，多目标函数中加权系数的拟定，具有主观随意性，同时也很难绝对地反映各个目标的重要程度。

4.3　优化设计问题分析举例

现列举一个多目标函数优化实例，说明机械产品的相关优化设计思路和实现步骤。图4-2 所示为一种残疾人助力车，适用于腿部不能用力蹬踏的伤残人士，依靠手部交替下压或拉起手摇杆 7，驱动链盘 12 转动，后车轮 14 轴上安装有棘轮，从而实现后轮连续单向滚动。脚踏在前车轮 1 两边轴上，用于实现转向。

 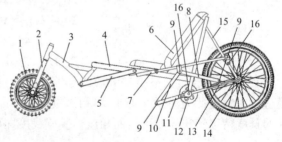

1—前车轮；2—前叉；3—三脚架；4—横梁；5—长固定板；6—坐垫；7—手摇杆；8—辅助杆；9—活动铰链；10-连杆；11—摆杆；12—链盘；13—滑块（或滚轮）；14—后车轮；15—后三角架；16—固定铰链

图 4-2　手动残疾人助力车图

通过对上述产品使用功能分析，其六杆机构数学模型如图 4-3 所示。其中，A 点为手摇杆固定于后车架的铰接点，B 点为其上另一铰接点，O 点为距后车轮轴轴心一定位置的固定点，F 点和 G 点为辅助杆 BE 的行程极限位置，用于控制手摇杆 AB 的摆角 Ang1，Ang5 为辅助杆摆角(一般要求小于 90°，避免死点)，Ang6 为棘轮对应的摆杆摆角，Ang7 为其摆动时变化的压力角。L_{OD} 为链盘轴心到 O 点的长度，L_{OA} 为点 A 点到 O 点的距离。L_{AB}、L_{BC}、L_{CD}、L_{BE} 分别表示各杆对应长度。

在使用过程中，希望每个摆动周期内后车轮滚动距离长，对应 Ang6 上下极限角度差尽量大，同时希望比较省力，此处取 Ang7 在整个摆动周期最大值较小。

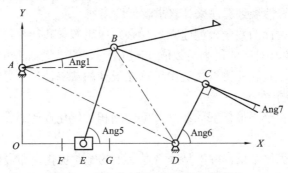

图 4-3　手动助力车六杆机构数学模型

基于上述分析，总的目标函数为

$$F = W_1 \frac{\text{Ang}6°}{\text{Ang}6_{\max} - \text{Ang}6_{\min}} + W_2 \frac{\text{Ang}7_{\max}}{\text{Ang}7°} \tag{4-5}$$

其中，$\text{Ang}6°$、$\text{Ang}6_{\max}$、$\text{Ang}6_{\min}$ 为在选取一组结构参数后，在整个周期内 Ang6 的初值、极大值和极小值；同理，$\text{Ang}7°$、$\text{Ang}7_{\max}$ 为在整个周期内的初值和极大值。加权系数 W_1 取为 0.7，W_2 取为 0.3。通过倒数归一化处理后，整合成一个计算该目标函数的极小值的优化设计。

设计变量：L_{AB}，L_{BC}，L_{CD}，即 $\boldsymbol{x} = [x_1,\ x_2,\ x_3]^{\text{T}}$。

已知常量：L_{OA}，L_{OD}，$\text{Ang}1 \in [0,\ 45°]$。

约束条件：

$$\Delta l_1 \leqslant L_{AB} \leqslant \Delta l_2 \tag{4-6}$$

$$\Delta l_3 \leqslant L_{BC} \leqslant \Delta l_4 \tag{4-7}$$

$$\Delta l_5 \leqslant L_{CD} \leqslant \Delta l_6 \tag{4-8}$$

$$0° \leqslant \text{Ang}7 \leqslant 40° \text{(小于 40° 时传力特性比较好)} \tag{4-9}$$

$$L_{AB} + L_{BC} + L_{CD} \geqslant L_{AD}(L_{AD} \text{为点 } A \text{ 到点 } D \text{ 的距离}) \tag{4-10}$$

具体优化算法(如最小二乘法或单纯形法等)和程序设计在此不再赘述，读者可自行建模进行求解。此处注意，由于实际问题(机械产品结构加工的可操作性)的特殊性，各个杆件的长度精确到 mm 即可，而角度值精确到度即可。

4.4　机构运动仿真与程序设计

4.4.1　计算机仿真技术简介

计算机仿真技术借助计算机平台，通过建立虚拟样机模型，编制或控制相应的软件，模拟虚拟样机对应的现实生产机械的运动或动作，通过观察仿真结果，以验证设计和分析的正确性和合理性。

实验法通过建造实物模型来研究该模型的特性，如果实物模型不合适，则需要重新构建新的模型，所耗费的时间和人力、物力较大。实验法的优点是可以很直观地了解实体模型的特性，对于一些比较复杂的机械系统，通过实验法建立简化模型，可以在最终的产品研制前获得一些符合产品实际情况的结构信息，从而为后期设计和研制提供第一手的资料信息。

图解法则是利用数学几何知识，通过作图方法(如瞬心法、矢量多边形法等)求解获得机械系统的某些特性参数，从而对机械系统进行评价的。图解法的优点是形象直观，缺点是需要多次作图，而且求解精度较差，当机构比较复杂时，该方法是不可取的。

相对于实验法和图解法，计算机仿真技术在直观性、科学性等方面有着无可比拟的优点。建立机械系统的虚拟三维样机，通过程序控制或精确求解，可以获得类似真实场景的机械系统，以及科学准确的特性分析结果。随着计算机技术的飞速发展，计算机仿真技术广泛地应用于各个领域。

计算机仿真的实现方法有两种：其一是将大量的图片存储在数据库中，在仿真过程按序调用显示；其二是"画-擦-画"法，即在极短的时间间隔内，完成显示区域内图像的绘制和擦除，给人视觉以动态仿真的效果。机械优化设计与仿真一般采用"画-擦-画"法。

4.4.2　机构运动仿真的目的和意义

完成对机构的创新设计和分析后，要选择合理的机构结构尺寸，以满足机构运动的特性参数要求，如输出构件的轨迹曲线、速度或加速度满足给定值要求，或是获得合适的机构运动空间区域等。由此可见，机构的运动仿真与参数分析，是机械产品创新设计的重要一环。

以全国大学生工程训练综合能力竞赛题目"无碳小车连续前行走 S 形绕杆"为例，要求由重力驱动的无碳小车实物模型走 S 形，如图 4-4 所示。比赛中以不碰杆前提下，能前行的最长距离为优胜者，其中的核心技术为连续转向机构的设计，即车身主体实现连续走 S 形轨迹曲线。

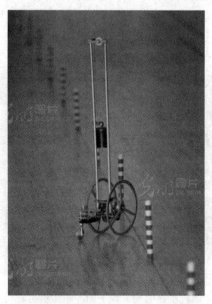

图 4-4　走 S 形的无碳小车

基于减少运动链传递环节，从而减少能量损耗的考虑，大部分参赛作品都采用空间四杆机构实现小车前行过程的转向。对于没有掌握机构运动仿真的参赛团队来说，只能借助于实验法，初选机构结构尺寸，根据实验结果对所设计的机构尺寸进行不断的修正，以获得拟合程度较好的行走轨迹。

而借助于计算机仿真技术，应用解析法，首先获得后轮轴(由重物下降驱动，为机构中的主动件)转动角速度与前轮(转向轮)角速度之间的函数关系。然后根据分析模型中各构件长度尺寸间的几何关系，通过交互式程序设计，可获得设计变量修改后对应的无碳小车运动仿真轨迹。再根据仿真结果，可对应修改相关结构参数。该方法具有设计周期短、仿真结果精确度高、设计制作成本低等优点，这是实验法和图解法所不具备的。

考虑到无碳小车外部输入能量一定(一定质量的重物从固定高度下降)，在小车总体质量变化不大的情况下，其行走的总路线长度不变。结合前述的机构优化设计方法，在不撞杆的前提下，以小车经过杆时小车中轴线到杆的距离为最小值作为优化设计的目标函数(如图 4-5 所示，轨迹线 2 比轨迹线 1 结果更优)，编制程序并完成优化设计，可获得最优解。

图 4-5　小车绕杆轨迹线的对比

对于简单的四杆机构，我们可以通过查阅机械原理教材，知道可以通过计算几个极限位置，以及归纳总结出来的有曲柄条件来判断原动件是否可以整周转动。斗牛士健身车的机构模型是一个多杆机构，对其进行机构仿真，其中一个重要的作用就是论证 O2A 杆为曲柄，从而研发的健身车可以连续骑行。具体为，通过计算原动件处于整周多个不同位置，如原动件为转动件，间隔 1 度，计算 360 个角度位置，每个位置有可行解，证明其能整周转动。如图 4-6 所示两种情况下更改了后叉架 AB 杆的长度，图(b)的仿真结构证明该组结构尺寸不可行。

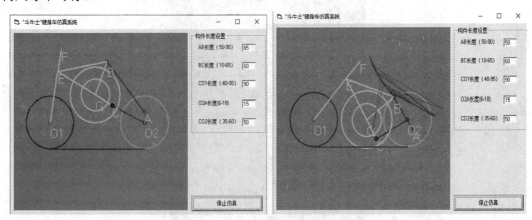

(a) 一组结构尺寸可行的参数　　　　　　　(b) 一组结构尺寸不可行的参数

图 4-6　两种不同结构参数下的斗牛士健身车仿真结果

由无碳小车的运动仿真实例可知，图解法在求解精度要求较高时是不适用的，因为作图时效率低下、求解精度太差等。而实验法存在设计周期长、制作成本高、设计结果无从评价其优劣等缺点。机构运动仿真结合机构优化设计技术，可综合衡量各个设计参数的优化结果，以优化结果作为设计基准，极大地提高了设计精确度，缩减了设计周期，从而获得理想的结果。

4.5　基于 Visual Basic.net 的四杆机构仿真

如前所述，机械产品的运动方案创新设计的核心在于机构的创新设计。而创新设计的机构能否满足既定的设计要求，运动学分析是关键的一环。通过建立机构的数学模型，选用合适的程序设计语言，完成机构运动学参数的分析、计算，以及机构的运动仿真，既可以获得精确的数据结果，也可以虚拟观察机构的运动情况，为后续机械产品的加工制造提供必要的信息。

四杆机构是最简单的机构模型，但其机构模型的分析囊括了几乎所有的技术点。因此，掌握了四杆机构的运动仿真程序设计，也就具备了分析复杂机构的基础知识。四杆机构的有曲柄条件，双曲柄、双摇杆、曲柄摇杆等类型的判定详见《机械原理》教材，此处不再赘述。

4.5.1　Visual Basic.net 简介

交互式程序设计(编程语言如 VC、VB.net、JAVA 等)赋予编程者后台灵活编制程序，实现对前台显示端输出内容的控制，同时程序操作者可以通过输入模型参数，观察不同参数对系统的影响。

而一些三维造型软件如 Pro/E、UG、SolidWorks、ADAMS 等，也具有机构模型的运动仿真功能，由于其不具备交互式输入更改数学模型参数的功能，因此只能对既有的模型进行仿真和相应功能分析，修改某个构件尺寸后，其余构件三维造型尺寸也要相应进行修改，属于"一事一议"。

机械产品的研发，先利用交互式程序设计获得理想的结构尺寸，然后再进行三维造型。在进入三维造型软件时，利用其虚拟样机技术来"观摩"虚拟世界中的机器运行情况，同时可以规避运动干涉等问题。

Visual Basic.net 是 Microsoft Visual Studio.net 中的一个基础程序设计语言，是使用最为普遍的程序语言，全世界超过 500 万人使用 Visual Basic.net 来开发应用软件。简单的接口操作、容易理解的语言表示方法，以及强大的窗口接口支持功能，是 Visual Basic.net 广受欢迎的主要原因。

学习一门编程语言，学习完它的所有功能和编程技巧后，再开始着手解决实际问题是不明智的，也是不可取的。要坚持"实用即真理"的原则，将自己常见、常用的功能和函数学习好，将解决本专业技术难题作为学习编程的试金石。机械专业学生学习编程，一般用来解决机构运动学仿真，输出一些运动学参数，所需要掌握的编程知识是十分有限的。有一定编程基础、理解能力强的学生，经过 1～2 天的学习，即可上手用 Visual Basic.net(以下简写为 VB.net)完成相应的机构运动学仿真。

以下以全铰链四杆机构运动仿真为例，简要说明如何使用 VB.net 进行相关程序设计。其他复杂机构的运动仿真，可参照该例进行。

4.5.2　机构运动仿真编程基础

要使用 VB.net 完成简单机构运动仿真，首先要明确 VB.net 的界面布置，如图 4-7 所示。

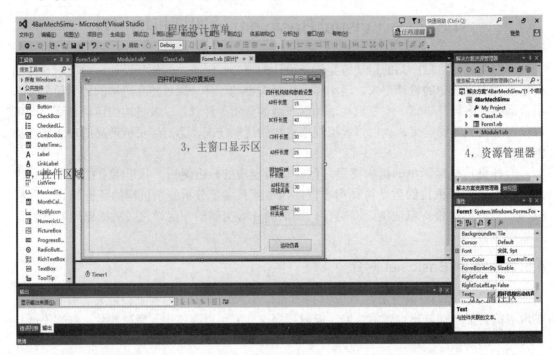

1—程序设计菜单；2—控件区域(可点击选择后拖放到主窗口显示区)；3—主窗口显示区(如窗体设计或代
码显示)；4—资源管理器(如窗口、类、模板等)；5—属性区(设置窗口及其内控件的各种属性值)

图 4-7　Visual Basic.net 的界面

首先根据系统仿真设计理念，在主窗口显示区设计好窗体及各个控件。

1. 数据类型与变量

根据数学模型中的参数，定义数据类型与变量(Variable)。常见数据类型有短整型 Short、
整数 Integer、单精度 Single、双精度 Double、字符串 String、布尔逻辑 Boolean、对象 Object
等。因为程序中的数据都必须通过变量来处理，为了处理不同的数据，必须使用不同的
数据类型。

变量是用来代表某内存位置的名称，可以用变量将数据保存到内存中。在使用变量之
前，了解并区分各个变量的存取范围是非常重要的。

全局变量：定义在类外，并使用 Public 进行定义，在任何一个函数或类中都可以调用
该变量。

局部变量：定义在子程序或函数中，只在该函数或子程序内可被调用。

在计算角度时经常要用到 π 这样一个特殊的有理数，而且它是一个常量，一般在模块
变量区定义其为公用常量，并给其赋值。

　　　　Public Const PI As Double = 3.1415926　　　' 定义公用常量 π 并给其赋值

同时还应注意其数值与弧度之间的转换，如数值表达式 $x_2 = x_1 + l_1 \times \cos(\theta_1)$，在程序中

应写为 x2 = x1 + 11 × cos(θ1 × PI/180)，此时 θ_1 是一个表示角度的数值，否则计算会出错。

2. 子程序的编制和调用

如果一段固定功能的程序段经常被调用，如机构中的杆组运动学求解，已知某些结构参数，求解其他结构参数，则可使用子程序完成该项功能。子程序有 Sub 和 Function 两种类型。

子程序(Sub Program)又称为副程序(Sub Procedure)，用来表示具有特定功能的程序代码，用户可根据自己的需要设计子程序。

Sub 子程序名称(形参 1 As 数据类型，形参 2 As 数据类型，…)

…   ' 程序代码

End Sub

调用 Sub 子程序格式：

子程序名称(实参 1，实参 2，…)

函数 Function 是子程序的另外一种形式。函数与一般 Sub 子程序最大的不同在于函数强调可以返回运算后的结果。另外，调用函数时，必须利用变量接收函数的返回值。

Function 函数名称(形参 1 As 数据类型，形参 2 As 数据类型，…)

…   ' 程序代码

函数名称=表达式

End Function

因为函数要返回值，所以应在程序中声明变量来接收这个返回值。Function 函数调用格式：

n1 = 函数名(实参 1，实参 2，…)

3. 常用控件

VB.net 是基于事件触发机制进行代码书写和执行的。在机构运动仿真中常用的控件主要有文本 Text 控件、命令按钮 Command 控件(这两个控件比较简单，此处不细述)、机构仿真显示载体 Picture 控件、控制动画显示 Timer 控件等。

Picture 控件 PictureBox 在工具箱/公共控件里，一般用来绘制并显示动态的机构简图。该控件的使用需要理解坐标系统的设定。

Timer 控件 Timer 在工具箱/组件里，它有两个重要的特性值 Enabled 和 Interval。当在程序中设置 Timer.Enabled = True，即激活了 Timer 控件的功能后，用代码 Timer.Interval = 100 设置在函数 sub Timer_Tick()中的代码(机构运动仿真中一般为动态，绘制在不同位置的整个机构)执行的频率，即 Interval/1000 秒。Interval 值越小，函数代码执行频率越快，当然执行频率取决于计算机的性能。

4. 绘图坐标系统转换与设定

当要在一个区域如窗体 Form 或在控件如 Picture 上绘制一个图形时，必须首先设定该区域的显示坐标范围，以便确保所绘制的图形能在区域内合适地显示。

电脑系统有一个默认坐标系统，显示器或各个控件的左上角为坐标原点，X 轴水平向左(与现实坐标系一致)，Y 轴竖直向下(与现实相反)。所以，当程序设计者对应有一个自定义坐标系统时，需要将图形显示区调整为理想的区域，必须进行坐标系统转换。计算机默认坐标系统和用户在图像显示控件上的自定义坐标系统如图 4-8 所示。

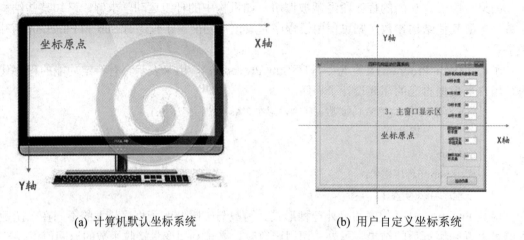

(a) 计算机默认坐标系统　　　　　　　　　(b) 用户自定义坐标系统

图 4-8　计算机与用户自定义的坐标系统对比

在 VB.net 中坐标是以像素为单位的。VB.net 中窗体的坐标原点在左上角，X 轴向右，Y 轴向下。而机构运动仿真显示的图像必须与计算模型直角坐标系统相符合，即 X 轴向右，Y 轴向上，因此要进行坐标系统的转换。

以在 Picture 控件中绘制图形为例，在 VB 6.0 中可以通过 Scale 函数来简单地设定显示区域大小。例如：

　　　Picture1.Scale(x1, y1)-(x2, y2)

该语句可以将 Picture1 的显示区域设定为左上角坐标为(x1，y1)，右下角坐标为(x2，y2)，前提条件是 x1 < x2，y1 > y2。

而在 VB.net 中要实现相同的目的，需进行如下操作：

　　　Dim ratioX = PictureBox1.ClientSize.Width / (x2 - x1), ratioY = PictureBox1. ClientSize.Height / (y2 - y1)
　　　　　　　　　　　' 获得控件的用户区域值，并设定显示比例尺，注意此处已经将 Y 坐标
　　　　　　　　　　　　值进行了倒置，向上为正
　　　Dim g As Graphics　　' 定义画布，即图像显示的载体
　　　g = PictureBox1.CreateGraphics　　' 设定 Picture Box1 为绘制区域，并将其赋值给变量 g，
　　　　　　　　　　　　即创建一个新的画布 Picture Box1
　　　g.ScaleTransform(ratioX, ratioY)　　' 设定绘图区域显示比例，缩放图形大小
　　　g.TranslateTransform(-x1, -y1)　　' 图形平移。将原坐标系统原点平移到控件指定位置，本处
　　　　　　　　　　　　处理后绘图区域中心为新坐标系统原点

接下来就可以按照设计好的坐标系统，方便快捷地编写绘图程序了。

5. 机构仿真常用绘图函数

在机构运动仿真中，后台程序一般是通过绘制机构在不同位置的机构简图来实现"机构运动的动态仿真"的，用到的几个函数列表如表 4-1 所示。机构的绘制可参考机构简图，即杆件用直线表示，转动副用小圆表示，移动副或滑块用矩形表示等。

表 4-1　机构仿真中常用的绘图函数

命 令 格 式	说 明 与 举 例
画点 PSet(x，y，color)	用来显示某些关键点的轨迹，如果绘制的点看不清楚，可设置绘图宽度：p.Width=3
画直线 DrawLine(Pen，起点 x 坐标，起点 y 坐标，终点 x 坐标，终点 y 坐标)	只要设置线段的起始坐标和终点坐标，就可以画出线段，例如：g.DrawLine(p, 50, 80, 150, 120)
画矩形 DrawRectangl(Pen，x 坐标，y 坐标，宽，高)	x 坐标和 y 坐标是指矩形左上角点的坐标，例如：g.DrawRectangle(p, 50, 50, 100, 60)
画圆 DrawEllipse(Pen，x 坐标，y 坐标，宽，高)	画椭圆或圆的参数设置与画矩形相同，恰为矩形的内切圆。x 坐标和 y 坐标是指矩形左上角点的坐标，若宽和高相等，则可以画出正圆形，例如：g.DrawEllipse(p, 50, 60, 30, 30)

4.6　全铰链四杆机构运动仿真

在掌握了上述 VB.net 的编程基础后，就可以按照下述步骤完成全铰链四杆机构的运动仿真。按照设计计算和编程步骤，本节逐一进行简要论述。

如图 4-9 所示为四杆机构的数学模型，MB 杆为与 BC 杆固结在一起的附加杆，一般通过设计各杆的杆长 l_1、l_2、l_3、l_4、l_5，附加杆 MB 与 BC 杆之间的夹角 α，机架 AD 与水平线的夹角 β(后续分析将该角度设为 0°)等 7 个参数，以达到控制四杆机构输出构件 MB 上的特征点 M 的轨迹曲线。在《机械原理》教材中，给出了多种轨迹曲线，有心形、椭圆、水滴、8 字形、纺锤形等，甚至还有直线、圆等特殊轨迹曲线，作为结构最简单的四杆机构，其轨迹变化如此多样，多杆机构的轨迹输出就更加绚丽多彩了。因此，从机构的尺度综合角度来看，机构的创新设计"永无止境"。此处只是完成给定上述 6 个结构参数后，计算并显示关键点 M 的轨迹曲线绘制。

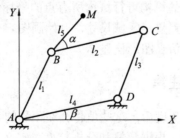

图 4-9　四杆机构数学模型

4.6.1　界面设计

在设计窗体界面时，本着简洁清晰的原则设计程序界面，如图 4-10 所示。将 Timer 控件拖入窗体，自动放置在窗体下方。将数学模型的所有可变参数用 Text 文本框列出，以便交互式设计和仿真显示。

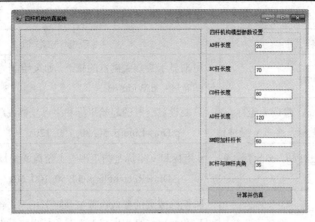

图 4-10　四杆机构界面设计与控件

4.6.2　程序设计步骤

四杆机构的操作和编程动作次序如下：

第一步：根据输入四杆机构模型值来判断四杆机构的类型。结合机械原理知识，可编写自定义函数 TypeDetermine()用于判定输入的尺寸参数对应的四杆机构类型。

第二步：根据输入并确定的机构参数，原动件从 0～360 整周转动，进行后台预计算，获得机构原动件可行域并保存。A、D 两点为机架上的两个固定点，B、C、M 为运动点。由 AB 杆为主动件可获得 B 点坐标，根据已知 B 点和 D 点的坐标来编写 C 点计算函数，编写 B、C 两点直线与水平线夹角函数，从而结合 BM 长度和 BM 与 BC 夹角计算 M 点坐标。在这一步中需要编写两个自定义函数，一个是计算 C 点坐标的 CountRRR()，另外一个是计算任意两点与水平线的夹角 GetAngle()。

第三步：编写并绘制整个机构的函数，包括杆件对应的画直线函数、铰链对应的画圆函数、固定铰链支座函数等，不同构件用不同颜色显示以区分。这一步需要编写两个自定义函数，一个是根据 5 个关键点坐标绘制机构图 DrawMechanism()，一个是根据铰链中心坐标绘制铰链支座 DrawSupport()。

第四步：根据第二步获得的机构可行域内所有点的坐标值进行对比，获得机构运动区域的包络二维空间，并据此设置显示区域尺寸，开始画图。

最终实现四杆机构的运动仿真图形化显示。

4.6.3　定义全局变量并加注释

一旦设定了各杆的杆长和角度后，这些值将会在不同的函数中传递，因此上述 6 个结构参数应全部定义为全局变量，根据计算和分析精度，定义为双精度型。因此，需要在窗体类外定义如下全局变量：

```
        Public Dim l1, l2, l3, l4, l5, AngMBC as double    ' 定义机构模型中的结构参数
        Public Dim x1, y1, x2, y2, x3, y3, x4, y4, x5, y5 as double    ' 定义机构中的 5 个关键点，分别对应
                                                                        A、B、C、D、M 作为公有变量多次
                                                                        计算并传递关键点坐标
```

同时，定义一个二维数组记录上述 5 个关键点(A、B、C、D、E)在可行域内的数值。

```
Public Structure Point          ' 定义一个结构体，包含 x、y 坐标
    X as double
    Y as double
    End Stucture
Public Const PI As Double = 3.1415926      ' 定义弧度和角度之间的转化值 π
```

4.6.4　按照程序流程设计自定义函数

了解了自定义函数的作用和目的后，根据四杆机构模型和整个设计思路，需要多次重复执行的代码模块是：原动件位置已知后的 C、M 点的坐标计算，以及运动仿真过程整个机构的绘制。

1. C、M 点的坐标计算

在四杆机构模型中，基于杆组法，机构可以认为是由机架、原动件 AB 杆、二级组 RRR(由两个杆件 BC、CD 及 3 个转动副构成)组成的，MB 杆为与 BC 杆固结的附加杆。A、D 两点是固定点，当已知原动件 AB 杆的运动规律后，原动件每运动到一个位置，对应给定的 AB 杆与水平线的一个角度，则 B 点的坐标可以由计算得到。即

$$x_B = x_A + l_{AB} \times \cos(\angle ABX \times \pi/180) \tag{4-11}$$

$$y_B = y_A + l_{AB} \times \sin(\angle ABX \times \pi/180) \tag{4-12}$$

在 RRR 杆组求解模块中，已知 B、D 点坐标，以及 BC 杆、CD 杆长度，可以求解 C 点坐标。在满足 B、D 两点之间距离小于等于 BC 杆、CD 杆长度之和的情况下，有两种 C 点坐标可能解。如图 4-11 所示，其中 $C1$ 点对应 B、C、D 三点顺时针方向排列，求解时开根号前取负号(注意判断根号内数值必须为正)；与之相反，$C2$ 点对应 B、C、D 三点顺时针方向排列，求解时开根号前取正号。

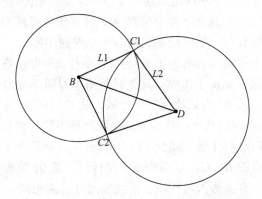

图 4-11　求解 RRR 杆组对应的两种可能解

RRR 杆组求解函数：

```
Public Sub CountRRR(ByVal xb As Single, ByVal yb As Single, ByVal xd As Single, ByVal yd As Single, ByVal lbc As Single, ByVal lcd As Single)     ' 计算 C 点坐标
        ' 计算 C 点的函数
        Dim lbd As Single
```

```
Dim A, B, C As Double
Dim Ang1 As Double
'A、C 两点之间的距离不能超过 AB 杆与 BC 杆的杆长之和，也不能小于两者之差
lbd = Sqrt((xb - xd) ^ 2 + (yb - yd) ^ 2)
If lbd >lbc + lcd Or lbd <Abs(lcd - lbc) Then
        CanRun = False
        Exit Sub
End If
A = 2 * l2 * (xb - xd)
B = 2 * l3 * (yb - yd)
C = lbc ^ 2 - lcd ^ 2 - lbd ^ 2
'BC 杆与水平线的夹角
Ang1 = 2 * Atan((B +/- Sqrt(Abs(A ^ 2 + B ^ 2 - C ^ 2))) / (A + C))    '此处 + 或 − 取决于 B、C、
                                                                         D 三点排列情况
Cx = xb + lbc * Cos(Ang1)                          'C 点的计算
Cy = yb + lbc * Sin(Ang1)
Mx = xb + Lbm * Cos((Ang1 + AngMBC) * Pi / 180)
My = yb + Lbm * Sin((Ang1 + AngMBC) * Pi / 180)
End Sub
```

而 M 点的坐标可以通过已知的 BC 杆与水平线之间的夹角 $\angle CBX$、BM 杆与 BC 之间的夹角 $\angle MBC$、BC 杆的长度计算得到。

$$x_M = x_B + l_{BM}*\cos((\angle CBX + \angle MBC)\times\pi/180) \tag{4-13}$$
$$y_M = y_B + l_{BM}*\sin((\angle CBX + \angle MBC)\times\pi/180) \tag{4-14}$$

机构的运动仿真，其实质是求解出原动件在整个运动周期(转动件对应 0~360°，而移动件滑块则对应在滑道上左右或上下极限位置)内，计算出可行解和原动件的可行域。将上述信息保存后，在运动仿真时，逐一绘制机构各个位置的图形。

需要指出的是，限于篇幅，只考虑了原动件(转动杆 AB)可以整周转动的情况，对于原动件不能整周转动的情况，则未予考虑。此处只是简单说明下处理方法，对于全铰链四杆机构，主动件为转动件，若 0° 为原动件的可行域，从 0° 开始，逐一增加原动件角度，并计算每增加 1°，对应的机构的其他构件位置。当原动件不能出现在某个角度时，该位置为原动件的非可行域，则让原动件逐一减少 1°，反向计算，计算至下一个非可行域，保存原动件的可行域，及其对应的 B、C、M 三个点的坐标值。若 0° 位置为原动件的非可行域，则逐一增加原动件角度，直至进入可行域。后续处理与前面相同。

2. 四杆机构仿真绘制函数

在计算并获得全周期可行域内的所有关键点坐标后，可以编制绘制四杆机构函数。

要在一个二维窗口绘制上述四杆机构，可以用一个圆表示铰链，而杆件则用直线来表示，要表达某个关键点的轨迹，既可以使用画离散的点(调用 API 函数 SetPixel)，也可以画一系列间距很近的离散点的连线。画四杆机构自定义函数如下：

```
Public Sub Draw4Bar(ByVal obj As Object, ByVal x1 As Single, ByVal y1 As Single, ByVal x2 As
Single, ByVal y2 As Single, ByVal x3 As Single, ByVal y3 As Single, ByVal x4 As Single, ByVal y4 As
Single, ByVal x5 As Single, ByVal y5 As Single)                    ' 5 个关键点坐标
    ' 画构件，四个构件用 4 个不同颜色的画笔绘制
    Dim P3 As Pen = New Pen(Color.FromArgb(10, 250, 10), 1)
    Dim P4 As Pen = New Pen(Color.FromArgb(210, 20, 140), 1)
    Dim P1 As Pen = New Pen(Color.FromArgb(110, 220, 140), 1)
    Dim P2 As Pen = New Pen(Color.FromArgb(10, 20, 240), 1)
    obj.drawline(P1, x1, y1, x2, y2)
    obj.drawline(P2, x3, y3, x2, y2)
    obj.drawline(P3, x3, y3, x4, y4)
    obj.drawline(P4, x1, y1, x4, y4)
    obj.drawline(P3, x5, y5, x2, y2)
    ' 画转动副，R 为铰链的半径，可自行根据显示区域总的大小范围设定
    obj.drawellipse(P3, x1 - R, y1 - R, 2 * R, 2 * R)
    obj.drawellipse(P4, x2 - R, y2 - R, 2 * R, 2 * R)
    obj.drawellipse(P3, x3 - R, y3 - R, 2 * R, 2 * R)
    obj.drawellipse(P4, x4 - R, y4 - R, 2 * R, 2 * R)
End Sub
```

4.6.5　编写程序代码

首先在窗体类的外面写入代码，原因见代码解释。

```
Option Explicit On        ' 强制性要求在变量使用前必须声明，这是一个编程的好习惯
Imports System.Math       ' 由于计算需要引用数学公式，所以导入系统的数学函数
```

定义三个数组，用于保存变化的 3 个点 B、C、M 整个周期 360 个位置信息

```
Public B(359), C(359), M(359) As Point    ' 定义 3 个数组，记录 B、C、M 点的整个周期的坐标信息
```

VB.net 是基于事件触发机制的，实际用户操作步骤：首先输入数学模型的 6 个可变参数，然后点击运动仿真。后台程序开始计算，对于已经默认原动件是可以整周转动的转动件，可以直接边计算边绘图仿真，但是这是一个特例，建议不要这么做。因为一般四杆机构仿真并不知道机构类型（双曲柄、双摇杆、曲柄摇杆等），因此必须先计算可行域，并保存原动件在可行域内每一个单位角度对应的其他未知点的坐标，便于后续仿真绘图。

在"计算并仿真"Command 按钮的单击事件 Private Sub Command1_Click()中书写以下代码：

```
L1 = Val(TextBox1.Text)
L2 = Val(TextBox2.Text)
L3 = Val(TextBox3.Text)
L4 = Val(TextBox4.Text)
L5 = Val(TextBox5.Text)
AngMBC = Val(TextBox6.Text)
```

```
Ax = -20

Ay = 0

Dx = 80

Dy = 0
```

其作用是将 6 个 TextBox 文本框中的数值传递给全局变量 L1、L2、L3、L4、L5，AngMBC，并设置始终不变的 A、D 两点的用户自定义坐标值。注意 A、D 机架两个端点坐标位置可以自己设定。

然后对计算机系统和用户自定义显示系统之间进行转换。

```
g = Me.PictureBox1.CreateGraphics

' 设置绘图区域为左上角坐标(–100, 100)，右下角坐标为(100, –100)

ratioX = PictureBox1.ClientSize.Width / 200

ratioY = PictureBox1.ClientSize.Height / (-200)

g.ScaleTransform(ratioX, ratioY)

g.TranslateTransform(100, -100)    ' 此时绘图 PictureBox1 的显示区域左上角坐标为原点，如果
                                     你想将原点移动到某个位置，此处为新原点坐标减去旧原
                                     点(左上角)坐标值

R = 3

Timer1.Enabled = True    ' 启动时钟

Timer1.Interval = 5    ' 重复执行 Timer1_Tick 定时器里代码的时间间隔，这个时间是计算机
                         自己认为的时间，用该数值除以 1000，数值越小，执行间隔越短
```

这里直接将 PictureBox 用户仿真动画显示区定义为中间为用户自定义坐标系统中的原点，并设置绘图区域为左上角坐标(–100，100)，右下角坐标为(100，–100)。这种情况下，是粗略地计算了 B、C、M 三个点在整周期内不会超出这个显示范围。

对于复杂的机构，在没有办法估计的情况下，如何保证所有关键点和构件在整个运动周期内都显示在绘图区域内？应该在计算了 A、B、C、D、M 这 5 个点整个周期内所有的坐标值后，比较 A、B、C、D、M 5 个点在全周期内 X、Y 值的极大值和极小值，再进行一定比例系数如 1.2 倍放大显示区域后，从而得到绘图 PictureBox1 的显示区域左上角坐标 (x_{min}, y_{max}) 和右下角坐标(x_{max}, y_{min})，再参考上述进行设置。

最后两行代码启动了时钟控件，并设置了时钟击发频率。计算机将自动跳转到执行 Timer1_Tick 里面的代码，并不停重复执行，除非在该函数内设置了退出条件。

```
Private Sub Timer1_Tick(sender As Object, e As EventArgs) Handles Timer1.Tick

    Static Ang As Integer    ' 定义原动件转动的角度为静态变量(每次进入会保持之前的数值)，
                               实现原动件角度不断变化的动画效果。还有另外一种替代方法，
                               是将 Ang 设置为全局变量。

    g.Clear(Color.FromArgb(255, 255, 255))

    ' 开始画图

    Dim pen As Pen = New Pen(Color.FromArgb(0, 255, 0))

    Bx = Ax + L1 * Cos(Ang * Pi / 180)

    By = Ay + L1 * Sin(Ang * Pi / 180)
```

```
CountRRR(Bx, By, Dx, Dy, L2, L3)
Draw4Bar(g, Ax, Ay, Bx, By, Cx, Cy, Dx, Dy, Mx, My)
M(Ang).x = Mx          ' 用一连串的短线条依次连接 M 点的多个位置点，从而画出 M 点的轨迹
M(Ang).y = My
Dim i As Integer
For i = 0 To Ang - 1
    g.DrawLine(Pen1, M(i).x, M(i).y, M(i + 1).x, M(i + 1).y)
Next
Ang = Ang + 1          ' 让原动件角度增加 1，从而在下一次执行 Timer1_Tick 时角度改变
If Ang > 359 Then      ' 设置时钟终止条件
    Timer1.Enabled = False
End If
End Sub
```

4.6.6　程序调试

设计完成的四杆机构运动仿真系统如图 4-12 所示，此处单独将关键点 M 在全周期内的轨迹连线画出，用以突出显示该特性参数要求。从该运动仿真系统可以清楚地观测到机构的全周期运动情况，为后续三维建模和动力学分析提供必要的数据信息。

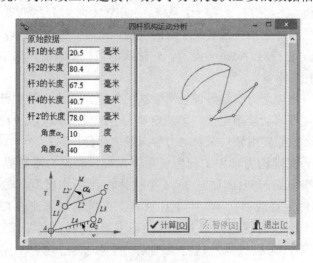

图 4-12　四杆机构运动分析系统

一个不会调试的程序员，不是合格的程序员。有时一个符号的小错误，需要很长的时间调试才能被发现和找到。建议输入程序时务必非常小心谨慎和认真。

设置断点，运行程序，鼠标悬停在关键参数处，观察计算结果，反思可能出现错误之处。

第5章　机械产品的动力学分析与仿真

5.1　Adams 软件简介

Adams 的英文全称是 Automatic Dynamic Analysis of Mechanical System(机械系统动力学自动分析)。该软件用于对机械系统进行动力分析，而机械系统正是机械专业学生进行设计、分析和制造的对象，所以 Adams 主要是为机械类学生服务的一款专业软件。

Adams 与 AutoCAD、Pro/Engineer、SolidWorks 等软件的设计目的不同。这些软件的主要目的是为机械设计及机械制造服务，虽然它们也含有分析功能，但 Adams 是专门为动力学分析服务的，其动力学分析功能更全面而强大。

所谓动力学分析，就是指对于某一个系统，当在它上面加上力和/或运动后，经过计算，我们可以得到其上任何一个构件或者某个点的位移、速度、加速度，以及在运动副处(如果有的话)的受力情况。这样对 Adams 而言，它输入的是机械系统，输出的主要是位移、速度、加速度和力四种力学量。

动力学分析是诸如理论力学这种课程所解决的问题。理论力学中已经花费了大量的篇幅谈论如何用动量定理、动量矩定理、动能定理、达朗贝尔原理以及拉格朗日方程来求解动力学问题，为什么还需要用软件来对动力学问题进行分析呢？

实际上，仔细研究理论力学中的问题就可以发现，理论力学所提出的解法看似很完美，但只要机构稍微复杂一点(例如有 3～5 个构件)，手工求解就十分麻烦。而在实际工程中我们面对的构件数目成百上千，手工计算其工作量不可思议。工作量大还只是一个方面，更麻烦的在于有些问题在数学上根本就不可能得到解析解，而只能得到所谓的数值解。在这种情况下，对机械系统进行手工动力学分析就成为一件几乎不可能完成的任务。

为了解决这个难题，研究人员提出用计算机来求解机械系统的动力学问题，并相应地开发出一些动力学分析软件，比较著名的有 Adams、Recurdyn、Simpack、Nucars、Samcef等。Adams 只是其中之一，但是也是非常重要的一款，它发展至今也不过三十多年，其创始人是美国的 Michael E. Korybalski。

Adams 发展至今，其包含的内容已经相当广泛，在其内部包含了很多模块，可以求解的问题也超越了单个学科的范围，而成为一个多学科的仿真软件。在实际仿真中用得最多的是两个模块：Adams/View 和 Adams/PostProcessor。

5.2　Adams 入门

本节主要介绍 Adams 的两个核心模块：Adams/View 和 Adams/PostProcessor 的基本使用方法。

5.2.1　Adams/View 的用户界面简介

从 Windows 的【启动菜单】→【所有程序】→【MSC.Software】→【Adams 2013】→【Aview】→【Adams-View】进入 Adams/View 的欢迎界面(见图 5-1)。

可以看到，该欢迎界面有三个选项：

- New Model(新模型)：用于创建一个新的模型。
- Existing Model(现存的模型)：用于打开一个现有的模型。
- Exit(退出)：退出 Adams/View。

这里选择 New Model，从而创建一个新模型，就会弹出 Create New Model(创建新模型)对话框(见图 5-2)。

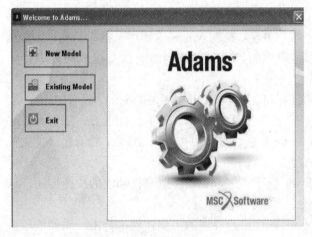
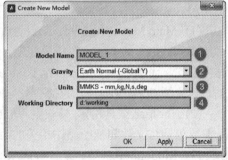

图 5-1　Adams/View 的欢迎界面　　　　　图 5-2　设置模型的基本属性

该对话框主要用于确定新模型的最基本属性。

- Model Name(模型名)：指定新模型的名称，请使用英文或者汉语拼音，而不要使用中文字符。
- Gravity(重力)：用于指定是否需要考虑重力，以及重力的方向。
- Units(单位)：主要用于确定模型的长度、质量、力、时间、角度的单位。对于机械产品而言，长度单位通常为 mm，有时候为 m。对于该项，同样也可以在进入 Adams/View 后再通过主菜单进行设置。
- Working Directory(工作目录)：是模型存储的路径，注意不要使用带有中文字符的路径。

按下【OK】按钮后，就进入到 Adams/View 的主界面，如图 5-3 所示。

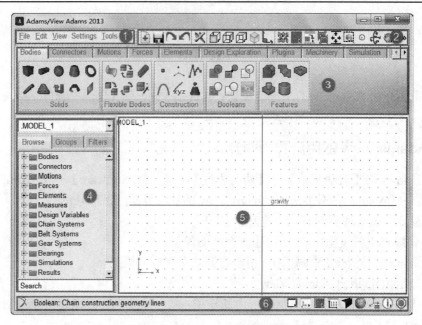

图 5-3　Adams/View 的主界面

从图 5-3 可以看到,它是一个标准的 Windows 用户界面,含有主菜单、工具栏、状态栏、主窗口、模型树这样一些标准的配置,与绝大多数 Windows 程序一样。另外,Adams 2013 采用了流行的 Fluent/Ribbon 图形用户界面。下面对该界面的六个组成部分进行简要介绍。

(1) Main Menu(主菜单):主要包含文件(File)、编辑(Edit)、视图(View)、设置(Settings)、工具(Tools)几个菜单项。在建模初期,经常会使用【Settings】对单位、重力、工作网格等进行设置,而菜单项 Tools 中的【Table Editor】也经常被用作系列 Marker 的创建。主菜单中的其他菜单子项在需要的时候再单独介绍。

(2) Toolbar(工具栏):与一般 Windows 程序类似,也是一些常见功能的快捷按钮,这里主要包括与文件和视图操作相关的命令按钮。

(3) Ribbon(功能区):是 Fluent/Ribbon 图形用户界面的主要体现,是由一系列选项卡组成的,每个选项卡包含一系列组,而每一组内部又包含若干按钮,每个按钮对应着某一种操作。

(4) Model Tree(模型树):主要用于选择数据库的对象,并对它们进行修改操作。

(5) Main Window(主窗口):显示模型的地方。

(6) Status Toolbar(状态栏):分为两部分,左边部分用于在建模过程中对下一步进行操作提示,右边包含 9 个按钮。这 9 个按钮分别用于进行背景颜色的设置(▢)、界面元素的开关(▨)、视口的设置(▦)、工作网格的设置(▥)、透视方式的转换(◣)、线框模型/着色模型的转换(●)、图标的开关(▤)、数据库信息的显示(ⓘ)、停止命令(◉)。

5.2.2　Adams/View 的一般使用方法

使用 Adams 进行动力学仿真,总体上分为三步:建模、仿真、后处理。

1. 建模准备工作

在创建几何模型前，通常需要进行一些初始设置工作。最常见的设置如下。

1) 设置单位

从【主菜单】→【Settings】→【Uints】打开单位设置对话框(见图 5-4)。

在六个基本单位中，通常设置的是 Length(长度)、Time(时间)和 Angle(角度)。这里的 MMKS、MKS、CGS、IPS 是四种常见的配合，当选择这些按钮后会自动对上述六种单位进行设置。

2) 设置重力

从【主菜单】→【Settings】→【Gravity】打开重力设置对话框(见图 5-5)。

图 5-4　设置单位　　　　　图 5-5　设置重力

若未勾选【Gravity】前面的选择框，意味着忽略重力。对于运动学问题，通常忽略重力；对于静力学问题如桁架的内力分析，相比受到的外力而言，此时杆件的重力产生的影响可以忽略，此项也可不选。如果在【Gravity】前面的选择框内打勾，意味着要考虑重力，这通常出现在动力学的问题中。在 Adams 中，重力可以设置为 –X，+X，–Y，+Y，–Z，+Z 六个方向。一般默认为 –Y 方向，也就是默认视图向下的方向。

3) 设置工作网格

从【主菜单】→【Settings】→【Working Grid】打开工作网格设置对话框(见图 5-6)。

从图 5-6 可以看出，工作网格对话框主要包含三个部分：

(1) 设置网格所占据的长度、宽度，以及网格点之间的距离。通常根据模型的外廓尺寸确定工作网格的总体尺寸，根据模型中几何元素的尺寸来确定网格点之间的距离，使得几何元素的关键点可以通过网格点直接进行捕捉。

(2) 设置网格及坐标轴的显示方式。

(3) 设置坐标原点的位置及坐标系的方位。当我们在 Adams 中创建较为复杂的空间模型时，可能需要频繁地变换坐标原点及坐标方位，以创建新的几何元素。此时该部分就会经常地被用到。而在一般简单模型中，一般会使用默认的坐标原点及其方位。

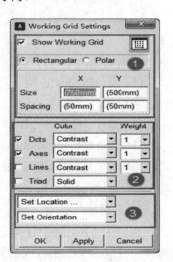

图 5-6　设置工作网格

4) 设置图标

从【主菜单】→【Settings】→【Icons】打开图标设置对话框(见图 5-7)。

该对话框用于对一些图标(如约束、驱动、力、点等)的尺寸、可见性、颜色以及名字的可见性进行设置。

(1) 用于设置是否显示所有模型的图标。当界面中模型、图标众多而看不清时，可以隐藏图标的显示。

(2) 确定所有图标的大小。在主窗口中建模时，各种对象所使用的图标是不一样的。一般来说，模型中各种元素的地位是不一样的，例如我们不希望一个力的图标比杆件的图形大很多。此时会经常使用该项，以合理确定辅助图标的尺寸，使得它们既不要太大，以致主次不清；也不要太小，以致看不到。

(3) 确定某类界面元素的可见性，图标的大小、颜色及名字的可见性，偶尔会用到。

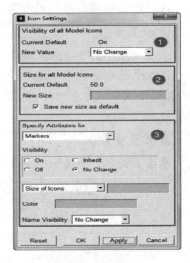

图 5-7　设置图标

2. 创建模型

创建模型是 Adams 中进行仿真的最主要步骤，通常包括三步：创建几何模型、创建连接及施加驱动(和/或者力)。这些操作绝大部分是在功能区中选择相应的按钮来完成的。

1) 创建几何模型

几何模型的创建功能集中在【功能区】→【Bodies】选项卡中，该选项卡下面有五个组，如图 5-8 所示。

图 5-8　创建几何模型的功能区

下面对这五个组的内容进行简要描述。

(1) 实体(Solids)：用于几何实体模型的创建。该组包含的是常见的规则几何体如长方体、圆柱体、球体等，该部分的功能用得较多。

(2) 柔性体(Flexible Bodes)：创建可以变形的物体，用得较少。

(3) 构造体(Constructions)：用于创建点、直线、曲线、圆和坐标点等。

(4) 布尔运算(Booleans)：对几个几何体进行布尔运算，用得较少。

(5) 特征(Feature)：用于创建倒角、钻孔、抽壳等建模操作，用得较少。

2) 创建连接

当使用【Bodies】选项卡创建完构件后，就需要设置构件之间的相互关系，此即创建连接，这是由【Connections】选项卡中的相关功能按钮来完成的(见图 5-9)。

该选项卡主要包含下列连接关系。

(1) 理想铰链(Joints)：包括固定副、转动副、移动副、圆柱副、球铰等在机械原理中

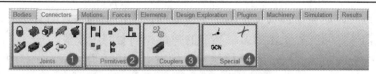

图 5-9　创建连接关系的功能区

常见的约束。此组中的铰链使用频率非常高，尤其是其中的转动副和移动副。

(2) 基本铰链(Primitives)：包括在线内、在面内、轴垂直、轴平行、定向等约束。一般而言，我们尽可能使用理想铰链来表达构件之间的相互关系，但有时理想铰链无法表述，此时可以组合基本铰链来表达理想铰链所不能表达的约束，用得相对较少。

(3) 组合约束(Couplers)：包括齿轮副和耦合副。前者用于建模齿轮机构，后者则用于建模链传动、带传动和绳传动，也可用于建模齿轮机构。

(4) 特殊的约束(Special)：包括点-线高副、线-线高副以及一般约束。前两者主要用于凸轮机构的建模，后者则是用一个方程来表达约束，它用于无法用前面的方法建模的约束情况。

3) 创建运动驱动

要使得一个机构开始运动，可以给原动件上施加力或者力偶，也可以给原动件施加运动驱动。【Motions】选项卡用于给原动件施加运动驱动(见图 5-10)。

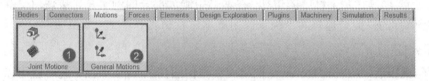

图 5-10　创建驱动的功能区

该选项卡主要包含下列两种驱动形式。

(1) 铰链驱动(Joint Motion)：包括移动副驱动及转动副驱动。前者用于给移动副或者圆柱副施加一个平移驱动(位移、速度或者加速度)，后者用于给转动副或者圆柱副施加一个转动驱动(角位移、角速度或者角加速度)。在运动学分析中，在机构建模完毕后，通常会使用此处的按钮来给原动件施加运动驱动。

(2) 点驱动(General Motions)：包括单向运动驱动和空间运动驱动。前者限制一个点只能沿着某个方向运动，而后者则对一个点的六个自由度方向分别进行运动规律的设置。

4) 施加力

动力学问题总是与力密切相关的，【Forces】选项组的按钮用于施加力(见图 5-11)。

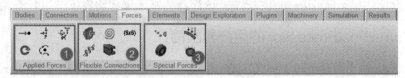

图 5-11　创建力的功能区

Adams/View 所提供的力有三大类。

(1) 应用力(Applied Forces)：包含力和力偶两种元素，用于对构件之间施加力和力偶。其中力又分为单元素力和三元素力；力偶也分为单元素力偶和三元素力偶。

(2) 柔性连接(Flexible Connections)：包括拉压弹簧、扭转弹簧、轴套、弹性梁、场单元等柔性连接方式。这些连接发生在两个构件之间，当两个构件之间有相对位移或者相对速度时，就在构件之间产生了作用力。其中的弹簧和轴套应用较多。

(3) 特殊力(Special Forces)：包括接触力、模态力、轮胎力和重力。其中的接触力用途相当广泛，模态力则必须施加在柔性体上，相对不容易操作。

3. 仿真

当模型创建完毕后，就可以进行仿真了，选项卡【Simulation】就用于进行仿真的控制(见图 5-12)。

图 5-12　进行仿真的功能区

图 5-12 中，①用于设置仿真脚本，②用于进行仿真。在绝大多数情况下，我们会直接使用②中的交互仿真功能(　◎　)进行简单的仿真。但是在有些情况下，仿真的过程很复杂，我们需要对其进行仔细规划，然后编好一个程序，并希望按照该程序来运行仿真。此时，我们需要先使用①中的相关功能按钮创建或者导入一个仿真脚本，然后使用②中的脚本仿真功能按钮(　▤　)进行基于程序的仿真。在本书中绝大部分的例子是直接使用交互仿真按钮(　◎　)进行仿真的，但是也有两个例子使用脚本进行仿真。

4. 后处理

仿真结束以后，Adams/Solver 会把相关数据传回到 Adams/View，此时就可以使用选项卡【Results】的相关按钮进行后处理了(见图 5-13)。

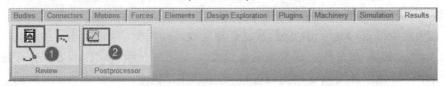

图 5-13　进行后处理的功能区

在【Results】提供的四个后处理按钮中，最常用的是两个，分别简介如下：

● 动画功能按钮　▣　：用于进行动画显示。它直接在 Adams/View 的主窗口中显示机构运动的动画。

● 后处理按钮▨：用于进行复杂的后处理。当用户单击此按钮以后，就打开了 Adams 的另外一个程序——Adams/PostProcessor，该程序的基本操作将在下节进行介绍。

5.2.3　Adams/PostProcessor 的用户界面简介

从 Windows 的【启动菜单】→【所有程序】→【MSC.Software】→【Adams 2013】→【APostProcessor】→【Adams-PostProcessor】进入 Adams/PostProcessor，其主界面如图 5-14 所示。

该界面由 7 部分组成。

(1) 主菜单：用于导入导出数据、编辑模型、控制视图的内容及布置等。

(2) 工具栏：包括常用功能的快捷按钮。

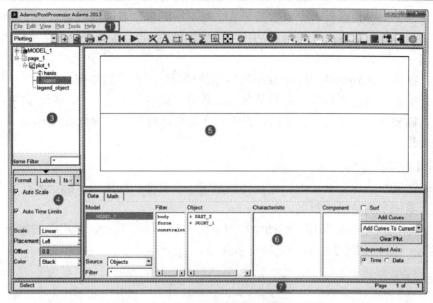

图 5-14　Adams/PostProcessor 的主界面

(3) 树形视图：显示模型或者页面等级的树形结构。在修改视图内容的属性时，通常会先选中树形视图中的对应元素，然后在属性编辑器中进行修改。

(4) 属性编辑器：当在树形视图中选中某个元素后，在本区域显示与该元素相关的属性。

(5) 视图区：主要工作区域，用于显示曲线、动画和报告。

(6) 控制面板：用于对结果曲线和动画进行控制。

(7) 状态栏：显示操作过程中的一些信息。

5.2.4　Adams/PostProcessor 的一般使用方法

使用 Adams/PostProcessor 的一般过程包括三步：导入数据、处理数据和导出数据，其中最主要的步骤是进行数据处理。在进行数据处理时，通常是创建新页→在页面中布置视口→在视口中加载动画或者曲线→通过控制面板控制动画或者曲线→结合树形视图和属性编辑器编辑视图中的元素。下面将简要说明上述使用过程。

1. 数据导入

从【主菜单】→【File】→【Open】可以打开 Adams/View 中生成的数据库文件*.bin，导入相关的模型及仿真结果，进行后处理。

或者从【主菜单】→【File】→【Import】导入 Adams/View、Adams/Solver 的相关文件、数据文件、曲线或者报告，再进行后处理。在【Import】下出现的各种数据格式文件的具体含义，请读者参阅在线帮助。

注意：当从 Adams/View 中进入 Adams/PostProcessor 时，Adams/View 的仿真结果数据已经导入到 Adams/PostProcessor 中，此步骤可跳过。

2. 数据处理

首先我们要理解 Adams/PostProcessor 显示结果数据的组织方法。在导入数据后，它就会按照用户的要求生成需要的动画和曲线。对于这些数据，Adams 是按照一份仿真报告的方式来编排的。一份仿真报告中包含若干页，每页中则包含着曲线或者数据。当所有的页面都按照需求编排好曲线或者动画后，用户可以输出该报告，或者只输出某个曲线的数据，或者只输出一个动画。

因此，在使用 Adams/PostProcessor 进行后处理时，用户首先要规划一下，自己准备输出什么：是输出一份仿真报告，还是某条曲线数据，或者仅仅是一个动画。如果决定输出一份报告，则要进一步确定，在输出报告中包含几页，每页中包含什么内容(动画或曲线)，然后开始操作。

1) 创建新页

Adams/PostProcessor 启动时，它已经创建了一个页面。如果用户确定要有多个页面的内容，那么第一步就是创建新页。

在【工具栏】中，与页面相关的四个按钮如图 5-15 所示。其中，▢用于创建新页；✖用于删除某页；◀ ▶ 则用于在页面之间前后移动。

图 5-15　与页面操作相关的按钮

2) 在页面中布置视口

一个页面可以只有一个视口，也可以有多个视口，不同的视口可以有不同的内容。

在【工具栏】中，与视口相关的三个按钮如图 5-16 所示。其中，▢用来布置视口；↰用来把一个视口放大到充满视图区；←用来交换视口的内容。

图 5-16　与视口操作相关的按钮

3) 在视口中加载动画并用控制面板进行控制

用鼠标单击某一个视口后，该视口的周围会出现一个红色方框，意味着该视口被选中，此时可以在该视口内放置内容。通常放置的内容包括曲线或者动画。

如果要放置动画，只需要在视口的任意地方按下右键，在弹出的快捷菜单中选择【Load Animation】，就可以加载从导入数据集中得到的动画。此时，【视图区】下面的【控制面板】变成了用于控制动画的面板，如图 5-17 所示。

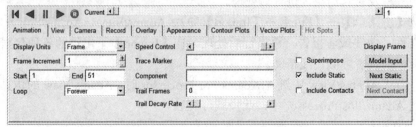

图 5-17　与动画操作相关的控制面板

该控制面板包含了十分丰富的内容。其中，使用最多的是【Animation】选项卡。要熟悉其功能，最好的方法是导入一个动画，按下其中的每个按钮，在不懂的地方再去查阅

Adams/PostProcessor 的在线帮助。

　　4) 在视口中加载曲线并用控制面板进行控制

　　很多时候，我们要关注的是某些构件或者某个点的位移、速度、加速度曲线。此时在视口的任意地方按下右键，在弹出的快捷菜单中选择【Load Plot】则可以绘制曲线。此时，【视图区】下面的【控制面板】变成了用于控制曲线的面板，如图 5-18 所示。

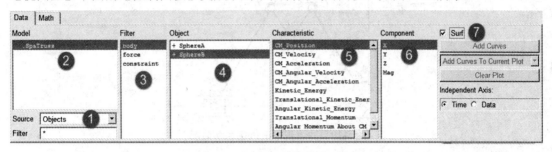

图 5-18　与曲线操作相关的控制面板

　　要绘制某个量的曲线(一般是随着时间而改变的曲线)，请按照图 5-18 中的序号来进行操作，即：

　　(1) 选择 Source(数据源)。数据源可能来自于 Objects(物体)、Result Sets(结果集)，还有可能是其他来源。

　　(2) 选择 Model(模型)，因为在同一个来源中可能包含多个模型。

　　(3) 选择 Filter(筛选器)，进一步确定要看该模型的哪一类对象：是 body(构件)、force(力)，还是 constraint(约束)。

　　(4) 选择 Object(物体)，进一步确定看某一类对象的哪一个物体。

　　(5) 选择 Characteristic(特征)，确定要看某一物体的哪个特征。

　　(6) 选择 Component(元素)，确定要看特征的哪一个元素。

　　(7) 选择 Surf(浏览)，在视图区中用曲线显示该元素随着时间变化的规律。如果该项前面的方框内打勾，则会在视图区中显示前六项所最终确定元素的变化曲线；如果未勾选，则视图区中的内容不更新。

　　5) 结合树形视图和属性编辑器编辑视图元素

　　当在视口中创建了曲线或动画时，若在树形视图中或者视图区中选择了某个元素，则属性编辑器会显示该元素的属性，然后就可以进行编辑。

3. 数据导出

　　从【主菜单】→【File】→【Export】可以导出各种数据。

5.3　机构动力学仿真案例

5.3.1　问题描述

　　如图 5-19 所示，$OA = AB = 200\ \mathrm{mm}$，$CD = DE = AC = AE = 50\ \mathrm{mm}$，杆 OA 以等角速度

$\omega = \dfrac{\pi}{5}$ rad/s 绕 O 轴转动，并且当运动开始时，杆 OA 水平向右。求尺上点 D 的竖直加速度随时间的变化规律。

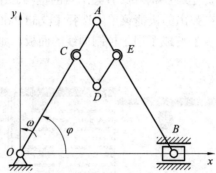

图 5-19　曲线规尺的机构运动简图

5.3.2　建立运动学模型

首先需要在一个特殊的位置创建机构，然后给原动件 OA 施加一个匀速转动的力，通过运动学分析就可以得到 D 点的运动轨迹。

为了建模方便，选取 $\varphi = 60°$ 时的机构位置作为建模位置，此时可以计算出所有关键点的 X、Y 坐标如表 5-1 所示。

表 5-1　各点的坐标

	O	A	B	C	E	D
X/mm	0	100	200	75	125	100
Y/mm	0	173.21	0	129.90	129.90	86.6

首先，打开 Adams/View，创建一个新的模型，并接受新模型对话框中的默认选择，进入到 Adams/View 主界面，如图 5-20 所示。

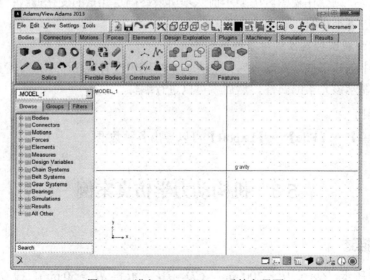

图 5-20　进入 Adams/View 后的主界面

从【主菜单】→【Settings】→【Units Settings】处打开单位设置对话框，设置长度单位是 mm，而角度单位是 Radian，如图 5-21 所示。

从【主菜单】→【Settings】→【Icons】处打开图标设置对话框，设置图标的新尺寸(New Size)为 20 mm，如图 5-22 所示。

图 5-21　设置单位　　　　　　　　　　图 5-22　设置图标尺寸

1. 创建几何模型

1) 创建坐标点

先创建 6 个坐标点，其坐标来自于表 5-1。

从【主菜单】→【Tools】→【Table Editor】处打开表格编辑器，编辑坐标点如图 5-23 所示。

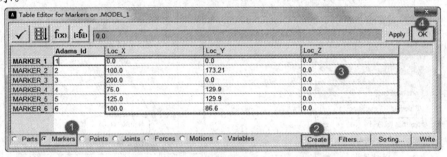

图 5-23　在表格编辑器中编辑坐标点

(1) 选择按钮组中的 Markers，表明要查看坐标点。

(2) 单击【Create】按钮 6 次，说明要创建 6 个坐标点。

(3) 根据表 5-1 修改表格中 6 个点的 X、Y 坐标，对于 Z 坐标，全部为 0。

(4) 单击【OK】按钮，以确认坐标点的创建。

通过调整工具栏中的显示按钮，可以看到主窗口中已经出现了 6 个坐标点，如图 5-24 所示。

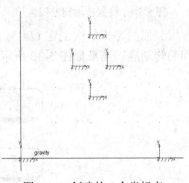

图 5-24　创建的 6 个坐标点

2) 创建连杆

首先创建 OA 杆。从【功能区】→【Bodies】→【Solids】组中单击连杆按钮 ✎，在主窗口左上方出现的【属性栏】中设置，如图 5-25 所示，即该连杆的宽度和厚度都是 10 mm，然后将鼠标移动到主窗口中，依次单击 O 点、A 点，则连杆 OA 被创建，如图 5-26 所示。

按照类似的方式，依次创建 *AB*、*CD*、*DE* 杆件，其结果如图 5-27 所示。

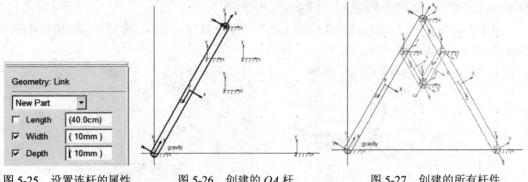

图 5-25　设置连杆的属性　　　图 5-26　创建的 *OA* 杆　　　图 5-27　创建的所有杆件

2. 创建连接

首先创建 *OA* 杆和地面之间的转动副。从【功能区】→【Connectors】→【Joints】组中单击转动副按钮，在主窗口左上方出现的【属性栏】中设置，如图 5-28 所示，其含义是将通过选择两个物体以及物体之间的连接位置的方式来创建转动副，该转动副的方向是垂直于工作网格的。

然后在主窗口中先选择 *OA* 杆，再选择地面(主窗口中凡是没有图形的地方都是地面)，最后在 *O* 处单击，则转动副被创建，如图 5-29 所示。

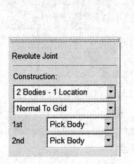
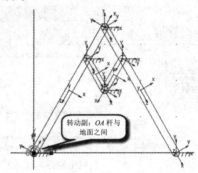

图 5-28　设置转动副的属性　　　　　图 5-29　　创建的转动副

用类似的方式依次创建 *OA* 与 *AB* 之间、*OA* 与 *CD* 之间、*AB* 与 *DE* 之间、*CD* 与 *DE* 之间的转动副，结果如图 5-30 所示。

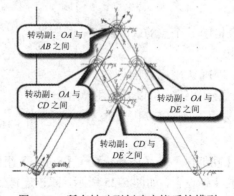

图 5-30　所有转动副创建完毕后的模型

　　然后在 AB 杆的 B 端与地面之间建立一个点-线约束，该约束使得 B 点只能在过 B 点的水平线上运动。从【功能区】→【Connectors】→【Primitives】组中单击点-线约束按钮 ，在主窗口左上方出现的【属性栏】中设置，如图 5-31 所示，其含义是：通过选择两个物体、一个位置的方式创建点-线约束，该线是通过在主窗口中选择一个方向而得到的。

　　在主窗口中先选择 AB 杆，接着选择地面，再选择 AB 杆的端点 B，水平拖动鼠标，当一个水平箭头出现时，按下鼠标左键结束创建。适当地旋转视图，可以看到该约束如图 5-32 所示。

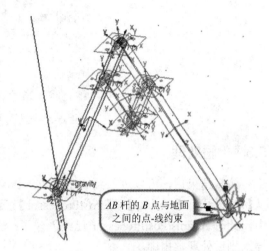

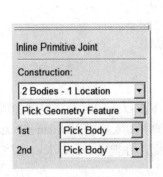

图 5-31　设置点线约束的属性　　　　　　　图 5-32　创建的点-线约束

3. 创建运动驱动

　　下面要给 OA 杆施加一个角速度驱动，从【功能区】→【Motions】→【Joint Motions】组中单击转动驱动按钮 ，在主窗口左上方出现的【属性栏】中设置，如图 5-33 所示，然后在主窗口中单击 O 处的转动副，则在该转动副上施加了一个 $\omega = \pi/5\,\text{rad/s}$ 的角速度，如图 5-34 所示。

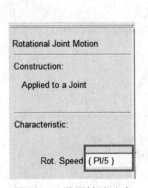

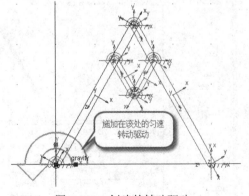

图 5-33　设置转动速度　　　　　　　图 5-34　　创建的转动驱动

5.3.3　仿真

　　到现在为止，建模工作已经完成，可以进行运动学仿真了。从【功能区】→【Simulation】

→【Simulate】组中单击交互仿真按钮 ⚙，在弹出的对话框中设置参数，如图 5-35 所示。其中：

(1) 输入结束时间为 PI/2；

(2) 仿真输出的时间步数为 100，步数越大，则最后给出的轨迹越精确；

(3) 仿真类型是运动学(Kinematic)仿真；

(4) 启动仿真。

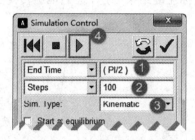

图 5-35　设置仿真控制的属性

5.3.4　后处理

仿真结束后，可以进入到 Adams/PostProcessor 中查看 *D* 点的竖直方向的加速度曲线。从【功能区】→【Results】→【PostProcessor】组选择后处理按钮，进入 Adams/PostProcessor 中，此时 Adams/PostProcessor 已经创建了一个新的页面，并把 Adams/View 中仿真的结果导入到后处理数据中。

在主窗口的任意空白地方单击右键，在弹出的快捷菜单中选择【Load Animation】，则 Adams/View 中的模型出现在主窗口中，如图 5-36 所示。在主窗口下方的动画控制面板中按下 ▶ 按钮，可以看到机构开始运动。通过调整 Speed Control 后面的滚动块，可以控制动画的播放速度。

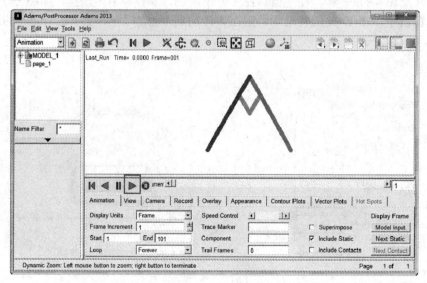

图 5-36　调入机构

在工具栏中点击新建页面按钮，将出现一个新的空白页，在主窗口的任意空白地方单击右键，在弹出的快捷菜单中选择【Load Plot】，则主窗口的下方将出现用于控制曲线的控制面板。在该控制面板中选择参数，如图 5-37 所示。

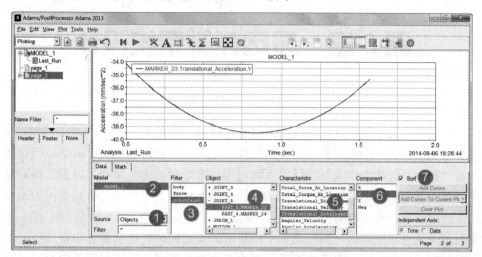

图 5-37　查看点 D 的 Y 方向加速度曲线

① Objects：说明要查看物体的数据；

② .MODEL_1：说明要查看的是.MODEL_1 中物体的数据；

③ constraint：说明要查看模型中约束处的数据；

④ JOINT_5　PART_5.MARKER_23：说明要查看组成的约束 JOINT_5(即 *CD* 与 *DE* 连接处的转动副)的 PART_5(即 *DE* 杆)的 MARKER_23(即 *D* 点)的数据；

⑤ Translational_Acceleration：要看该点的平移加速度值；

⑥ Y：要看该点的加速度的 *Y* 方向的分量；

⑦ Surf：在其前面的选择框打勾，意味着要浏览该曲线。

按照上述顺序选择完毕后，该点的 *Y* 方向加速度曲线出现在主窗口中。可以看到该点的加速度的绝对值是先增大再减小的。

第6章　机电控制系统设计

　　机电控制系统设计包括执行机构动力源的选择以及控制电路的设计。

　　在机电控制系统中，执行机构动力源的种类很多，常见的有电动、液动、气动等多种类型，每一种类型的动力源又有广泛的可选范围。本章讨论电动型动力源的选择问题，更确切地讲是在常用电动机的范围内进行动力源选择。这里的常用电动机是指机电系统中最常用的交流电动机、直流电动机以及步进电动机。

　　我们在为机电系统的执行机构选择电动机时总是会问，在这套装置中采用哪种电动机最合适呢？假如确定选用了直流电动机，那么其功率、转速、转子惯量等参数又怎么确定呢？确定这些参数的原则是什么，有没有切实可行的步骤，参数如何计算呢？这就是本章将要回答的问题。另外，在电动机的选型过程中，不可避免地要涉及电动机的特性和参数。本章将从繁多的电动机特性参数中，指出选型过程中必须了解的电动机特性和参数，并说明如何应用这些特性参数指标。

　　在本章的后半部分我们将讨论电动机控制电路的设计问题。虽然关于电动机控制电路的书籍很多，这些书籍对相关的控制原理和控制电路结构都有全面的描述，但是有关这些知识与理论的实际应用，还是有些问题需要梳理和注意。

　　总之，本章将讨论三种具有代表性、很常用的电动机的选型和控制电路的设计问题。具体包括：笼型三相交流异步电动机功率选择及直接启动控制电路设计、永磁式有刷直流电动机选型及脉宽调速电路设计、混合型两相步进电动机选型及驱动电路设计。

6.1　电动机的选型

　　各种旋转的电动机都是能量转换装置，其输入为电能，输出为转动形式的机械能。作为机电系统中的执行元件，交流电动机、直流电动机、步进电动机(常简称为步进电机)这三大类电动机都能在电子电力电路的配合下实现对机械装置位移和速度的控制。但是，之所以有这些不同类型的电动机供我们选择，说明每一种电动机都有其独特之处，各自有适合其特点的应用场合。

　　以下从电动机使用的电源和配置的控制电路两个角度简要归纳这三种电动机的使用特点。在进行电动机大类的选择时，我们可根据这些使用特点做出合理的选择。

1. 从电动机所需的电源来看

　　交流电动机使用的是交流电源，可以使用工频交流电源，即 50 Hz 的单相或三相交流电源，也可以使用频率可变的交流电源。单相或三相工频交流电源来自电力电网，如果机械装置工作时的位置不需要移动或移动范围有限，使用这种电源会十分方便，直接连接电网电源即可。对于移动性强的机械装置，无法直接使用电网电源。直接连接电网电源时不能调节交流电动机的转速，电动机一般运行在额定转速状态。如果使用频率可变的交流电源，交流电动机就能进行转速的调节。变频交流电源是一种较为复杂的电力电子电路。

直流电动机使用的是直流电源。如果机械装置工作时的位置不需要移动或移动范围有限，直流电源可以由电网的交流电经过简单的整流滤波等电路处理后获得。对于移动性强的机械装置，直流电源可由蓄电池提供。直流电动机可以使用电压恒定的或电压大小可调的直流电源，也可以使用电压大小不变、分时通断的直流电源，即直流脉宽调制电源。使用电压恒定的直流电源不能调节电动机转速，若要调转速需使用电压大小可调的直流电源或直流脉宽调制电源。

步进电动机使用的也是直流电源，可以认为那是一种比较特殊的直流电源，一些书中将这种电源称为脉冲电源。与直流电动机电枢只有一相绕组不同，步进电动机定子线圈有多相绕组，直流电流要在各相绕组上有规律地进行分配才能使电动机转动。如果将直流电动机使用的直流电源称为单相直流电源，那么步进电动机的电源可看作是多相直流电源。

从电动机电源获取的方便程度来看，最容易获取的电源是工频交流电源，其次是单相直流电源，再其次是多相直流电源，最难获取的是变频交流电源。

2．从电动机需配置的控制电路来看

交流异步电动机在使用工频交流电源时，控制电路中只需使用按钮、开关、接触器、继电器等简单的电气元件，就能实现电动机的连续运行或频繁启停的控制。交流异步电动机常常用于无需精确控制转速或转角的场合，例如作为风机、液压泵、皮带输送机等机械装置的动力源。

直流电动机调节转速所需的电路比较简单，控制电路主要由电力电子开关和电容器等元件构成。直流电动机常用在需要频繁调节转速或者需要精确控制转速的场合，例如作为电动自行车、机器人行走机构、计算机硬盘主轴等的动力源。

步进电动机天生就有控制转角的功能，其控制和驱动电路不算复杂，可以直接利用计算机输出的脉冲信号简单有效地驱使机械装置获得精确的位移，例如作为机械手的关节、针式打印机和喷墨打印机的字车运动机构等的执行元件。

交流电动机在使用变频电源时，控制电路和控制算法都比较复杂，成本较高，但具有高效和高性能的特点，在性能要求较高的各种场合都可以使用。

从以上两方面的归纳可以得到这样的结论：不需调节转速且能接交流电网电源时采用交流异步电动机；需要频繁调节转速时采用直流电动机；需要简易地调节转角时采用步进电动机。下面我们分别讨论这三种电机的具体选择原则、步骤、计算方法。

6.1.1　三相交流异步电动机的选型原则、步骤及实例

使用工频交流电源的三相交流异步电动机的选型主要集中在功率的选择上。

三相交流异步电动机及其铭牌示例如图 6-1 所示。

型号 Y80M1-4		功率 0.55 kW	编号 2785
电流 1.5 A	转速 1390 r/min	电压 380 V	功率因数 0.76
接法 W2 U2 V2	效率 71 %	防护等级 IP44	噪声 67 dB(A)
绝缘 B 级		能效等级 3 级	重量 17 kg
U1 V1 W1	S1	50Hz	标准 JB/T10391-2008	日期 201 年 月

图 6-1　三相交流异步电动机及其铭牌示例

　　选用电动机时首先要确认铭牌上的额定电压、额定转速、运行方式是否满足使用要求，进一步还要对电动机的额定功率需求进行计算，并在电动机额定功率系列值中做出选择。如表 6-1 所示，同步转速均为 1500 r/m 的电机，额定功率有 0.55 kW、0.75 kW、1.1 kW、1.5 kW、2.2 kW、3 kW、4 kW、5.5 kW、7.5 kW 等可供选择。

表 6-1　部分 Y 系列三相交流异步电动机功率与型号对应表

额定功率 /kW	同步转速/(r/m)			
	3000	1500	1000	750
0.55	—	Y801-4	—	—
0.75	Y801-2	Y802-4	Y90S-6	—
1.1	Y802-2	Y90S-4	Y90L-6	—
1.5	Y90S-2	Y90L-4	Y100L-6	—
2.2	Y90L-2	Y100L1-4	Y112M-6	Y132S-8
3	Y100L-2	Y100L2-4	Y132S-6	Y132M-8
4	Y112M-2	Y112M-4	Y132M1-6	Y160M1-8
5.5	Y132S1-2	Y132S-4	Y132M2-6	Y160M2-8
7.5	Y132S2-2	Y132M-4	Y160M-6	Y160L-8

　　选择电动机额定功率是基于以下三方面的考虑：

　　(1) 三相交流异步电动机铭牌上的功率是电动机的额定输出功率，即电动机在额定状态下运行时转轴输出的机械功率，其值等于额定转速与额定转矩的乘积。在转速基本不变的情况下，选择电动机功率的大小实际上是选择了电动机输出转矩的大小，也就是选择了电动机带负载的能力。如果选用电动机的额定功率过大，电动机工作时的实际功率远小于额定功率，则系统的体积大、效率低，经济性也不好。

　　(2) 当选用的电动机功率过小，启动转矩小于负载转矩时，电动机根本无法启动。如果电动机过载能力不足，在运行时遇到负载波动时转速也会大幅度波动，使系统工作不稳定。

　　(3) 电动机工作时有功率损耗，输出的机械功率 P_2 要比输入的电功率 P_1 小，电动机的功耗变成热使电动机的温度上升。电动机的发热对其绕组导线的绝缘性能构成威胁，必须将温度限制在允许的范围内。当选用的电动机功率偏小时，会出现电动机发热严重，可能使电动机过热烧毁或影响其工作寿命。电动机在设计时考虑了发热问题，只要电动机在规定温度环境(40℃)下、在额定功率范围内工作，就能保证温度在允许范围内。

　　电动机的绝缘等级与允许温度之间的关系如表 6-2 所示，最常用的是 B 级。

表 6-2　三相交流异步电动机绝缘等级与允许温度对应表

绝缘等级	A	E	B	F	H
允许温度/℃	105	120	130	155	180

因此，电动机额定功率应根据其负载情况来选择，合理选择电动机额定功率对机电控制系统的性能和成本有着重要的意义。三相交流异步电动机额定功率选择的原则是：在满足负载动力要求的前提下，额定功率取系列值中的最小值，选择的步骤如图 6-2 所示。下面用一个实例来详细说明三相交流异步电动机额定功率的选择过程。

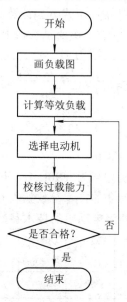

图 6-2　三相交流异步电动机额定功率选择步骤

例 6-1　一个机械装置以连续方式工作，采用连续工作制、同步转速为 1500 r/m 的 Y 系列三相交流异步电动机作为动力源。机械装置在电机轴上的等效负载按图 6-3 所示规律周期性变化。图 6-3 中的功率是按转速为 1400 r/m 时计算的，已知 $P_1 = 1$ kW，$P_2 = 2$ kW，$P_3 = 4$ kW，$P_4 = 0.5$ kW，$t_1 = 10$ s，$t_2 = 10$ s，$t_3 = 5$ s，$t_4 = 50$ s。请为该机械装置选择合适功率的交流异步电动机。

按图 6-2 所示步骤的解题过程如下：

(1) 画负载图。负载图如图 6-3 所示，这里画的是负载功率图，也可以画负载转矩图。

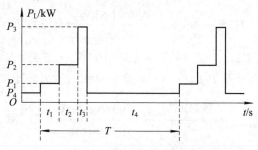

图 6-3　电机负载功率图

工程上机械功率与转矩的关系式如式(6-1)所示，其中功率 P 的单位为 kW，转矩 T 的单位为 N·m，转速 n 的单位为 r/m。

$$P = \frac{T \cdot n}{9550} \tag{6-1}$$

(2) 计算等效负载。由图 6-3 所示的负载功率图可知，负载的最大功率为 4 kW，最小功率为 0.5 kW。显然不能按最小功率选电机，但如果按最大功率选择电机，经济性又差。这里就需要找出满足负载要求的最小功率值来。要使选用电机的额定功率 P_N 不小于负载的等效功率 P_{dx}，以便将电机的工作温度控制在设计范围内。在本例中，如图 6-3 所示，一个负载功率周期有四个时间段，等效功率 P_{dx} 用式(6-2)计算。将各段的功率值和时间值代入式(6-2)，得到等效负载功率 $P_{dx} = 1.378$ kW。该值是选择电机功率的基本依据。

$$P_{dx} = \sqrt{\frac{P_1^2 \cdot t_1 + P_2^2 \cdot t_2 + P_3^2 \cdot t_3 + P_4^2 \cdot t_4}{t_1 + t_2 + t_3 + t_4}} \tag{6-2}$$

(3) 预选电动机。按照选用电动机的额定功率 P_N 不小于负载等效功率 P_{dx} 的原则，即

$$P_N \geqslant P_{dx} \tag{6-3}$$

从电动机产品手册中查找，预选电动机型号为 Y90L-4，其额定功率 $P_N = 1.5$ kW，略大于负载的等效功率 $P_{dx} = 1.378$ kW。Y90L-4 的技术参数如表 6-3 所示。

表 6-3　交流电动机的技术参数表

型　号	额定功率/kW	额定电压/V	额定电流/A	额定转速/(r/m)	效率/(%)	功率因数/conφ	堵转转矩/额定转矩	堵转电流/额定电流	最大转矩/额定转矩
Y90L-4	1.5	380	3.7	1400	79	0.79	2.3	6.5	2.3
Y100L1-4	2.2	380	5	1430	81	0.2	2.2	7	2.3

(4) 校核过载能力。额定功率 P_N 不小于负载等效功率 P_{dx}，满足了电动机工作时的温升控制在设计范围内的要求，接下来还要校核电动机的过载能力，也就是电动机能产生的最大转矩 $T_{M(max)}$ 不能小于负载的最大转矩 $T_{L(max)}$，即要满足

$$T_{M(max)} \geqslant T_{L(max)} \tag{6-4}$$

先根据 Y90L-4 的额定功率 P_N(1.5 kW)计算电动机的额定转矩 T_N，再根据电动机的最大转矩 $T_{M(max)}$ 与额定转矩 T_N 比值的倍数(查表 6-3 为 2.3)，计算 Y90L-4 能产生的最大转矩 $T_{M(max)}$：

$$T_N = \frac{9550 P_N}{n_N} = \frac{9550 \times 1.5 \text{ kW}}{1400 \text{ r/m}} = 10.232 \text{ N} \cdot \text{m}$$

$$T_{M(max)} = 2.3 \times T_N = 2.3 \times 10.232 = 23.534 \text{ N} \cdot \text{m}$$

最后根据负载的最大功率 $P_{L(max)} = 4$ kW 计算负载的最大转矩 $T_{L(max)}$：

$$T_{L(max)} = \frac{9550 \times P_{L(max)}}{n_N} = \frac{9550 \times 4 \text{ kW}}{1400 \text{ r/m}} = 27.286 \text{ N} \cdot \text{m}$$

可见，Y90L-4 能输出的最大转矩(23.534 N·m)小于负载的最大转矩(27.286 N·m)，即 Y90L-4 的过载能力不足，需要功率更大的电动机。

(5) 重选电动机。从电动机产品手册中查找，比 Y90L-4 功率大一级的是 Y100L1-4，其额定功率 $P_N = 2.2$ kW，Y100L1-4 的技术参数如表 6-3 所示。

(6) 重新校核过载能力。计算 Y100L1-4 能产生的最大转矩 $T_{M(max)}$：

$$T_{\text{N}} = \frac{9550 \times P_{\text{N}}}{n_{\text{N}}} = \frac{9550 \times 2.2 \text{ kW}}{1430 \text{ r/m}} = 14.692 \text{ N} \cdot \text{m}$$

$$T_{\text{M(max)}} = 2.3 \times T_{\text{N}} = 2.3 \times 14.692 = 33.792 \text{ N} \cdot \text{m}$$

可见，Y100L1-4 能输出的最大转矩(33.792 N·m)大于负载的最大转矩(27.286 N·m)，有足够的过载能力，因此最终选择 Y100L1-4 作为本例的动力源。

6.1.2　直流电动机的选型原则、步骤及实例

当机械装置需要频繁进行速度调节和方向转换时，一般采用直流电动机作为动力源。这里讨论的是永磁式有刷直流电机的选型问题。以下介绍的直流电动机选型原则和步骤，参考借鉴了几家电动机生产公司的选型手册。

在进行直流电动机的选型时，除了同样要遵循满足负载的动力需要并尽量考虑经济性外，还要考虑惯量比问题。惯量比是指机械负载在电机轴上的等效惯量 J_{L} 与电机转子自身惯量 J_{M} 之比，这个比值大小对控制系统能够达到的控制效果有很大的影响。在直流电动机性能一定的条件下，惯量比选小值时容易达到较好的控制效果，同时电动机的功率、体积、重量也会比较大。惯量比选大值时不易达到较好的控制效果，但电动机的功率、体积、重量都会比较小。惯量比选择的一般原则是：电动机的性能好可取较大值，电动机的功率小可取较大值，系统响应要求快的要取较小值。惯量比具体的取值范围要参考各电动机生产厂家提供的电动机数据手册或使用手册。

直流电动机的选型原则可归纳为：满足系统的运动和动力需求，满足系统的动态性能需求，尽可能低的成本。具体来讲就是：

(1) 电动机的额定转速 n_{N} 要大于负载所需的最高转速 $n_{\text{L(max)}}$，即 $n_{\text{N}} > n_{\text{L(max)}}$；

(2) 电动机的峰值转矩 T_{PK} 要大于负载所需的最大转矩 $T_{\text{L(max)}}$，即 $T_{\text{PK}} > T_{\text{L(max)}}$；

(3) 电动机的额定转矩 T_{N} 的 80%要大于负载的等效转矩 $T_{\text{L(rms)}}$，即 $0.8 \times T_{\text{N}} > T_{\text{L(rms)}}$；

(4) 惯量比 $J_{\text{L}}/J_{\text{M}}$ 在需要的范围内。

直流电动机的选型步骤可用图 6-4 所示的流程框图表示。下面用一个实例来具体说明直流电动机的选择过程。

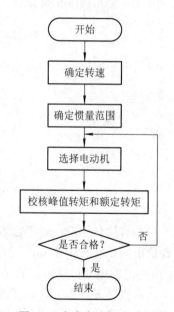

图 6-4　直流电动机选型步骤

例 6-2　一个工作台的传动简图如图 6-5(a)所示，设工作台作连续往复运动，速度曲线如图 6-5(b)所示。在表 6-4 所列的直流电动机中选择适合该工作台运动控制的直流电动机，惯量比在 3～10 内选取。已知参数有：齿轮传动比 $i = 2$，丝杠导程 $P_{\text{h}} = 25$ mm，电机的负载惯量 $J_{\text{L}} = 3 \times 10^{-4} \text{kg} \cdot \text{m}^2$，机械装置摩擦力和外力对电动机的等效转矩 $T_{\text{L}} = 0.2 \text{ N} \cdot \text{m}$，工作台最大速度 $V_{\text{G(max)}} = 0.3$ m/s，工作台加速时间 $t_{\text{a}} = 0.1$ s，匀速运动时间 $t_{\text{b}} = 1.5$ s，减速时间 $t_{\text{d}} = 0.2$ s，一个运动周期 $t_{\text{c}} = 2.2$ s。

按图 6-5 所示的直流电动机选型步骤的解题过程如下。

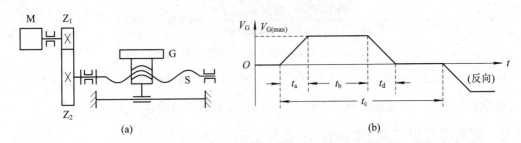

$$(a) \qquad\qquad\qquad\qquad (b)$$

图 6-5　工作台传动简图

(1) 确定电动机的转速。选择电动机的转速先要计算机械装置所需的最大转速。从图 6-5(a)和图 6-5(b)可列出以下关系式:

$$V_{\mathrm{G}} = P_{\mathrm{h}} \cdot n_{\mathrm{S}} \tag{6-5}$$

$$i = \frac{n_{\mathrm{M}}}{n_{\mathrm{S}}} \tag{6-6}$$

其中:工作台速度 V_{G} 单位为 m/s,丝杠导程 P_{h} 单位为 m,丝杠转速 n_{S} 单位为 1/s,电机转速 n_{M} 单位为 1/s。

由式(6-5)和式(6-6)可计算在工作台最大运动速度 $V_{\mathrm{G(max)}}$ 时电机的转速 $n_{\mathrm{M(max)}}$:

$$n_{\mathrm{N(max)}} = i \cdot \frac{V_{\mathrm{G(max)}}}{P_{\mathrm{h}}} = 2 \times \frac{0.3\ \mathrm{m/s}}{0.025\ \mathrm{m}} = 24/\mathrm{s} = 1440\ \mathrm{r/m}$$

由此可知应选额定转速 $n_{\mathrm{N}} > 1440$ r/m 的直流电机,如图 6-6 所示。

图 6-6　DCM 直流电动机外观

但是有这种情况,对于直流电动机转速指标,有些厂家给出的是额定转速 n_{N},有些厂家则给出的是空载转速 n_0,还有些厂家给出的是转速 n 与转矩 T 之间的关系曲线。例如表 6-4 所列出的电动机就给出的是电动机空载转速 n_0,没有给出额定转速指标 n_{N}。在这种情况下,建议按 $n_0 > 2 \times n_{\mathrm{M(max)}}$ 来选取电机。也就是说,在本例中应选空载转速 $n_0 > 2880$ r/m 的电动机。表 6-4 中电动机的空载转速 n_0 均在 3000 r/m 以上,所以从转速指标来看,表 6-4 所列电动机都能满足所需的转速要求。

(2) 确定电动机的转子惯量。根据题目要求,电动机转子惯量的取值范围应为

$$J_{\mathrm{M}} = \frac{J_{\mathrm{L}}}{(3 \sim 10)} = \frac{3 \times 10^{-4}\ \mathrm{kg \cdot m^2}}{(3 \sim 10)} = (10 \sim 3) \times 10^{-5}\ \mathrm{kg \cdot m^2}$$

对照表 6-4 中电动机转子惯量的数据可知,DCM50202 的转子惯量不在这个范围内,不满足题目所需的惯量比要求,DCM57205 和 DCM57207 的转子惯量都在这个范围内,都能满足题目的惯量比要求。

表 6-4　备选直流电动机的技术参数表

技 术 参 数	DCM50202	DCM57205	DCM57207
额定电压 U_N/V_{DC}	24	24	30.3
额定转矩 T_N/(N·m)	0.15	0.25	0.35
峰值转矩 T_{PK}/(N·m)	0.76	1.59	2.90
额定电流 I_N/A	1.79	2.95	3.94
峰值电流 I_{PK}/A	13.9	21.6	32.6
空载电流 I_0/A	0.5	0.8	0.6
空载转速 n_0/(r/m)	4600	4000	3600
转子惯量 J_M/(kg·m^2×10^{-5})	1.62	3.11	4.73
电阻 R_M/Ω	1.73	1.11	0.93
电机重量 W/kg	0.754	1.182	1.338
电机长度 L/mm	129	161	196

(3) 预选电动机。根据以上的计算结果可知，表 6-4 中的 DCM57205 和 DCM57207 均可以选用。但从经济性角度考虑，初步选择惯量相对比较小的 DCM57205 作为工作台的动力源。

(4) 校核电动机的峰值转矩。这一步要计算电动机运行过程中的最大负载转矩 T_{max}，确定所选电动机的峰值转矩 T_{PK} 是否能满足 $T_{PK} > T_{max}$ 的要求。从图 6-5(b)可知，电动机工作时有加速、匀速、减速三个过程，我们要分别计算这三个过程中电动机的负载转矩，并找出最大的负载转矩 T_{max}。

在工作台匀速运动阶段，即图 6-5(b)中的 t_b 段，电动机要提供的转矩 T_b 只需克服机械系统摩擦力和外力的等效转矩 T_L。根据已知数据，$T_L = 0.2$ N·m，所以匀速段电机的负载转矩 $T_{匀速} = 0.2$ N·m。

在工作台加速运动阶段，即图 6-5(b)中的 t_a 段，电动机除了要提供克服机械系统摩擦力和外力的转矩 T_L 外，还要提供克服机械系统惯性所需的加速转矩 T_a，所以加速段电动机的负载转矩 $T_{加速}$ 为

$$T_{加速} = T_a + T_L = (J_M + J_L) \cdot \frac{2\pi n_{M(max)}}{t_a} + T_L \qquad (6-7)$$

将电动机转子惯量 $J_M = 3.11 \times 10^{-5}$ kg·m^2，负载惯量 $J_L = 3 \times 10^{-4}$ kg·m^2，最大转速 $n_{M(max)} = 24$/s，加速时间 $t_a = 0.1$ s，摩擦力和外力的等效转矩 $T_L = 0.2$ N·m 代入式 (6-7)，得到 $T_{加速} = 0.7$ N·m。

在工作台减速运动阶段，即图 6-5(b)中的 t_d 段，机械系统摩擦力和外力的等效转矩 T_L 也是起减速作用的，所以减速段电动机的转矩 $T_{减速}$ 为

$$T_{减速} = T_d - T_L = (J_M + J_L) \cdot \frac{2\pi n_{M(max)}}{t_d} - T_L \qquad (6-8)$$

将电动机转子惯量 $J_M = 3.11 \times 10^{-5}\,\text{kg} \cdot \text{m}^2$，负载惯量 $J_L = 3 \times 10^{-4}\,\text{kg} \cdot \text{m}^2$，最大转速 $n_{M(max)} = 24/\text{s}$，减速时间 $t_d = 0.2\,\text{s}$，摩擦力和外力的等效转矩 $T_L = 0.2\,\text{N} \cdot \text{m}$ 代入式(6-8)，得到 $T_{减速} = 0.05\,\text{N} \cdot \text{m}$。

比较 $T_{加速}$、$T_{匀速}$、$T_{减速}$ 可知，$T_{加速}$ 为最大，即最大的负载转矩 $T_{max} = T_{加速} = 0.7\,\text{N} \cdot \text{m}$。查表 6-4 可知，DCM57205 的峰值转矩 $T_{PK} = 1.59\,\text{N} \cdot \text{m}$，选用该电机能满足 $T_{PK} > T_{max}$ 的要求。

(5) 校核电动机的额定转矩。这一步要计算电动机运行过程中负载的等效转矩 $T_{L(rms)}$，即一个运动周期内各段转矩的均方根值，确定所选电动机的额定转矩 T_N 是否满足 $0.8 \times T_N > T_{L(rms)}$ 的要求。等效转矩 $T_{L(rms)}$ 的计算式如下：

$$T_{L(rms)} = \sqrt{\frac{T_{加速}^2 \cdot t_a + T_{匀速}^2 \cdot t_b + T_{减速}^2 \cdot t_d}{t_c}} \qquad (6\text{-}9)$$

将 $T_a = 0.7\,\text{N} \cdot \text{m}$、$T_b = 0.2\,\text{N} \cdot \text{m}$、$T_d = 0.05\,\text{N} \cdot \text{m}$、$t_a = 0.1\,\text{s}$、$t_b = 1.5\,\text{s}$、$t_d = 0.2\,\text{s}$、$t_c = 2.2\,\text{s}$ 代入式(6-9)，得到 $T_{L(rms)} = 0.223\,\text{N} \cdot \text{m}$。而初步选择的电动机 DCM57205 的额定转矩 $T_N = 0.25\,\text{N} \cdot \text{m}$，$0.8 \times T_N = 0.2\,\text{N} \cdot \text{m}$，没有满足 $0.8 \times T_N > T_{L(rms)}$ 的要求，如果使用该电动机会出现过热的情况。因此，需要选择更大额定功率的电动机，即选用 DCM57207。

(6) 重新校核新选电动机的峰值转矩和额定转矩。重新选择的 DCM57207 的转子惯量 $J_M = 4.73 \times 10^{-5}\,\text{kg} \cdot \text{m}^2$，用式(6-7)～式(6-9)进行计算后得到：

$$T_{加速} = 0.724\,\text{N} \cdot \text{m}$$
$$T_{匀速} = 0.2\,\text{N} \cdot \text{m}$$
$$T_{减速} = 0.062\,\text{N} \cdot \text{m}$$
$$T_{max} = 0.724\,\text{N} \cdot \text{m}$$
$$T_{L(rms)} = 0.227\,\text{N} \cdot \text{m}$$

查表 6-4 可知，DCM57207 的峰值转矩 $T_{PK} = 2.9\,\text{N} \cdot \text{m}$，额定转矩 $T_N = 0.35\,\text{N} \cdot \text{m}$，则 $0.8 \times T_N = 0.28\,\text{N} \cdot \text{m}$，能够满足 $T_{PK} > T_{max}$ 和 $0.8 \times T_N > T_{L(rms)}$ 的要求。所以，最终选择 DCM57207 作为本例中工作台的动力源。

6.1.3　步进电机的选型原则、步骤及实例

对于需要进行位置控制的机械装置，常常采用步进电机作为动力源进行开环控制。步进电机外形如图 6-7(a)所示。

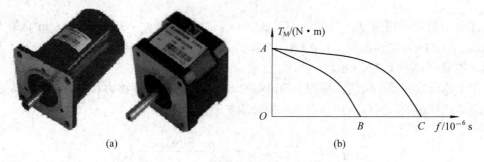

(a)　　　　　　　　　　　　(b)

图 6-7　步进电机及其矩频特性

　　步进电机的选型与直流电动机的选型在原则上是相同的，既要满足系统的运动和动力需求，又要满足系统的动态性能需求及尽可能低的成本。但由于步进电机主要用于位移控制，这里的运动和动力需求体现在步进电机的转角与步进脉冲的个数要始终保持恒定比例关系上，例如 10 个脉冲都要使电机转 9°，而不能出现多转或少转的情况。当电机轴的转角与步进脉冲的个数、电机转速与步进脉冲频率之间的比例关系不恒定时，称为电机出现失步。只有确保步进电机工作时不失步，才能达到机械装置准确的开环位置控制。为了保证不出现失步，步进电机的工作点必须只出现在电机矩频特性曲线之下的区域。

　　步进电机的矩频特性是指步进电机在不失步的情况下，电机的最大电磁转矩 T_M 与步进脉冲频率 f 之间的关系曲线。步进电机的矩频特性有两条曲线，如图 6-7(b) 所示。图 6-7(b) 中曲线 AB 称为步进电机的启停矩频特性或牵入特性曲线，是电机启动和停止时不同步进脉冲频率对应的最大转矩。牵入特性曲线与坐标轴围成的区域即是步进电机不失步的启停区域。图 6-7(b) 中曲线 AC 称为步进电机的运行矩频特性或牵出特性曲线，是电机匀速运行时不同步进脉冲频率对应的最大转矩。牵出特性曲线与坐标轴围成的区域即是步进电机不失步的匀速运行区域。

　　特别需要注意的是，矩频特性是在一定条件下得到的，应用这些特性曲线时必须使电机工作在同样的条件下。例如图 6-8 所示的曲线为 57BYG250B/C/E 步进电机的运行矩频特性(牵出特性)，其测试条件是：高速方式接线，驱动电压为 48V_{DC}，按半步方式运行(每步 0.9°)。

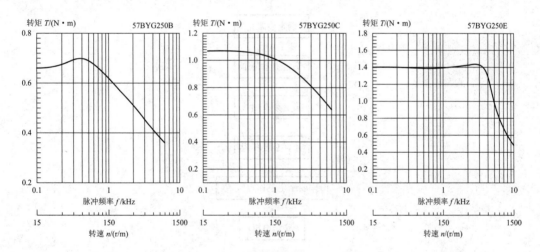

图 6-8　57BYG250B/C/E 电机矩频特性

　　大多数电机生产厂家在步进电机的数据手册中只提供了运行矩频特性(牵出特性)，而启停矩频特性(牵入特性)则只是在电机参数表中给出一些特殊点的数值，如表 6-5 所示。图 6-7(b) 中 A 点的数据在表 6-5 中为保持转矩 T_0，图 6-7(b) 中 B 点的数据在表 6-5 中为空载启动频率 f_0。

　　用数据表示的步进电机选型原则如下：

　　(1) 电机的步距角 θ_b 要满足系统运动分辨力的要求；

　　(2) 惯量比 J_L/J_M 满足要求；

(3) 电机必要的转矩 T_M 等于最大负载转矩 T_{max} 乘以安全系数 S，即 $T_M = S \times T_{max}$；

(4) 电机工作点全部在电机矩频特性曲线之下。

表 6-5　备选步进电机的技术参数表

技 术 参 数	57BYG250B	57BYG250C	57BYG250E
相数	2	2	2
步距角/(°)	0.9/1.8	0.9/1.8	0.9/1.8
静态相电流 I/A	1.5	1.5	1.5
保持转矩 T_0/(N·m)	0.7	1	1.5
空载启动频率 f_0/kHz	2.8	2.5	2.2
转子惯量 J_M/(kg·m$^2 \times 10^{-5}$)	1.5	2	3.3
电机重量 W/kg	0.75	1.0	1.5
电机长度 L/mm	66	82	113

步进电机的选型步骤可以用图 6-9 所示的流程框图表示。下面用实例说明步进电机的选择过程。

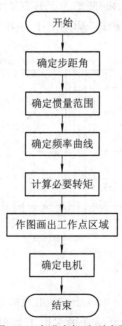

图 6-9　步进电机选型步骤

例 6-3　一个工作台的传动简图如图 6-10 所示，工作台作定位运动，其速度曲线如图 6-11 所示。从表 6-5 所列的步进电机中为该工作台选择合适的电机，要求惯量比 J_L/J_M 在 0.5～2 的范围之内。已知参数有：丝杠导程 $P_h = 20$ mm，电机的负载惯量 $J_L = 2.2 \times 10^{-5}$ kg·m^2，机械装置摩擦力和外力对电机的等效转矩 $T_L = 0.1$ N·m，工作台运动位移分辨力 $\Delta X = 0.05$ mm，工作台启动速度 $V_{G1} = 0.03$ m/s，工作台最大速度 $V_{G2} = 0.25$ m/s，工作台加减速时间 $t_a = t_d = 0.1$ s，电机必要转矩计算的安全系数 $S = 2$。

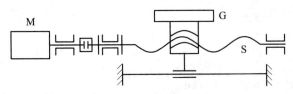

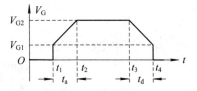

图 6-10　例 6-3 的工作台传动简图　　　　图 6-11　例 6-3 的工作台运动速度曲线

按照图 6-9 所示步骤解题过程如下：

(1) 确定电机的步距角。图 6-10 中工作台运动位移的分辨力 ΔX 与电机步距角 θ_b 的关系为

$$\frac{\Delta X}{\theta_b} = \frac{P_h}{360°} \tag{6-10}$$

由式(6-10)得到

$$\theta_b = 360° \times \frac{\Delta X}{P_h} = 360° \times \frac{0.05\,\text{mm}}{20\,\text{mm}} = 0.9°$$

只要表 6-5 中所列电机工作在半步方式，即可达到工作台运动对电机步距角的要求。

(2) 确定电机的转子惯量范围。惯量比要求为 $J_L/J_M = 0.5 \sim 2$，由此得到：

$$J_M = \frac{J_L}{0.5 \sim 2} = \frac{2.2 \times 10^{-5}\,\text{kg·m}^2}{0.5 \sim 2} = (1.1 \sim 4.4) \times 10^{-5}\,\text{kg·m}^2$$

表 6-5 中所列电机的转子惯量都在该范围内，都达到了对惯量比的要求。

(3) 确定电机工作时的频率曲线。步进电机的工作频率曲线有三种类型，如图 6-12 所示。

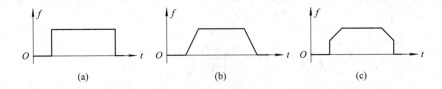

图 6-12　步进电机频率曲线的类型

图 6-12(a)为矩形频率曲线，即电机的启动、运行、停止都按同一脉冲频率。其缺点是由于步进电机的启动频率很低，按这种频率曲线工作时电机的转速很低。图 6-12(b)为梯形频率曲线，即电机启动时频率从零逐渐提高，然后以高频运行，停止时频率逐渐降低到零。其优点是电机能达到很高的运行频率，缺点是加减速时间较长。图 6-12(c)为前两种的组合，即启动时频率从 f_1(不为零)开始，然后频率逐渐提高到 f_2，在高频 f_2 下匀速运行，停止前先将频率从 f_2 逐渐降低到 f_1 再停止。其优点是电机能以最短的时间达到很高的运行频率。从图 6-11 的工作台运动速度曲线要求来看，电机的频率曲线应为图 6-12(c)所示的类型，因此需要计算电机的启动频率 f_1 和运行频率 f_2。

在图 6-10 中，工作台速度 V_G(单位为 m/s)、电机转速 n_M(单位为 1/s)、脉冲频率 f (单位为 Hz)、丝杠导程 P_h(单位为 m)、电机步距角 θ_b(单位为°)之间有以下关系式：

$$V_G = P_h \cdot n_M \tag{6-11}$$

$$n_M = \frac{\theta_b}{360°} \times f \tag{6-12}$$

由式(6-11)和式(6-12)得到:

$$f_1 = \frac{360°}{\theta_b} \times \frac{V_{G1}}{P_h} = \frac{360°}{0.9°} \times \frac{0.03 \text{ m/s}}{0.02 \text{ m}} = 600 \text{ Hz}$$

$$f_2 = \frac{360°}{\theta_b} \times \frac{V_{G2}}{P_h} = \frac{360°}{0.9°} \times \frac{0.25 \text{ m/s}}{0.02 \text{ m}} = 5000 \text{ Hz}$$

(4) 计算电机的必要转矩 T_M。从图 6-11 可以看出,步进电机工作时的转矩除了在整个过程包含负载转矩 T_L 外,还会有加减速转矩出现的情况。在 t_1 时刻(实际上也是一个短暂的时间),需要有将速度从零加速到 V_{G1} 所需的加速转矩 T_{a1}。在 t_1 到 t_2 的匀加速阶段,需要有从 V_{G1} 加速到 V_{G2} 所需的加速转矩 T_{a2}。在 t_3 到 t_4 的匀减速阶段,需要有从 V_{G2} 减速到 V_{G1} 的减速转矩 T_{a3}。在 t_4 时刻(实际上也是一个短暂的时间),需要有将速度从 V_{G1} 减速到零所需的减速转矩 T_{a4}。不难看出有 $T_{a1} > T_{a4}$、$T_{a2} > T_{a3}$,要找整个过程中的最大转矩 T_{max},只需计算出 T_{a1} 和 T_{a2} 并进行比较即可。

先计算启动所需的加速转矩 T_{a1}。启动频率为 f_1,我们按加速时间为一个脉冲周期来计算所需的加速转矩:

$$T_{a1} = (J_M + J_L) \times \frac{\pi \cdot \theta_b \cdot f_1^2}{180°} \tag{6-13}$$

将 $J_L = 2.2 \times 10^{-5} \text{ kg} \cdot \text{m}^2$, $\theta_b = 0.9°$, $f_1 = 600 \text{ Hz}$ 代入式(6-13),得到:

$$T_{a1} = (5655 \times J_M + 0.124) \text{ N} \cdot \text{m}$$

再计算匀加速所需的加速转矩 T_{a2}。从频率 f_1 匀加速到频率 f_2,所用时间为 t_a,加速转矩为

$$T_{a2} = (J_M + J_L) \times \frac{\pi \cdot \theta_b \cdot (f_2 - f_1)^2}{180° \cdot t_a} \tag{6-14}$$

将 $J_L = 2.2 \times 10^{-5} \text{ kg} \cdot \text{m}^2$, $\theta_b = 0.9°$, $f_1 = 600 \text{ Hz}$, $f_2 = 5000 \text{ Hz}$, $t_a = 0.1 \text{ s}$ 代入式(6-14),得到:

$$T_{a2} = (691 \times J_M + 0.015) \text{ N} \cdot \text{m}$$

比较 T_{a1} 与 T_{a2} 可知,$T_{a1} > T_{a2}$。所以最大转矩 T_{max} 为

$$T_{max} = T_{a1} + T_L = 5655 \times J_M + 0.124 + 0.1 = (5655 \times J_M + 0.224) \text{ N} \cdot \text{M}$$

由于采用不同电机时的转子惯量是不同的,因此要分别计算采用表 6-5 中三台电机时所需的电机必要转矩。

如果采用 57BYG250B:则 $T_M = T_{max} \times S = (5655 \times 1.5 \times 10^{-5} + 0.224) \times 2 = 0.62 \text{ N} \cdot \text{m}$。

如果采用 57BYG250C:则 $T_M = T_{max} \times S = (5655 \times 2 \times 10^{-5} + 0.224) \times 2 = 0.68 \text{ N} \cdot \text{m}$。

如果采用 57BYG250E:则 $T_M = T_{max} \times S = (5655 \times 3.3 \times 10^{-5} + 0.224) \times 2 = 0.82 \text{ N} \cdot \text{m}$。

(5) 最后确定电机。在图 6-8 所示电机运行矩频特性的坐标中分别画出电机工作点的区域。这里的电机工作点是指矩频特性坐标中的一个点,是电机可能出现的脉冲频率以及对应的转矩。电机工作点区域的画法是:在矩频特性坐标平面上找到点(f_2, T_M),从该点作水

平线连接到坐标纵轴，再作垂直线连接到坐标横轴，所框定的矩形区即为电机的工作点区域，如图 6-13 所示。

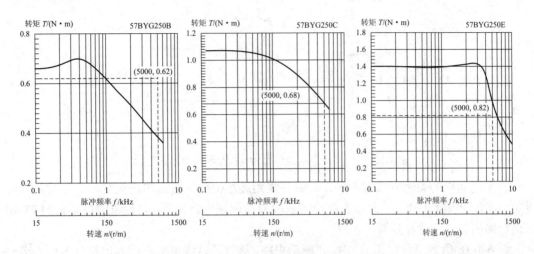

图 6-13　57BYG250B/C/E 电机的工作点区域

所选用的步进电机，其工作点区域一定要在电机矩频特性(牵出特性)曲线的下面。从图 6-13 可以看出，作为本例工作台的动力源，不能选用 57BYG250B 电机，可以选用 57BYG250C 电机，最好选用 57BYG250E 电机。

6.2　电动机控制电路的设计

在选定了机械装置的动力源后，接下来的工作就是为电动机设计控制电路。

电动机控制电路的设计有两方面的内容：一是确定电路的结构，也就是电路由哪些元器件构成以及元器件之间如何连接，这主要取决于电路的工作原理和功能。二是选择电路元器件的型号，例如电阻器的阻值、电容器的电容、反相器的具体型号、断路器的具体型号等，这主要取决于电路的结构和性能。不同电机控制电路的设计各有其特点，下面我们分别用实例加以讨论。

6.2.1　永磁有刷直流电动机的 PWM 调速电路设计实例

永磁式直流电动机的励磁是由永磁材料制成的定子来实现的，不需要定子绕组线圈，因此电动机具有体积小、使用方便等优点。有刷直流电动机内部具有换向装置，电动机在使用时无需用户考虑转子转到磁场力平衡点时转子绕组的通电换向问题，这样也给直流电动机的使用提供了极大的方便。永磁式有刷直流电动机在使用时，只需根据其固有机械特性人为调节电枢电压的直流分量，就可以方便地实现电动机转速和转向的调节。

直流电动机有单向和双向两种基本调速电路。当只需要调节直流电动机的单向转速时，我们采用一个电子或电力开关元件即可构成控制电路，如图 6-14(a)所示。当需要调节直流电动机正反两个方向的转速时，一般需要四个电子或电力开关元件来构成控制电路，如图 6-14(b)所示。

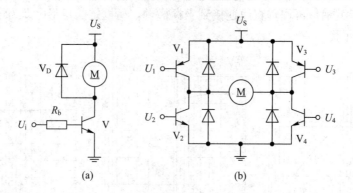

图 6-14　直流电动机的单向和双向控制电路基本结构

直流电动机的调速方法有两种：一种是采用连续变化的直流电压调速，另一种是采用恒定电压的 PWM 调速。下面以直流电动机的双向调速电路为例，讨论直流电动机的 PWM 调速电路的设计方法和步骤。

图 6-14(b)所示电路称为 H 型桥式驱动电路，这只是直流电动机调速电路功率放大部分的基本电路结构，在实际应用时还要增加很多外围电路才能使功率开关 $V_1 \sim V_4$ 按准确的时序分别完成开关动作，按 PWM 方式来控制电动机电枢直流电压分量，从而达到电动机调速的目的。由于图 6-14(b)所示电路中对四个开关元件性能参数的一致性要求较高，同时外围电路比较多，用分立元件实现的电路在设计和调试方面都很不方便，因此很多电子元器件厂家专门设计生产了集成的 PWM 驱动电路器件，而且品种和型号很多，为用户设计直流电动机控制电路带来了极大的方便。L298N 就是具有代表性的一款以 PWM 信号输入、H 型桥式驱动输出的器件。下面我们采用 L298N 作为 PWM 调速电路的核心器件来设计一个直流电动机的调速电路。

例 6-4　设计一个驱动直流电动机的 PWM 调速电路，PWM 信号由单片机产生(单片机电路省略)，直流电动机的型号为 M36N-4，额定电压为 24 V，堵转电流为 3.7 A，其外形如图 6-15 所示。

图 6-15　M36N-4 型直流电动机

第一步，确定电路的结构。

首先根据 M36N-4 的工作电压和电流确定 PWM 调速电路的主要驱动器件，再根据该驱动器件数据手册推荐的应用电路构建必要的外围电路。M36N-4 的额定电压为 24 V，最大电流为 3.7 A。L298N 的工作电压可达 46 V。一只 L298N 器件内部有两个相同的功率模块，每个模块的最大静态输出电流可达 2 A，可以并联使用，并联后最大静态输出电流可达 4 A。因此，L298N 可以满足 M36N-4 工作电压和最大电流的要求。

　　L298N 数据手册推荐的直流电动机驱动应用电路如图 6-16 所示。由图可见，L298N 应用电路要外接四个电流为 2 A 的快速恢复型二极管 $V_{D1} \sim V_{D4}$，二极管的恢复时间不大于 200 ns。两个电源引脚还要分别外接 100 nF 的去耦电容器。两个输入引脚 C、D 的信号要反相。另外，H 桥的电流输出引脚(1 和 15 脚)可以外接电流检测电阻器 R_S，为电流负反馈闭环控制电路提供信号。但如果不需要限流，可以不接电阻器 R_S。根据 L298N 数据手册的要求，并且考虑到与产生 PWM 信号的单片机接口以及电路有一定的通用性，确定电路的结构如图 6-17 所示。

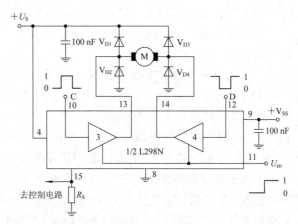

图 6-16　L298N 数据手册推荐的应用电路

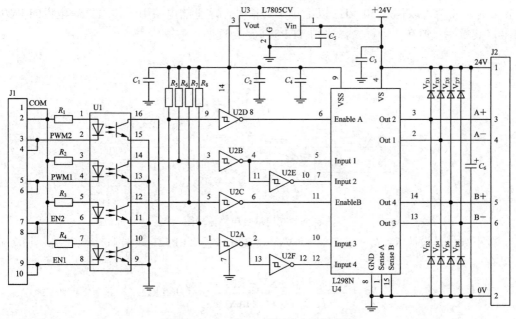

图 6-17　电动机 H 桥驱动电路原理图

　　图 6-17 电路的结构设计考虑了以下几个问题：

　　(1) 按 L298N 数据手册的要求外接了续流二极管 $V_{D1} \sim V_{D8}$，以及去耦电容器 C_3 和 C_4。L298N 的 A 通道的两个输入引脚用反相器 U2E 进行反相，B 通道的两个输入引脚用反相器 U2F 进行反相。L298N 输入信号的 5 V 电源采用三端稳压器 L7805CV 从 24 V 电源降压获得，C_3 为三端稳压器 7805 的输入滤波电容器，驱动电路只使用单一的 24 V 电源。

(2) 考虑到可以用该电路驱动一台电流不大于 4 A 的直流电动机，也可以驱动两台电流不大于 2 A 的直流电动机，所以没有将 L298N 的两个通道并联，使用时可以根据具体需要从外部接线。

(3) 考虑到驱动电路使用 24 V 电源，并且有大电流开关工作，对产生 PWM 信号的单片机构成干扰威胁，所以在 L298N 与单片机之间用 U1 构成信号的光电耦合电路，对单片机电路与 L298N 电路进行电隔离。$R_1\sim R_4$ 为光电耦合器发光二极管的限流电阻器，$R_5\sim R_8$ 为光电耦合器光敏三极管的集电极电阻器，U2A～U2D 为光电耦合器与 L298N 之间的缓冲器，C_1 为光电耦合电路的去耦电容器，C_2 为反相器的去耦电容器。

第二步，选择元器件的型号。

(1) 续流二极管 $V_{D1}\sim V_{D8}$ 的选择。按 L298N 数据手册的要求，这些续流二极管的正向电流应为 2 A，反向恢复时间不大于 200 ns。根据这个要求选择 FR202 快速恢复二极管，其静态正向电流为 2 A，反向恢复时间不大于 150 ns。

(2) 光电耦合电路相关元件的选择。光电耦合电路如图 6-18 所示。该电路的主要器件是光电耦合器 U1，这里采用的是 TLP521。光电耦合器的品种很多，有传送数字信号的，也有传送模拟信号的。对于传送数字信号的光电耦合器，选择的主要依据是开关特性，要能达到被传送信号的频率要求。TLP521 的数据手册标明，当 R_C = 1.9 kΩ、U_{CC} = 5 V、I_F = 16 mA 时，开通时间典型值为 2 μs，关断时间典型值为 25 μs，存储时间典型值为 15 μs。因此，被传送信号的周期最短约为 50 μs，即被传送信号的最高频率约为 20 kHz。当取 I_F = 2 mA 时，实测可以传送 50 kHz 以上频率的信号。这里的电路用于传送直流电机的 PWM 信号，其频率一般在几千赫兹，采用 TLP521 是合理的。

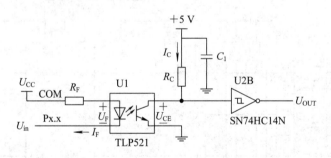

图 6-18　光电耦合电路原理图

接下来就是设计 R_F、R_C。取 U_{CC} = 5 V，I_F = 2 mA，查 TLP521 数据手册得知 U_F = 1.07 V，所以有

$$R_F = \frac{U_{CC}-U_F}{I_F} = \frac{5\,V-1.07\,V}{2\,mA} = 1.965\,k\Omega$$

取 R_F = 2 kΩ。

又根据 TLP521 数据手册得知 I_C/I_F = 50%，$U_{CE(sat)}$ = 0.2 V，则

$$R_C = \frac{5\,V-U_{CE}(sat)}{I_C} = \frac{5\,V-0.2\,V}{2\,mA\times 50\%} = 4.8\,k\Omega$$

取 R_C = 10 kΩ。

这里的 R_C 取较大值，能使 TLP521 中的光敏三极管导通时达到较深的饱和深度。若 R_C 取 10 kΩ，光敏三极管导通时的 I_C 约为 0.5 mA，在合理的取值范围内。

光电耦合电路中 SN74HC14N 的作用有两个。第一是做隔离缓冲器。因为 SN74HC14N 属于 CMOS 电路，其输入电流约为 1 μA，相对于 0.5 mA 的 I_C 可以忽略不计，对光耦电路的输出来说负载非常小，而 SN74HC14N 的输出电流可达 ±25 mA，具有很强的驱动能力。第二是具有对信号的整形功能。经过 TLP521 传送的方波信号在跳变处变得不够陡峭了，需要整形。SN74HC14N 是高速 CMOS 电路，且具有滞回特性，能使方波信号的边沿变得很陡峭。

(3) 几个电容器的选择。$C_1 \sim C_4$ 是去耦电容。这些电容器是为每一个内部有高速电子开关的器件配置的，作用有两个方面：第一是消减电源线传来的干扰和器件对电源线的干扰；第二是作为开关器件的电源储备。在实际的电路板上这些电容器应尽量靠近器件的电源引脚。去耦电容的取值按计算采用 0.1 μF。

C_5 是三端稳压器 L7805CV 的输入滤波电容。根据数据手册推荐的 L7805CV 应用电路，由于 24 V 电源离输入端较远，需要外接一个 0.33 μF 的滤波电容。在实际的电路板上这个电容器应尽量靠近器件的第 1 和第 2 引脚。

设计完成后，图 6-17 所示电路的元器件清单如表 6-6 所示。

表 6-6　电动机 H 桥驱动电路主要元器件型号表

名　称	型　号	名　称	型　号
U1	TLP521-4	$R_1 \sim R_4$	RJ-⅛W-2kΩ±5%
U2	SN74HC14N	$R_5 \sim R_8$	RJ-⅛W-10kΩ±5%
U3	L7805CV	$C_1 \sim C_4$	CT4-100V-0.1μF
U4	L298N	C_5	CT4-100V-0.33μF
$V_{D1} \sim V_{D8}$	FR202	C_6	CD11-63V-470μF

图 6-17 所示电路的试验电路板如图 6-19 所示，其中图 6-19(a)为元器件的布置图，图 6-19(b)为顶层布线图，图 6-19(c)为底层布线图。设计电路板时要特别注意几个电容器在电路板上的位置以及电源线的走线。

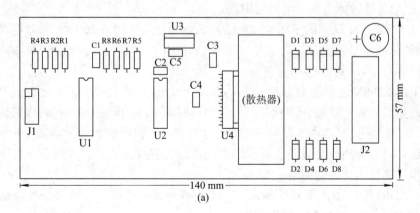

(a)

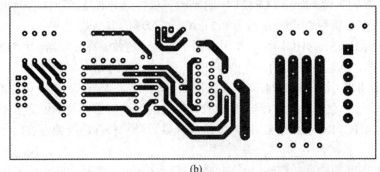

(b)

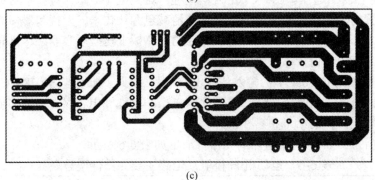

(c)

图 6-19 电动机 H 桥驱动电路 PCB 图

6.2.2 混合式两相步进电机的驱动电路设计实例

例 6-5 设计 57BYG250C 步进电机的驱动电路。57BYG250C 电机的参数如表 6-5 所示。第一步，确定电路的结构。

在 57BYG250C 电机的数据手册中推荐了多款典型的适配驱动器，有 SH-20803N、SH-20803N-D、SH-20806N、SH-20806N-D、SH-20806CN、SH-20504 以及 SH-20403。SH-20403 是专门为两相混合型步进电机设计的通用驱动器，供电电压范围为 10～40 V，采用 H 桥双极性恒流驱动，最大电流为 3 A 且有八种输出电流可选择，有最大为 128 细分的八种细分模式可选择，输入信号采用了光电耦合。57BYG250C 电机的相电流为 1.5 A，在 SH-20403 驱动器可选择的输出电流范围内。

采用 SH-20403 驱动器的 57BYG250C 电机驱动电路如图 6-20 所示。该电路由单片机 U1 产生步进脉冲信号和步进方向信号，采用 SN74HC14N 作为单片机与 SH-20403 驱动器之间的缓冲器。

如果采用 L298N 之类的 H 桥驱动芯片来设计该电路，必须设计恒流驱动的检测和控制电路，还需要设计脉冲环形分配器及光电隔离电路，电路的硬件成本和制作调试的时间成本都比较高。而采用 SH-20403 驱动器来设计该电路，不仅电路的全部功能一步到位，而且在使用中还可以方便地改变驱动电流和步进当量，从正步、半步，直到多种细分驱动。

第二步，选择元器件的型号。

在 SH-20403 驱动器内部每个输入信号都有光电耦合电路，而且每个光电耦合器的发光二极管都串联了一个 510 Ω 的限流电阻。因此，如果公共端接 5 V 电源、控制端(如脉冲控制端)不外接电阻,则光电耦合器的发光二极管导通时的电流 $I_F = (5\,V - U_F)/510\,\Omega = (5\,V - 1.15\,V)/510\,\Omega = 7.5\,mA$。试验表明,$I_F = 5 \sim 10\,mA$ 时光电耦合器能正常工作。

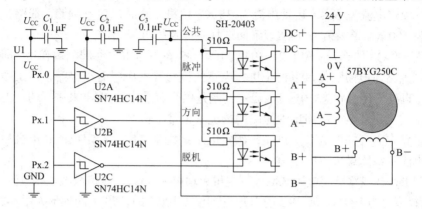

图 6-20 步进电机驱动电路

单片机 I/O 引脚的驱动能力一般为每条线 $1 \sim 10\,mA$,每个口(如 P1 口)$10 \sim 20\,mA$。图 6-20 所示电路中脉冲、方向、脱机三条控制线的电流各为 $7.5\,mA$,共 $22.5\,mA$。因此,直接用单片机驱动是不合理的,应该增加缓冲器。SN74HC14N 的输入电流为 $1\,\mu A$,输出电流可达 $\pm 25\,mA$,非常适合作为这里的缓冲器。

C_1、C_2、C_3 这些去耦电容必不可少,其容量取 $0.1\,\mu F$,并且在实际的电路板上这些电容器应尽量靠近器件的电源引脚。

6.2.3 三相交流异步电动机直接启动控制电路设计实例

三相交流异步电动机的控制电路在各种电机与电力拖动的教科书里都有详细的描述。图 6-21 所示的电路就是一个最基本的交流电机控制电路,有启动和停止两个按钮,采用全电压直接启动,能使电机单向转动或停止。就电路结构来说,该电路的确很简单,但是,当我们真要采购图中电气元件来组装电路时,还会有一个电气元件的选择过程。教科书在电气元件的选择方面的描述比较笼统,在这里我们用一个例子来看看交流电机控制电路的电气元件究竟应如何选择。

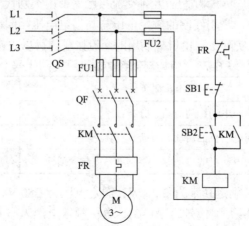

图 6-21 三相交流异步电动机的直接启动控制电路

例 6-6　三相交流异步电动机的直接启动控制电路如图 6-21 所示，被控电机型号为 Y100L1-4，该电机的技术参数如表 6-1 所示，主要参数有：额定功率为 2.2 kW，额定电压为 380 V，额定电流为 5 A，启动电流为 35 A。电机工作时启停不频繁。线路预期短路电流最小值为 100 A，最大值为 4 kA。下面选择主电路的电气元件。

(1) 刀开关 QS 的选择。图 6-21 中的刀开关 QS 在电路中主要起隔离作用，即断开后能将整个控制电路与电网隔离，以便于进行电路的检修等工作。而在电路正常工作期间，刀开关 QS 一直处于闭合状态，电机的启停控制是由交流继电器 KM 来进行的。刀开关必须能在电机正常工作甚至在电路出现短路的情况下正常工作。

在该电路中刀开关的选型原则是：额定电压≥线路电压；额定电流≥电机启动电流；最大允许电流≥线路最大短路电流。

在本例中，按线路额定电压 380 V、电机启动电流 35 A、线路最大短路电流 4 kA 的需求，可以选择型号为 HD11-100/38B 的刀开关。HD11-100/38B 刀开关的外形如图 6-22(a)所示，主要技术参数为：额定工作电压 380 V，额定工作电流 100 A，1 s 短时耐受电流 6 kA。

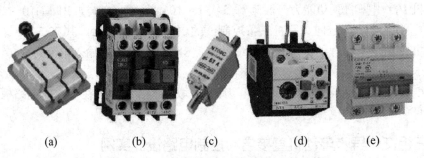

(a)　　　　　(b)　　　　　(c)　　　　　(d)　　　　　(e)

图 6-22　三相交流异步电动机控制电气元件

(2) 交流接触器 KM 和熔断器 FU1 的选择。图 6-21 中的交流接触器 KM 在电路中主要起接通和分断电机电源的作用，即交流接触器 KM 的主触头接通时电机启动，主触头断开时电机停止。

选择交流接触器需要有一份产品选型手册，根据交流接触器的选用原则在选型手册中查找并确定适合的型号。对用于电机控制的交流接触器，选用原则主要有：额定电压与负载的额定电压相同，使用类别与负载相适应(几种交流接触器使用类别代号如表 6-7 所示)，额定电流不小于负载的额定电流，吸引线圈的额定电压与其供电电压相同，应配套选用短路保护元件和连接铜线的截面积。实际上，电机控制用的交流接触器可以由电机的额定功率来选择。

表 6-7　几种交流接触器使用类别代号

使用类别代号	适用典型负载	典型设备
AC-2	绕线式感应电动机的启动、分断	起重机、压缩机、提升机
AC-3	笼型感应电动机的启动、分断	风机、泵
AC-4	笼型感应电动机的启动、反接制动，或频繁通断	风机、泵、机床

在本例中，按照电机额定功率为 2.2 kW、额定电压为 380 V、控制笼型感应电动机作不频繁的启动和分断(使用类别代号为 AC-3)、电机额定电流为 5 A、吸引线圈供电额定电压为 380 V 的需求，可以选择型号为 CJX2910Q 的交流接触器。CJX2910Q 交流接触器的

外形如图 6-22(b)所示，主要技术参数是：可控制三相电机的最大功率为 4 kW(运行在 AC-3、380 V 条件下)或 2.2 kW(运行在 AC-4、380 V 条件下)，额定工作电压为 380 V，额定工作电流为 9 A，有一个常开辅助触头，线圈电压为 380 V。

虽然电机的启动电流有 35 A，但持续时间很短，一般为零点几秒到几秒。交流接触器在设计时已经考虑到了这个问题，在选用时只要交流接触器主触头的额定电流大于电机额定电流的 1.25 倍即可。CJX2910Q 交流接触器主触头的额定电流为 9 A，已经大于电机额定电流的 1.25 倍(1.25 × 5 A = 6.25 A)。

同时，在 CJX2910Q 交流接触器的数据表中还推荐了配用的熔断器型号为 RT16-20(图 6-21 中的 FU1)，以及配用的连接铜线截面积为 1.5 mm²。RT16-20 熔断器的外形如图 6-22(c)所示，技术参数为：额定电压 400 V，额定电流 20 A，熔体允许通过的启动电流为 60 A(熔断时间 10 s)，35 A 启动电流的熔断时间大于 100 s，100 A 短路电流的熔断时间小于 1 s，500 A 电流的熔断时间小于 0.04 s。因此，选型手册所推荐的熔断器在电机启动时不会出现熔断的情况，并有较大的安全系数，不会在电机正常启动过程中产生误动作，而当电路短路时可以熔断(如果断路器没有断开的话)。万一出现单相熔断器先熔断的情况，会使电路中的热继电器 FR 动作，从而控制交流接触器断开三相电源。

(3) 热继电器 FR 的选择。图 6-21 中的热继电器 FR 在电路中主要起过载保护和断相保护作用。电路中允许持续通过而不至于使导线过热的电流称为安全电流，超过安全电流称为导线过载。电机及电路长时间过载会使电机过热或使线路燃烧。过载保护是将热继电器与接触器一起使用，当电机和电路过载时热继电器的辅助触头断开，交流接触器线圈失电、主触头断开，从而切断电机电源。断相保护则是当三相交流电出现某相断路时，控制交流接触器将三相电源断开以保护电气设备。

热继电器的选用原则是：额定绝缘电压不小于负载的额定电压，辅助触点额定电压不小于电机控制电路的额定电压，整定电流调节范围能从电机额定电流的 1.1 倍调至 1.5 倍，使用时将整定电流调节到电机额定电流的 1.2 倍。

在本例中，按照主电路和辅助电路的额定电压均为 380 V、电机额定电流为 5 A 的需求，可以选择型号为 JRS212P58 的热继电器。热继电器 JRS212P58 的外形如图 6-22(d)所示，主要技术参数为：额定绝缘电压 690 V，辅助触头额定工作电压 380 V，整定电流调节范围 5.00～8.00 A，线路电流为 1.5 倍整定电流时的脱扣时间小于 120 s。使用时可将整定电流调节到 6.0 A。

(4) 断路器 QF 的选择。图 6-21 中的断路器 QF 在电路中主要起过载和短路保护的作用。其过载保护功能似乎与热继电器 FR 重复了，其短路保护功能似乎又与熔断器 FU1 重复了。实际上，选用断路器时有意使断路器的过流脱钩电流小于熔断器的短路熔断电流，当电路短路过流时一般由断路器来分断电路，短路故障排除后再接通电路，避免更换熔断器的麻烦。熔断器在电路中只作为后备过流保护装置。而断路器与热继电器的过载保护功能的区别是，前者一般固定而后者可调。可将断路器的过载电流值选大一些，而用热继电器设定电路实际使用的过载电流值，断路器作为过载的后备保护装置。

在图 6-21 所示的电机控制电路中的断路器选用原则主要是：额定电压不小于线路的额定电压，额定电流不小于线路的额定电流，额定短路分断能力不小于线路预期的最大短路电流，脱钩特性曲线适合电机的启动电流曲线。

在本例中,按照主线路额定电压为 380 V、电机额定电流为 5 A、电机启动电流为 35 A、线路预期短路电流为 4 kA 的需求,可以选择 DZ47-60(D)型断路器,额定电流选 5 A。断路器 DZ47-60(D)的外形如图 6-22(e)所示,主要技术参数有:额定电压 400 V,额定电流 $I_n = 5$ A,断路器分断能力为 4.5 kA,电流为 $1.13 \times I_n$ 时脱钩时间不小于 1 h,电流为 $1.45 \times I_n$ 时脱钩时间小于 1 h,电流为 $2.55 \times I_n$ 时脱钩时间小于 60 s,电流为 $16 \times I_n$ 时脱钩时间小于 0.1 s,脱钩特性曲线如图 6-23(b)所示。

选用 DZ47-60(D)型 5 A 断路器的合理性分析:电机直接启动过程的电流波形如图 6-23(a)所示,其中 I_n 为电动机额定工作电流,I_a 为电动机启动电流,I_p 为启动瞬时峰值电流,t_a 为启动时间,t_p 为峰值时间。考虑到电机启动电流波形,在设计 D 型断路器时已将脱钩特性曲线设计成 6-23(b)所示的形状,如果选用断路器的额定电流 I_n 合适,能使电机启动电流曲线恰好处于断路器脱钩特性曲线的左下方,那么电机在正常启动过程中断路器就不会脱钩。这里选择断路器的额定电流 $I_n = 5$ A,不脱钩的启动电流可达 10×5 A $= 50$ A,而电机的启动电流仅为 35 A,因此断路器在电机正常启动过程中不会产生误动作。线路电流为 1.13×5 A $= 5.65$ A 时的不脱钩时间不小于 1 h,而电机启动后额定工作电流仅为 5 A,因此断路器在电机启动后的正常工作中不会脱钩。线路电流为 16×5 A $= 80$ A 时脱钩时间小于 0.1 s,而线路预期的最小短路电流大于 100 A,因此断路器在线路发生短路时能快速切断电源。线路电流为 2.55×5 A $= 12.75$ A 时脱钩时间小于 60 s,如果热继电器整定电流设置为 1.2×5 A $= 6$ A,则线路电流为 1.5×6 A $= 9$ A 时的脱钩时间小于 120 s,因此对轻度过载情况热继电器会首先过载保护。

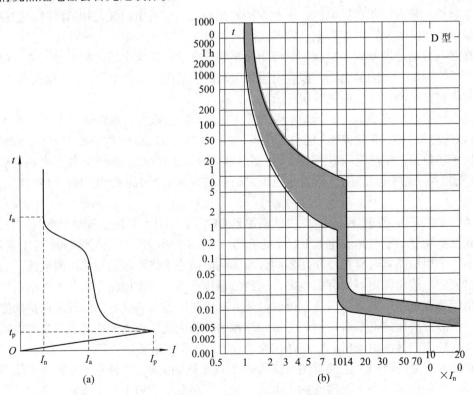

图 6-23　电动机启动电流与断路器脱钩特性曲线

(5) 主电路导线的选择。如果线路导线的载流能力不足，即使电路的电气元件选择合理，电气元件的工作参数也会有所变化，电路的性能依然得不到保证。根据断路器、交流接触器、热继电器数据手册以及相关标准，当线路的额定电流不大于 13 A 时，铜导线的截面积应为 $1 \sim 2.5 \ mm^2$。在图 6-21 所示的主电路中可以选用 $1.5 \ mm^2$ 的铜导线。至此，图 6-21 中主电路的电气元件才算基本选择完毕。

实际上，在各种电机控制电路的设计过程中还有很多问题值得深入分析和讨论，例如电子和电力电路中元器件的热设计问题，控制电路板的信号完整性设计问题，等等。大家在电机控制电路设计的实践中还需留心观察和深入研究。

第 7 章　产品数控加工与制造、装配

完成机械产品创新设计、运动学和动力学性能分析,基于此进行机械产品三维造型,并论证设计方案的正确性后,就可以购置材料并进行产品的数控加工和制造。机械产品的数控加工,同样是一个蕴含理论和实践的环节,主要包括总装配图和零件图绘制、非标准件的加工工艺卡制作、机床与加工方法的选择、材料的购置与加工、机械产品的装配和调试等多个步骤。

在加工制作之前,应尽可能多地将各个细节构思好,同时注意后期的材料购置和加工都会反馈到前期的规划中,甚至于重新进行产品的制造规划。要注重机械产品的美观性,体现良好的加工制造水平,以赏心悦目的外观赢得"第一印象"。

7.1　各种数控机床的适应加工范围

数字控制机床是用数字代码形式的信息(程序指令),控制刀具按给定的工作程序、运动速度和轨迹进行自动加工的机床,简称数控机床。

数控机床具有广泛的适应性,对具有一定相似几何外形的加工对象,只需要改变部分输入的程序指令即可,加工性能比一般自动机床高,可以精确加工复杂型面,因而适合于加工中小批量、改型频繁、精度要求高、形状又较复杂的工件,并能获得良好的经济效益。

随着数控技术的发展,采用数控系统的机床品种日益增多,有车床、铣床、镗床、钻床、磨床、齿轮加工机床和电火花加工机床等。此外还有能自动换刀、一次装夹进行多工序加工的加工中心等。其中,数控车床适用于加工各种形状复杂的回转体零件,还可加工各种螺距及变螺距螺纹等;数控铣床适用于加工各种复杂的箱体类零件;而加工中心适用于加工形状复杂、工序多、精度要求高,需用多种类型通用机床经过多次装夹才能完成加工的零件。

根据数控加工的优缺点及国内外大量应用实践,一般可按适用程度将零件分为三类。

1. 最适用类

(1) 形状复杂,加工精度要求高,用通用机床无法加工,或虽然能加工但很难保证产品质量的零件;

(2) 用数学模型描述的复杂曲线或曲面轮廓零件;

(3) 有难测量、难控制进给、难控制尺寸的半敞开内腔的壳体或盒型零件;

(4) 必须在依次装夹中合并完成铣、镗、铰或螺纹等多工序的零件。

2. 较适用类

(1) 在通用机床加工时极易受人为因素(如情绪波动、体力强弱、技术水平高低等)干扰,零件价值又高,一旦质量失控会造成重大经济损失的零件;

(2) 在通用机床上加工时必须制造复杂的专用工装的零件；

(3) 需要多次更改设计后才能定型的零件；

(4) 在通用机床上加工需要作长时间调整的零件；

(5) 用通用机床加工时，生产率很低或体力劳动强度很大的零件。

3. 不适用类

(1) 生产批量大的零件；

(2) 装夹困难，或完全靠找正定位来保证加工精度的零件；

(3) 加工余量不稳定，且数控机床上无在线检测系统可自动调整零件坐标位置的零件；

(4) 必须用特定的工艺装备协调加工的零件。

由此可见，目前的数控加工主要应用于以下两个方面：

一是常规零件加工，如二维车削、箱体类镗铣等。其目的在于提高加工效率，避免人为误差，保证产品质量；以柔性加工方式取代高成本的工装设备，缩短产品制造周期，适应市场需求。

二是复杂零件加工，如模具型腔、涡轮叶片等。该类零件在机械创新产品及其他众多行业中具有重要的地位，其加工质量直接影响和决定着整机产品的质量。这类零件型面复杂，以常规加工方法难以实现，它不仅促使了数控加工技术的产生，而且也一直是数控加工技术的主要研究及应用对象。由于零件型面复杂，在加工技术方面，除要求数控机床具有较强的运动控制能力(如多轴驱动)外，更重要的是如何有效地获得高效优质的数控加工程序，并从加工过程整体上提高生产效率。

7.2　数控加工的工艺设计

在数控机床上加工零件，首先遇到的问题就是工艺问题，这也是机械类学科竞赛要求提供的技术文件内容之一。数控机床的加工工艺与普通机床的加工工艺既有不少相同之处，也有较大的差异性，在数控机床上加工的零件通常比普通机床所加工的零件复杂得多。

根据实际应用中的经验，数控加工工艺主要包括下列内容：

(1) 选择并确定零件的数控加工内容；

(2) 对零件图纸进行数控加工工艺性分析；

(3) 数控加工的工艺过程设计；

(4) 数控加工的工序和加工路线的设计；

(5) 数控加工专用技术文件的编写。

下面分别对以上 5 个方面的内容进行简要说明。

7.2.1　数控加工工艺内容的选择

对于某个零件来说，并非全部加工工艺过程都适合在数控机床上完成，这就需要对零件图样进行仔细的工艺分析，选择那些最适合、最需要进行数控加工的内容和工序。

在选择时，一般可按下列顺序考虑：

(1) 通用机床无法加工的内容应作为优先选择内容；

(2) 通用机床难加工、质量也难以保证的内容应作为重点选择内容;

(3) 通用机床加工效率低、工人手工操作劳动强度大的内容,可在数控机床尚存在富裕加工能力时选择。

相比之下,不适于数控加工的内容有:

(1) 占机调整时间长,如以毛坯的粗基准定位加工第一个精基准,需用专用工装协调的内容。

(2) 加工部位分散,需要多次安装、设置原点,这时,采用数控加工很麻烦,效果不明显,可安排通用机床进行加工。

(3) 按某些特定的制造依据(如样板等)加工的型面轮廓,主要原因是获取数据困难,易与检验依据发生矛盾,增加了程序编制的难度。

此外还应该考虑生产批量、生产周期、各工序的平衡、加工厂的生产能力等因素,务必使机床得到充分合理的利用。

7.2.2　零件的数控加工工艺性分析

被加工零件的数控加工工艺性涉及面很广,这也是科技制作团队的薄弱环节。下面结合编程的可能性与方便性提出一些必须分析和审查的主要内容。

1. 零件图尺寸标注方法应适应数控加工的特点

零件图上的尺寸最好从同一基准引注,或直接给出坐标尺寸,以方便编程。这是因为数控加工精度及重复定位精度很高,统一基准标注不会产生较大累积误差。图 7-1 所示为分散基准标注方法,图 7-2 所示为统一基准标注方法,可对二者进行对比。

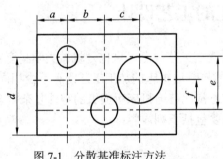　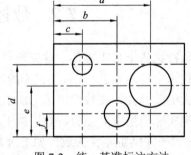

图 7-1　分散基准标注方法　　　　图 7-2　统一基准标注方法

2. 构成零件轮廓的几何元素应完整、精确

在程序编制中,编程人员必须充分掌握构成零件轮廓的几何要素参数及各几何要素间的关系。因为在自动编程时要对零件轮廓的所有几何元素进行定义,手工编程时要计算出每个节点的坐标,无论哪一点不明确或不确定,编程都无法进行。但由于零件设计人员在设计过程中考虑不周或有所疏忽,常常出现参数不全或不清楚,如不清楚圆弧与直线、圆弧与圆弧是相切、相交还是相离。所以在审查与分析图纸时,一定要仔细检查,发现问题及时与设计人员联系。

3. 定位基准要可靠

在数控加工中,加工工序往往较集中,以同一基准定位十分重要。因此往往需要设置一些辅助基准,或在毛坯上增加一些工艺凸台。如图 7-3(a)所示的零件,为增加定位的稳定性，可在底面增加一个工艺凸台，如图 7-3(b)所示。在完成定位加工后再除去。

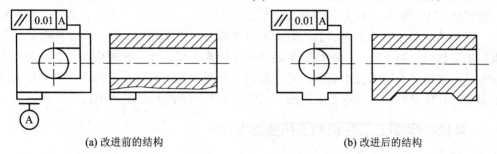

(a) 改进前的结构　　　　　　　　　　　　(b) 改进后的结构

图 7-3　工艺凸台的应用

4. 统一几何类型及尺寸

零件的外形、内腔最好采用统一的几何类型及尺寸，这样可以减少换刀次数，还可以应用控制程序或专用程序来缩短程序长度。在满足功能要求的情况下，零件的形状应尽可能对称，便于利用数控机床的镜像加工功能来编程，以节省编程时间。

7.2.3　数控加工的工艺过程设计

数控加工工艺过程是数控加工工序设计的基础，其质量的优劣直接影响零件加工质量和生产率，故应力求最合理的工艺过程。为此，在数控加工工艺过程设计中应注意工序划分和加工顺序的安排。

1. 工序划分

数控机床与普通机床加工相比较，加工工序更加集中。

(1) 以一次安装加工作为一道工序：适应加工内容不多的工件。

(2) 以同一把刀具加工的内容划分工序：适合一次装夹的加工内容很多、加工程序很长的机床作业，减少换刀次数和空程时间。

(3) 以加工部位划分工序：适应加工内容很多的工件。按零件的结构特点将加工部位分成几个部分，如内形、外形、曲面或平面等，每一部分的加工都作为一个工序。

(4) 以粗、精加工划分工序：对易产生加工变形的工件，由于粗加工后可能发生的变形需要进行校核，故一般来说，凡要进行粗、精加工的过程，都要将工序分开。

总之，划分工序要视零件的结构与工艺性、机床功能、零件数控加工内容的多少、安装次数等灵活掌握，力求合理。

2. 加工顺序的安排

加工顺序的安排应根据工件的结构和毛坯形状，选择工件定位和安装方式，重点保证工件的刚度不被破坏，尽量减少变形。因此加工顺序的安排应遵循以下原则：

(1) 上道工序的加工不能影响下道工序的定位与夹紧，中间穿插有通用机床加工工序的也应综合考虑。

(2) 先加工工件的内腔，后加工工件的外轮廓。

(3) 以相同定位、夹紧方式加工或用同一把刀具加工的工序，最好连续加工，以减少重复定位与换刀次数。

(4) 在一次安装加工多道工序时，先安排对工件刚性破坏较小的工序。

3. 数控加工工艺与普通工序的衔接

数控加工工序前后一般都穿插有其他普通加工工序,如衔接得不好就容易产生矛盾。因此,在熟悉整个加工工艺内容的同时,要清楚数控加工工序与普通加工工序各自的技术要求、加工目的、加工特点,例如要不要留加工余量、留多少、定位面与孔的精度要求及形位公差,对校形工序的技术要求,对毛坯的热处理状态等。这样才能使各工序相互满足加工需要,且质量目标及技术要求明确,降低废品率,节约科技制作的成本。

7.2.4 数控机床加工工序和加工路线的设计

在选择了数控加工工艺内容和确定了零件加工路线后,即可进行数控加工工序的设计。数控加工工序设计的主要任务包括确定工序的具体加工内容、切削用量、工艺装备、定位安装方式及刀具运动轨迹等,为编制程序作好准备。

1. 确定加工路线

加工路线的设定是很重要的环节。加工路线是刀具在切削加工过程中刀位点相对于工件的运动轨迹,它不仅包括加工工序的内容,也反映加工顺序的安排,因而加工路线是编写加工程序的重要依据。确定加工路线时应注意以下几点:

(1) 加工路线应保证被加工工件的精度和表面粗糙度。图 7-4(a)为用行切法加工内腔的走刀路线,这种走刀方式能切除内腔中的全部余量,不留死角,不伤轮廓。但行切法将在两次走刀的起点和终点留下残留高度,而达不到要求的表面粗造度。所以如采用图 7-4(b)的走刀路线,先用环切法,最后沿周向环切一刀,光整轮廓表面,能获得较好的效果。图7-4(c)所示为行切法 + 环切法组合,也是一种较好的走刀路线方式。

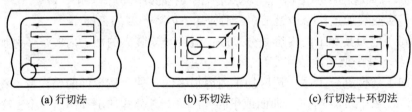

(a) 行切法　　　　　　　(b) 环切法　　　　　　　(c) 行切法＋环切法

图 7-4　铣削内腔的三种走刀路线

(2) 设计加工路线要减少空行程时间,提高加工效率。如加工图 7-5(a)所示零件上的孔系。图 7-5(b)的走刀路线为先加工完外圈孔后,再加工内圈孔。若改用图 7-5(c)的走刀路线,则可减少空刀时间,节省定位时间近一倍,提高了加工效率。

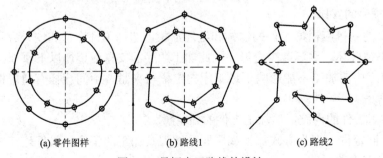

(a) 零件图样　　　　　　(b) 路线1　　　　　　(c) 路线2

图 7-5　最短走刀路线的设计

(3) 合理设计刀具的切入与切出的方向。考虑刀具的进退刀路线时,刀具的切入和切出点应在沿零件轮廓的切线上，以保证工件轮廓光滑。应避免在轮廓处停刀或垂直切入和切出工件。按图 7-6(a)所示的径向方向切入，容易划伤工件，而按如图 7-6(b)所示的切向切入或切出，加工后的表面粗糙度较好。尽量减少在轮廓加工切削过程中的暂停(切削力发生突然变化而造成弹性变形)，以免留下刀痕。

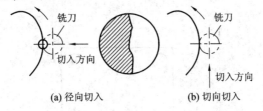

(a) 径向切入　　　　　　　(b) 切向切入

图 7-6　刀具的进刀路线

(4) 选择使工件在加工后变形小的路线。对横截面积小的细长零件或薄板零件应采用分几次走刀加工到最后尺寸或对称去除余量法安排走刀路线。安排工步时，应先安排对工件刚性破坏较小的工步。

(5) 合理选用铣削加工中的顺铣或逆铣方式。一般来说，数控机床采用滚珠丝杠，运动间隙很小，因此顺铣优于逆铣。

2. 典型数控机床加工路线

(1) 数控车床加工路线。如图 7-7 所示，数控车床车削端面的加工路线为 A-B-O_p-D，其中 A 为换刀点，B 为切入点，C-O_p 为刀具切削轨迹，O_p 为切出点，D 为退刀点。

如图 7-8 所示，数控车床车削外圆的加工路线为 A-B-C-D-E-F，其中 A 为换刀点，B 为切入点，C-D-E 为刀具切削轨迹，E 为切出点，F 为退刀点。

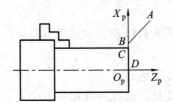
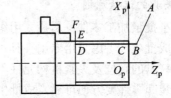

图 7-7　数控车床车削端面加工路线　　　图 7-8　数控车床车削外圆加工路线

(2) 数控铣床加工路线。立铣刀侧刃铣削平面零件外轮廓时，应沿着外轮廓曲线的切向延长线切入或切出，避免切痕，保证零件曲面的平滑过渡。如图 7-9 所示为外轮廓的铣削加工路线。

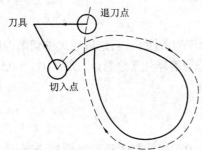
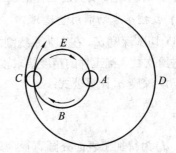

图 7-9　外轮廓铣削的加工路线　　　图 7-10　内轮廓铣削的加工路线

当铣削封闭内轮廓表面时，刀具也要沿轮廓线的切线方向进刀与退刀。如图 7-10 所示，

A—B—C 为刀具切向切入轮廓轨迹路线，C—D—C 为刀具切削工件封闭内轮廓轨迹，C—E—A 为刀具切向切出轮廓轨迹路线。

(3) 孔加工定位路线。要注意各孔定位方向的一致性，即采用单向趋近定位方法，这样的定位方法避免了因传动系统反向间隙而产生的定位误差，可提高孔的位置精度，如图 7-11 所示。

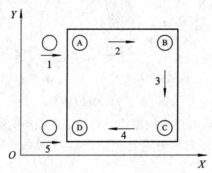

图 7-11　孔加工定位路线

3. 工件的安装与夹具的选择

1) 工件的安装

在确定定位和夹紧方案时，应注意以下三点：

(1) 力求符合设计基准、工艺基准、安装基准和工件坐标系的基准统一原则；

(2) 减少装夹次数，尽可能做到在一次装夹后能加工全部待加工表面；

(3) 尽可能采用专用夹具，减少占机装夹与调整的时间。

2) 夹具的选择原则

(1) 小批量加工零件，尽量采用组合夹具、可调式夹具以及其他通用夹具；

(2) 成批生产考虑采用专用夹具，力求装卸方便；

(3) 夹具的定位及夹紧机构元件不能影响刀具的走刀运动；

(4) 装卸零件要方便可靠，成批生产可采用气动夹具、液压夹具和多工位夹具。

4. 切削用量的选择

切削用量包括切削速度 V_c(或主轴转速 n)、切削深度 a_p 和进给量 f，选用原则与普通机床相似。粗加工时，以提高生产率为主，可选用较大的切削量；半精加工和精加工时，选用较小的切削量，以保证工件的加工质量。

1) 数控车床切削用量选择

(1) 切削深度 a_p。在工艺系统刚性和机床功率允许的条件下，可选取较大的切削深度，以减少进给次数。当工件的精度要求较高时，则应考虑留有精加工余量，一般为 0.1～0.5 mm。

切削深度 a_p 计算公式：

$$a_p = \frac{d_w - d_m}{2} \tag{7-1}$$

式中：d_w 为待加工表面外圆直径，单位为 mm；d_m 为已完成加工后的表面外圆直径，单位为 mm。

(2) 切削速度 V_c。切削速度由工件材料、刀具材料及加工性质等因素确定，可查表。

切削速度 V_c 计算公式：

$$V_c = \frac{\pi \times d \times n}{1000} \ (\text{m/min}) \tag{7-2}$$

式中：d 为工件或刀尖的回转直径，单位为 mm；n 为工件或刀具的转速，单位为 r/min。

(3) 进给速度 V_f。进给速度是指单位时间内，刀具沿进给方向移动的距离，单位为 mm/min，也可表示为主轴旋转一周刀具的进给量，单位为 mm/r。

进给速度 V_f 的计算公式：

$$V_f = n \times f \tag{7-3}$$

式中：n 为车床主轴的转速，单位为 r/min；f 为刀具的进给量，单位为 mm/r。

表 7-1 为车削加工时选择切削条件的参考数据。

表 7-1　车削加工时选择切削条件的参考数据

被切削材料名称		轻切削切深为 0.5～10 mm，进给量为 0.05～0.3 mm/r	一般切削切深为 1～4 mm，进给量为 0.2～0.5 mm/r	重切削切深为 5～12 mm，进给量为 0.4～0.8 mm/r
优质碳素结构钢	$10^{\#}$	切削速度为 100～250 m/min	切削速度为 150～250 m/min	切削速度为 80～220 m/min
	$45^{\#}$	切削速度为 60～230 m/min	切削速度为 70～220 m/min	切削速度为 80～180 m/min
合金钢	$\sigma_b \leqslant 750$ MPa	切削速度为 100～220 m/min	切削速度为 100～230 m/min	切削速度为 70～220 m/min
	$\sigma_b > 750$ MPa	切削速度为 70～220 m/min	切削速度为 80～220 m/min	切削速度为 80～200 m/min

2) 数控铣床切削用量选择

数控铣床的切削用量包括切削速度 V_c、进给速度 V_f、背吃刀量 a_p 和侧吃刀量 a_c。切削用量的选择方法是考虑刀具的耐用度，先选取背吃刀量或侧吃刀量，其次确定进给速度，最后确定切削速度。

(1) 背吃刀量 a_p(端铣)或侧吃刀量 a_c(圆周铣)。

如图 7-12 所示，背吃刀量 a_p 为平行于铣刀轴线测量的切削层尺寸，单位为 mm；侧吃刀量 a_c 为垂直于铣刀轴线测量的切削层尺寸，单位为 mm。端铣背吃刀量和圆周铣侧吃刀量的选取主要由加工余量和对表面的质量要求决定。

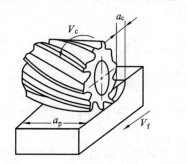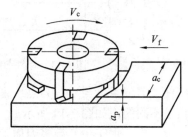

图 7-12　铣刀铣削用量

(2) 进给速度 V_f。

进给速度指单位时间内工件与铣刀沿进给方向的相对位移，单位为 mm/min。它与铣刀转速 n、铣刀齿数 Z 及每齿进给量 f_z(单位为 mm/z)有关。

进给速度的计算公式：

$$V_f = f_z \times Z \times n \qquad (7\text{-}4)$$

式中，每齿进给量 f_z 的选用主要取决于工件材料和刀具材料的机械性能、工件表面粗糙度等因素。当工件材料的强度和硬度高、工件表面粗糙度的要求高、工件刚性差或刀具强度低时，f_z 值取小值。硬质合金铣刀的每齿进给量高于同类高速钢铣刀的选用值，可查表选用。

(3) 切削速度 V_c。

铣削的切削速度与刀具耐用度 T、每齿进给量 f_z、背吃刀量 a_p、侧吃刀量 a_c 以及铣刀齿数 Z 成反比，与铣刀直径 d 成正比。其原因是 f_z、a_p、a_c、Z 增大时，同时工作齿数增多，刀刃负荷和切削热增加，加快刀具磨损。因此，刀具耐用度限制了切削速度的提高。如果加大铣刀直径，则可以改善散热条件，相应提高切削速度。

5. 对刀点和换刀点的选择

对刀点是刀具相对工件运动的起点，程序就是从这一点开始的，故又叫程序原点或程序起点(起刀点)。其选择原则是：

(1) 应尽量选在零件的设计基准或工艺基准上，对于以孔定位的零件，应以孔中心作为对刀点。

(2) 对刀点应选在对刀方便的位置，便于观察和检测。

(3) 对刀点应便于坐标值的计算，如选择绝对坐标系的原点或已知坐标值的点。

(4) 使加工程序中刀具引入(或返回)路线短并便于换刀。

对刀点可选在零件上，也可选在夹具或机床上，若选在夹具或机床上，则必须与工件的定位基准有一定的尺寸联系，如图 7-13 所示。

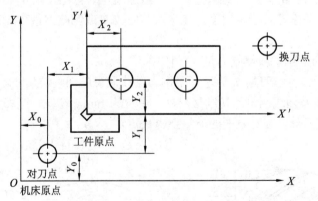

图 7-13　对刀点和换刀点的确定

对刀时，应使"刀位点"与"对刀点"重合。对刀的准确程度直接影响加工精度。不同刀具的刀位点是不同的，如图 7-14 所示。

数控车床、镗铣床、加工中心等多刀加工数控机床，因加工过程中要进行换刀，故编程时应考虑不同工序间的换刀位置，设置换刀点。为避免换刀时刀具与工件及夹具发生干涉，换刀点应设在工件外合适的位置，如图 7-13 所示。

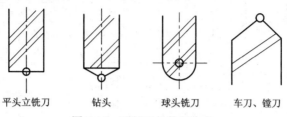

平头立铣刀　　　钻头　　　球头铣刀　　　车刀、镗刀

图 7-14　不同刀具的刀位点

7.2.5　数控加工专用技术文件的编写

编写数控加工专用技术文件是数控加工工艺设计的内容之一。这些专用技术文件既是数控加工及产品验收的依据，也是需要操作者遵守、执行的规程，有的则是加工程序的具体说明或附加说明，目的是让操作者更加明确程序的内容、装夹方式、各个加工部位所选用的刀具及其他问题。下面介绍几种数控加工专用技术文件，供读者参考使用。

1．数控加工工序卡

数控加工工序卡简明扼要地说明了数控工序的加工工艺，包括：安装次数、工步数目、加工顺序；各工步的主要加工内容、要求；各工步所用刀具及刀号、切削参数。其他工艺信息如所用机床型号、刀具补偿、程序编号等。数控加工工序卡示例如表 7-2 所示。

表 7-2　数控加工工序卡示例

数控加工工序卡片		产品型号			零件图号		
		产品名称	电动机		零件名称	联结轴	
材料牌号	40Cr	毛坯种类	锻件	毛坯外形尺寸	$\Phi95 \times 55$	备注	
工序号	工序名称	设备名称	设备型号	程序编号	夹具代号	夹具名称	冷却液	车间
3	车	数控车床	CK6140	O0001	1	三爪自定心卡盘	油基切屑液	金工车间
工步号	工步内容	刀具号	刀具	量具及检具	主轴转速/(r/min)	切削速度/(m/min)	进给速度/(mm/min)	背吃刀量/mm	备注
1	安装零件，夹持 15 mm								
2	车端面保证总长 49.25 mm	T1	90°车刀	游标卡尺，外径千分尺	800	50	50	2	
3	粗车外圆至 $\Phi52$ 至 34 mm	T1	90°车刀	游标卡尺，外径千分尺	800	50	50	10	
4	精车外圆至 $\Phi50$ 至 34.25 mm	T2	75°车刀	卡板	1000	100	100	0.3	
5	轴肩处倒圆 R3	T2	75°车刀		500	20	20	0.3	
6	钻 $\Phi20$ 的通孔	T3	麻花钻	游标卡尺	300	60	60		

续表

工步号	工步内容	刀具号	刀具	量具及检具	主轴转速/(r/min)	切削速度/(m/min)	进给速度/(mm/min)	背吃刀量/mm	备注
7	扩 Φ20 的孔至 Φ22 深度为 39.25 mm	T4	扩孔刀	塞规	300	40	40	0.5	
8	镗 Φ22 的孔至 $\Phi22.7^{+0.1}_{-0.1}$	T5	镗孔刀	塞规	700	100	30	0.2	
9	去毛刺倒棱	T6	倒角刀		500	20	20	1	
编制		审核					共 页	第 页	

2. 数控刀具调整单

数控加工时，对刀具管理十分严格，一般要对刀具进行组装、编号，并用机外对刀仪或在机内事先调整好刀具直径和长度。数控刀具调整单主要包括数控刀具明细表(简称刀具表)和数控刀具卡片(简称刀具卡)两部分。

数控刀具明细表表明数控加工工序所用刀具的刀号、规格、用途，是操作人员调整刀具的主要依据。

刀具卡主要反映刀具编号、刀具结构、锥柄规格、组合件名称代号、刀片型号和材料等，它是组装刀具的依据。数控刀具卡片示例见表 7-3。

表 7-3 数控刀具卡片示例

零件图号	ISO102-4	数控刀具卡片				使用设备	
刀具名称	镗刀					TC-30	
刀具编号	T13003	换刀方式	自动	程序编号			
刀具组成	序号	编号	刀具名称	规格/mm	数量	备注	
	1	7013960	拉钉		1		
	2	390.140-5063050	刀柄		1		
	3	391.35-4063110M	镗刀杆		1		
	4	448S-405628-11	镗刀体		1		
	5	2148C-371103	精镗单元	Φ50～Φ72	1		
	6	TRMRll0304-2lSIP	刀片		1		

3. 数控加工走刀路线图

在数控加工中，常常要注意并防止刀具在运动中与夹具、工件等发生意外碰撞，为此必须设法告诉操作者关于编程中的刀具运动路线，使操作者在加工前就有所了解，同时应计划好夹紧位置并控制夹紧元件的高度，这样可以减少事故的发生。此外，对有些被加工零件由于工艺性问题必须在加工中挪动夹紧位置的，也需要事先告诉操作者，以防出现安全问题。这些用工序卡是难以说明和表达清楚的，如用走刀路线图加以附加说明，效果就会更好。

4. 数控加工程序及说明

实践证明，仅依据加工程序单和数控加工工序卡来进行实际加工还有许多不足之处。由于操作者对程序的内容不够清楚，对编程人员的意图不够理解，经常需要编程人员在现场进行口头解释、说明与指导，因此，对加工程序进行必要的详细说明是很有用的，特别是对于那些需要长时间保留和使用的程序尤其重要。

程序说明主要内容包括：所用数控设备的型号及控制机型号；对刀点及允许的对刀误差；工件相对于机床的坐标方向及位置；镜像加工所用的对称轴；所用刀具的规格、图号及其在程序中对应的刀具号；必须按实际刀具半径或长度加大或缩小补偿值的特殊要求(如用同一程序、同一把刀具作粗加工而利用加大刀具半径补偿值进行时)，更换该刀具的补偿值；整个程序加工内容的顺序安排；子程序的说明；其他需要做特殊说明的问题等。

7.2.6　数控加工综合举例

加工如图 7-15 所示的平面凸轮，完成数控铣削工艺分析及程序编制。

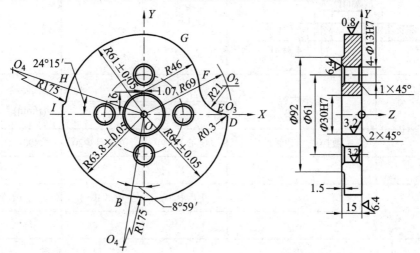

图 7-15　平面凸轮加工图

1. 工艺分析

从图上要求看出，凸轮曲线分别由几段圆弧组成，$\Phi 30$ 孔为设计基准，其余表面包括 4-$\Phi 13H7$ 孔均已加工。故取 $\Phi 30$ 孔和一个端面作为主要定位面，在联结孔 $\Phi 13$ 的一个孔内增加定位销,在端面上用螺母垫圈压紧。因为孔是设计和定位的基准,所以对刀点选在孔中心线与端面的交点上,这样很容易确定刀具中心与零件的相对位置。

2. 加工调整

加工坐标系在 X 和 Y 方向上的位置设在工作台中间,在 G53 坐标系中取 $X=-400$, $Y=-100$。Z 坐标可以由刀具长度和夹具、零件高度决定,如选用 $\Phi20$ 的立铣刀,零件上端面为 Z 向坐标零点,则该点在 G53 坐标系中的位置为 $Z=-80$ 处。将上述三个数值设置到 G54 加工坐标系中。加工工序卡如表 7-4 所示。

表 7-4　凸轮数控加工工序卡

凸轮数控加工工序卡		零件图号	零件名称	文件编号	第　页
		NC 01	凸轮		
		工序号	工序名称		材料
		50	铣周边轮廓		45#
		加工车间	设备型号		
			CY-KX850		
		主程序名	子程序名		加工原点
		O0304			G54
		刀具半径补偿	刀具长度补偿		
		D01 = 10	0		
工步号	工步内容	工　装		主轴转速 /(r/min)	切削速度 /(m/min)
		夹具	刀具		
1	数控铣周边轮廓	定心夹具	立铣刀 $\Phi20$	800	50
		更改标记	更改单号	更改者/日期	
工艺员		校对		审定	批准

3. 数学处理

该凸轮的轮廓均为圆弧组成,因而只要计算出基点坐标,就可编制程序。在加工坐标系中,各关键点的坐标计算结果如表 7-5 所示。

表 7-5　关键点坐标值

点	O_1	O_2	O_4	O_5	B	C	D	E	F	G	H	I
x	−37.28	65.75	−215.18	63.70	−9.96	−5.57	63.99	63.72	44.79	14.79	−55.62	−63.02
y	−235.86	20.93	96.93	−0.27	−63.02	−63.76	−0.28	0.03	19.60	59.18	25.05	9.97

根据上面的数值计算，可得出凸轮加工走刀路线图如表 7-6 所示。

表 7-6　数控加工走刀路线图

数控加工走刀路线图	零件图号	NJ01	工序号		工步号		程序号	O110
机床型号	XK5020D	程序段号	N10～N170	加工内容	铣周边轮廓		共 1 页	第　页

编程	
校对	
审批	

符号	⊙	⊗	✴	•→	→	↓	•---	⌁	⇄
含义	抬刀	下刀	编程原点	起刀点	走刀方向	走刀线相交	爬斜坡	铰孔	行切

4. 编写加工程序

参数设置：D01=10；G54：X=−400，Y=−100，Z=−80。

凸轮加工的程序及程序说明如下：

```
N10 G54 X0 Y0 Z40;                      //进入加工坐标系
N20 G90 G00 G17 X-73.8Y20.;             //由起刀点到加工开始点
N30 G00 Z0;                             //下刀至零件上表面
N40 G01 Z-16F200;                       //下刀至零件下表面以下 1 mm
N50 G42 G01 X-63.8Y10F80D01;            //开始刀具半径补偿
N60 G01 X-63.8Y0;                       //切入零件至 A 点
N70 G03 X-9.96 Y-63.02 R63.8;           //切削 AB
N80 G02 X-5.57 Y-63.76 R175;            //切削 BC
N90 G03 X63.99 Y-0.28 R64;              //切削 CD
N100 G03 X63.72 Y0.03 R0.3;             //切削 DE
N110 G02 X44.79 Y19.6 R21;              //切削 EF
```

```
N120 G03 X14.79 Y59.18 R46;          //切削 FG
N130 G03 X-55.26 Y25.05 R61;         //切削 GH
N140 G02 X-63.02 Y9.97 R175;         //切削 HI
N150 G03 X-63.80 Y0 R63.8;           //切削 IA
N160 G01 X-63.80 Y-10;               //切削零件
N170 G01 G40 X-73.8 Y-20;            //取消刀具补偿
N180 G00 Z40;                        //Z 向抬刀
N190 G00 X0 Y0;                      //返回加工坐标系原点
N200 M30;                            //结束
%
```

7.3　零件加工制造过程中的注意事项

机械创新作品是由团队协作完成的。设计人员与加工技术人员往往对零件加工的理解程度不同，有时加工人员拿着零件图埋头苦干，却对产品总体结构没有深入了解，往往会出现加工出的零件无法进行装配的情况。

根据应用实践，一般在产品加工制造过程中需注意以下几点：

(1) 加工零件时首先注意检查图纸，仔细审图，发现图纸不明确或看不懂的情况应马上与设计人员联系，不可盲目加工。有些图纸在加工时需要计算尺寸，在计算过程中务必反复核算，确认无误后再进行加工。

(2) 若零件较复杂，相关设计人员必须对加工师傅进行详细说明，让其全面了解整个产品总体结构及零件功能。技术工人加工经验往往比较丰富，有时可能提出更合理的改进方案，此时团队相关人员需与加工师傅协作拟定产品新方案，以完善产品功能。

(3) 图纸审核完成后，注意对应图纸的材料是否正确(材料材质、材料尺寸等)，材料的选择不应有太多强度和尺寸等方面的富余，以免造成浪费。

科技创新作品的制作周期往往较长，这对团队所有人员的科技素质都提出了较高要求。而设计加工制造中的任何一个环节都不是孤立的，团队所有相关负责人必须密切联系、配合，以使产品的生产过程更为经济合理。

7.4　产品调试与问题分析

"实践是检验真理的唯一标准"，在科技制作的早期，理论分析可能正确，但往往与实际情况有一定差距；或者由于产品复杂，理论和模型分析有误。上述情况会给加工制造带来极大的麻烦。当然，制造和装配误差累积到一定的程度，也会导致后期实物制作出来后与预期结果有差距。另外，机械产品的创新设计与制造，都是试验品，设计时未必能将具体的细节考虑得很细致和周全，因此可以说，制造过程也是设计过程的延伸。

解决安装、调试问题的关键，在于充分利用理论知识分析实践中出现的新问题和新情况，以及拥有较强的实践动手能力。

例如在和中央电视台科教频道《我爱发明》节目组合作，拍摄斗牛士健身车(见第 9 章斗牛士健身车内容)的过程中，节目组要求在室外骑行后，进入社区进行拍摄。由于此前都是室外骑行，没有考虑到该情况，实际中当后轮支起作为社区健身器材骑行时，连续蹬踏非常困难。因为后轮支起后会空转，只需克服其转动力矩，而没有后轮与地面的摩擦阻力。由于结构的特殊性，与后轮和后叉架铰接的曲柄在转动过程中，从最高点快速俯冲到最低点后，很难再次回到最高点。其原因在于蹬踏者在俯冲的惯性作用下，难以及时蹬踏而造成曲柄回转，因此难以连续蹬踏。出现这个问题并分析其原因，最后归结为整个周期速度波动太大。联想到"机械原理"课程中依靠飞轮来进行速度波动调节的原理，找来一些铁块固定在曲柄(悬臂杆)的对面(实验中增加到 7 块)，后轮空转蹬踏即变得较为容易。在理论和实验分析的基础上，还发现铁块(也就是飞轮)布置的位置和质量，对于蹬踏的难易程度是有较大影响的。该案例很好地说明了理论和实践结合，对于解决产品研发过程中出现的问题的重要性和作用。

再如在酷跑双轮车(见第 9 章酷跑双轮车)的安装调试过程中，一度出现蹬踏或电机驱动时双大轮无法转动的问题。分析原因可能是：

(1) 制造安装精度差，累积误差导致链条传动卡死，后轮轴断面与主传动轴不垂直，大轮制造误差大导致三脚架与大轮内槽摩擦阻力大，大轮弹性变形引起其与三脚架配合误差对传动影响等；

(2) 数学模型错误，相对运动理论分析错误，分析计算中数据假设与实际差异较大，电机驱动功率不够等。

由于可能因素较多，团队成员分工合作，首先在老师的指导下重新分析数学模型和验算计算结果；其次采用排除法，拆分产品模型并逐一精确测量，再重新组装。在整个过程中，鼓励各个队员针对问题各抒己见；最后将问题锁定在安装精度上，并予以解决。

酷跑双轮车的加工精度提高后，又因为阻力较小，一旦有速度波动，则前后晃动较大，尤其是在启动和制动时。为了解决这个问题，采用了前后两端加配重块的方法，使得驱动三脚架和其上的人转动的力矩增大，这样其平稳性得到大大提高，驱动前行过程中的晃动情况得到大大缓解。

提醒参与科技制作的师生，要充分重视实验模型制作在机械产品创新设计中的重要性。结构复杂的机械创新作品，其机构模型的简化取决于设计者的专业知识基础。在不能确认分析结果正确的前提下，建议先做一个小的简易模型。通过简易模型验证理论分析的正确性后，再着手进行实物加工制造。上述实验方法的应用，可以节约制作成本，降低制作风险。

第8章　参赛准备工作

作品实物制造并装配完成后，一般各类机械创新设计大赛还需要参赛队上交作品论文或说明书、参赛申报书、介绍作品功能和使用的视频文件、宣传海报等。上交这些资料的目的一方面可以让专家评委在没有见到实物前更好地了解作品，完成初步筛选；另一方面也可以让其他老师和同学观摩、学习和探讨。

因此后期工作的重点是在基于一个具有较多创新点、体现了较好的制造水平的机械产品的基础上，多方面、多角度地完成作品的宣传。作为参赛团队，把握好了这样一个工作重点，在接下来的工作中才会有的放矢。

参赛准备工作要注意时间节点，尽量将所有工作的完成时间，规划在比赛时间之前至少一个月，以方便作品制作完成后进行更好的完善。不要到了接近比赛的时候加班加点、仓促完工。在时间方面留有余地，可以帮助产品制作和上交材料完工后，进一步进行针对性地完善。

本章详细论述了相关的视频与海报制作、说明书或论文写作、论述和答辩等环节的注意事项和建议。

8.1　视频与海报的制作

对于推荐到全国的作品，全国机械创新设计大赛要求有作品视频文件，便于评审专家对作品结合说明文件进行总体评价。因此视频的制作应能更好地表达作品的制作思路、设计原理、加工制造、功能演示等内容。

如要求拍摄3分钟的视频文件，首先要拟定配合视频的说明文稿。该文稿的作用类似于剧本，除了视频幕后的导读内容外，还应补充说明该段文字所对应的、将要拍摄的视频内容，以指导后期视频拍摄工作。作为指导性的说明文稿，应对每一个视频片段有详细的时间段安排，同时要兼顾时间上的整体性安排和各部分内容的重要性占比等。

制作视频前，必须完成作品的渲染、光照、材质处理。对于结构复杂的作品，视频可以让别人快速了解作品的构成和功能。演示各个功能时最好选择隐藏或者淡化处理不相关部分，每个功能的演示应遵循从原动机到传输路线，再到最后执行部分这条运动传递路线。各个功能部分动画显示结束后，采用一个短暂的、快速的整体爆炸动画，让别人知道你的工作量较大，也可配合零部件列表说明。

视频播放过程中，除了有配音解说外，还应有少量突出的文字说明，如参赛作品和小组成员、辅导教师，关键的技术和原理，创新点总结等。这些言简意赅的文字，要能起到画龙点睛的作用。

一个完整的作品视频，应包含作品图片和性能对比分析、运动原理图解说明、运动学仿真验证、三维造型虚拟样机、实物功能演示等。同时还应插入一些制作和加工过程中的图片或视频片段，体现学生的加工制作水平和动手能力，这样可以向他人印证本作品非代加工。如作品有多个功能，还应详略得当地予以全面细致的表达，产品实物的功能演示应作为视频的主体部分。

此外，背景音乐的选用必须贴合作品内容，如斗牛士健身车选用《西班牙斗牛士》、救援变形金刚选用动画片《变形金刚》的音乐、酷跑双轮车采用动感十足的打击节拍等(作品介绍见第 9 章)，都可以让观者"身临其境"，帮助其更加深刻地体会到作品功能与团队的创新设计亮点。

制作好的视频，可在竞赛现场循环播放，吸引大量的老师和学生参观，可起到很好的宣传效果。

参赛海报如同一个作品和团队的旗帜，需要特点鲜明地表现其特征。具体而言，海报应包含产品功能图片和文字简要说明、高度概括的创新点总结、应用场合和价值、团队成员信息等。图 8-1 为多功能救援担架——救援变形金刚的参赛海报。

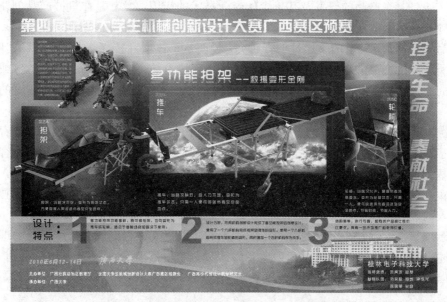

图 8-1　多功能担架——救援变形金刚参赛海报

8.2　申报书写作

参与科技制作或学科竞赛，有时候制作的作品由于制作经费问题，需要填写资助表，申请制作经费资助；或是申报国家级大学生创新实验、训练项目等，需要撰写申报书；或是填写参赛申报表、作品说明书等。这些申报书或说明书中都应该包含以下内容：本项目相关的国内外研究现状、项目实施的内容和目的、本项目的关键技术及解决途径、本项目的科学性和可行性论证、本项目的特色与创新点等。

编者总结近几年带学生进行学科竞赛过程中，说明文写作、答辩 PPT 制作等反映出来的通病有：

(1) 抓不住重点，不清楚哪些应该详细说明，哪些应一笔带过，哪些根本就不应该出现(比如专业基础知识应一笔带过，因为论述或说明的对象是专家、教授级别，不需要进行科普讲解)。要么就是眉毛胡子一把抓，要么下笔千言，离题万里，又或者主次不分，像记流水账。这些问题反映出学生在科技论文研究内容逻辑性判断方面的不足。应按照产品设计流程，按先后顺序进行论述；简单提及已有的产品或技术，重点阐述自己所做的创新工作；对于有一定价值的理论和实际用途的功能，要多费笔墨详细论述。

(2) 表达不精练，显得啰嗦和词不达意，或者离题较远，不懂得从所完成的工作中提炼出创新点或理论。这些是专业知识基础较弱的表现，解决这个问题的唯一途径是多看科技论文，体会和理解专业领域问题的描述、表达、总结等方面的技巧。需经过不断的模仿和锻炼，才能最终实现蜕变和升华。

8.2.1　立项背景

立项背景指的是与项目相关的发展概况。机械专业大学生的科技制作一般不会是纯理论研究，而是某个产品的研发及其包含的专业技术的应用。尤其是在机械产品创新设计领域，立项背景可限制在高度概括所研发的产品以及产品所使用到的关键技术方面。

撰写立项背景，其目的是通过调查研究，说明从事该项目具有一定的理论和实践意义。例如，所涉及的产品的功能新颖，是目前市场上所没有的，或是市场所急需的，或是对已有产品的改进，或具有多功能和较高性价比，或者某项理论或技术研究具有较好的应用前景等。

在撰写具体立项背景时，如果需要，可以选择国内外具有代表性的1~2个产品，结合图与文字进行详细说明，客观公正地论述其功能特点。好的综合论述，是建立在客观与全面理解基础上的高度概括和总结。既不能片面夸大、一味说好，看似处处恭维他人的研究成果，实则让人觉得你的工作意义不大或毫无亮点；也不能刻意贬低他人、唯我独尊，尤其是他人的成果可能明显优于你的作品，这样处理会招致同行的反感。

由于项目能立项，必定是具有一定的理论和实践意义，否则没有给予资助的理由，因此在论述立项背景的时候，应有意识地专门针对与本项目相关的研究，客观论述其缺点或不足，以突出本项目的研究内容和意义。

8.2.2　研究内容和研究意义

根据已经确定好的机械产品，明确其具体的设计内容。机械产品的研究内容一般为产品的设计思路和各部分功能实现的论述，以及应用专业知识和行业软件，对该产品进行数学建模和特性分析(运动学、动力学)，论证设计思路和能实现的目标等。

如前所述，机械产品的研究意义一般基于产品和技术两个方面进行论述。如基于市场调查研究，研发了一个具备什么功能、应用于什么场合的产品；该产品使用时对人和环境具有什么样的使用价值；在研发过程中将什么新技术和新理论应用于实际产品开发，理论如何与实践结合等。

研究内容和研究意义此处需要高度概括，要注意去粗取精，切忌抓不住重点，平铺直述。研究意义一般以三点为宜，如果确实有较多个创意，可以将部分整合为一个大的创新点进行说明。

8.2.3 项目的科学性和可行性论证

要论证项目的科学性和可行性，就是要说明参赛或申请项目的团队作品所使用的研究方法的合理性、理论的前沿性，以及通过论述，让评委认可使用该方法可以得到预期的成果。

基于上述分析，项目的科学性和可行性论证，实质上是用专业术语表达怎么做的问题。需要对所研究内容和具体实施办法，用专业术语结合基本理论、机械行业分析软件、具体实验方法，论述技术路线(结合图表表示)，即详细地描述如何一步步实现所研究的内容。最终"说服"评审专家认为项目具有一定的研究价值，所使用的方法科学合理，能达到预期的期望或目标。

8.2.4 产品创新点与重难点总结

所谓创新点，通俗地讲就是别人没有的或是没有做到的，而你做到了，你又是如何实现的。具体针对机械创新作品而言，则是为市场提供了一个具有一定使用价值、与众不同的功能产品，使用了什么新理论，解决了什么技术难题，在某个局部采用了什么新方法或技术解决了一个问题等。

注意产品创新点与研究意义的区别，有相似之处，也有不同之处。它们的相似之处在于都可以从产品和技术两个角度进行总结，不同之处在于，研究意义总结得比较"不拘小节"，主要从大的方面说明该产品对生产生活的影响，或是技术方面的理论实践应用。而创新点可以写得比较详细，如机械产品结构、零部件的创新设计等都可以作为创新点。

机械产品的重难点，具体而言，一般为机械运动方案的整体创新设计、机械产品的运动学仿真和动力学特性分析、结构复杂的产品三维实体建模、关键零部件的设计和加工制作等，是较为具体而且难以完成的部分工作。通过列举和阐述这些重难点，可以很清楚地让他人更好地了解作品的设计和制作难度，更全面客观地评价作品。

8.3 如何写说明书或论文

用专业的语言和文字打动、说服评委和专家，对于初步掌握专业知识的学生来说是比较难做到的。科技论文写作、报告和沟通要求学生具有宽广的知识面和对所研究内容的深入理解，同时还应具有良好的口头表达能力和慎密的思维能力、合理的随机应变能力。

当前的大学阶段偏重专业知识学习，而对科技论文写作能力的培养主要放在研究生阶段。但是通过参与科技制作，阅读大量相关的科研论文，并撰写调研报告和研究论文，本科阶段的学生也可以具有较好的科技论文写作和报告能力。

在进行写作之前，应有相应的知识积累过程。应仔细阅读相关科技论文 10 篇以上(10篇数量较少，主要是考虑到本科生时间有限、理解力有限)，熟悉专业论文的写作思路、整体布局、问题陈述与表达特点。学习新知识是一个模仿、消化、再创造的过程。尤其是对一些具有一定规则和章程的事物，如科技论文的写作，更应该遵循上述原则，而不是按照自己的主观意愿，随意地"创新"。

写论文前一定要先看看别人的优秀论文，理论性的知识一定要有，有时候看别人完成的内容受到启发，结合自己所做的事情往往会有新的观点和理论提炼出来。好的大纲(即章节标题)是行文的思路，思路理顺了，后面就是按部就班填空，相对容易很多。当然填空也有水平高低，有的人写得枯燥无味，提笔"寸步难行"，感觉腹中空空；有的人写得如行云流水，而且词藻华丽、赏心悦目，这是平时知识的积累和文字功底的体现。

以机械产品说明书为例，科技论文的写作步骤建议如下。

1. 理清提纲

明确写作内容和写作思路，写作内容即研究内容或完成工作的科学概括，从理论高度概括所做的研究工作，不是记流水账，也不是眉毛胡子一把抓地不分重点和难点。根据上述分析，列出论文的提纲，即1、2级小标题。

写作思路概括为以下三点：

(1) 提出问题。研究内容的相关综述，即前人已经做了什么？还有什么没有做好或需要进一步研究的？和已有成果相比，本论文做了什么？最好提供近三年国外、国内的相关研究工作，并评述这些已经完成的工作所使用的研究方法、达到的研究效果、研究的不足或需要继续深入研究的地方，以佐证你的研究是有科学和实用价值的。

(2) 分析和解决问题。基于先进的专业知识和理论，提出你的解决思路和方法。该部分要详细地论述具体实现方法，如数学模型建立、计算分析、结果分析归纳和讨论等，要使看到论文的人相信你的研究结果，并能根据提供的数据复现你的研究成果。

(3) 总结或结论。从实用的角度总结该产品为市场提供了一种新的机械产品、增加了新的功能，在理论方面有什么突破等。

2. 具体内容的阐述与表达

确立了大纲，就像一棵大树有了主干，要使论文更加丰满，还得加上"枝叶"。枝叶对于论文来说就是具体的文字表述。科技论文的表述要求客观、公正、严谨，以第三人称描述，言简意赅，注意论述应遵从一定的逻辑性。如设计一个机械产品，应先客观地表述现有产品的优缺点，基于此提出自己的设计思路、方案和拟实现的功能，分析产品整体设计思路，再论述其传动系统，使用运动学仿真来科学地论证传动方案的合理性和可行性，然后是关键零部件的设计与加工制造，最后是整体产品的使用和分析评价。

在论述时，一定要注意专业表达方法，充分利用图、表进行解释说明。时刻铭记："图是工程师的语言"。注意图、表、文字相结合，清晰简约地表达产品的结构和分析结果，终极目标是通过图、表和文字，让评阅者清楚地明白你所表达的内容。即便是图纸表达，如果信息表达不规范，或是表达不全，会让评阅者觉得参赛者基础能力差、留下不好印象；导致评阅者"不知所云"，留有疑问，严重的会影响到作品的品评结果。

例如，论述产品功能，需给出合适角度的产品三维渲染图，并配以文字说明。论述产品运动功能和原理，需给出传动系统图，对于结构比较复杂的产品，必要的时候可以删除或隐藏不需要的零部件，清晰可见地表达从原动件到执行构件间的动力传递路线，帮助读者更好地理解设计思路和产品结构。若产品设计中包含机构创新设计，需给出该运动状态下的机构简图及对应的零部件。若产品分析中有机构运动仿真和轨迹显示，则需给出机械运动全周期某些关键点的运动轨迹，以佐证设计理念。

总之，图、表和文字的综合运用，其目的是帮助读者正确理解设计和制造的产品，在确保该点的基础上尽量言简意赅。

另外，不使用"很"、"非常"之类的较为夸张的形容词。论述别人的成果时，忌极度贬低、也不宜过度夸赞，本着实事求是的精神，论述与本作品相关的同类产品功能的优缺点、技术的实现手段和方法等，从而引申出自己的作品及设计思路。

3. 深入提炼理论，总结高屋建瓴

理论功底的浅薄是本科生的硬伤，因为很多专业课他们都没有学到，更不用谈及了解和掌握比较前沿的学科研究方法和理论，很多同学参与科技制作都是边学边做。即便是学完专业知识的大四学生，也只是掌握了入门级别的专业知识。要求学生在专业领域独立地运用专业知识和理论研发产品，超出了绝大部分学生的能力范围。就如同做实验，本科生就是一遍遍地重复验证一些课本知识，真正地要求大家去独立开发一个自主性实验内容，对部分老师都是一个大的考验，何况是学生。反映在科技制作中，普通学生往往只知道设想设计的产品可能具有什么功能，动手能力强的学生进一步还知道具体细节可以如何设计，但是从做的事情中总结将要或已经用到的理论，很有难度。

在这一点上，学生必须依赖于指导教师的悉心教育和引导，以便更快地理解和掌握所设计的产品中用到的先进知识与理论。通过一段时间的集中教导，学生一样可以实现"后知先觉"。

8.4　陈述与答辩

"好的剧本和好的演员，才可以给观众呈现精彩的演出。"——论陈述与答辩环节对参与竞赛或今后工作汇报的重要性。

不管是项目申请，还是参与竞赛，都要经历陈述答辩的环节。不同的是项目申请是通过答辩环节，科学合理地论述本团队可能达到的预期成果，期望获得项目资助，从而去制作实物并完成后续项目验收。而竞赛答辩则是制作完成实物样机后，向专家陈述所完成的工作，现场进行功能演示和回答专家的咨询，以获得专家评委的欣赏和认可。

从以往全国机械创新设计大赛的参赛组织来看，作品的评审一般安排有现场问询和优秀作品答辩。现场问询主要是为了了解产品的设计功能，通过观看实物操作演示，具体评估产品性能；而优秀作品答辩则通过自主陈述和专家提问两个环节，从多方面考核参赛团队的专业知识背景、技术问题陈述与答辩、产品创新设计理论与实现方法、产品加工制造能力和水平等。该环节对于竞赛获奖、项目申请审批的重要性，占到整个竞赛或项目的 5 成左右。

陈述与表达对于竞赛作品的重要性，如同一个满腹经纶的人，遇到求贤心切的主顾，却因为口吃或不善于表达，抑或词不达意，而失去让人了解自己、了解作品的机会。

设计作品的复杂性、先进性、创新性是基础，陈述答辩是关键。机械创新设计团队完成一个产品的设计和制作耗时一年左右，而专家评委了解一个作品的时间全部加起来不到半小时，有的作品甚至只有 3～5 分钟时间品评。科技制作团队花费半年，甚至一年多的时间去开发一个机械产品，期间所遇到的问题和难题，不是答辩时候几分钟时间能完全讲述

清楚的。因此必须去粗取精，简明扼要地论述一般性的过程，重点突出地阐述设计创新点和加工制造难点。

评审老师都是机械专业的资深教师，积累了丰富的理论和实践经验，看到学生的作品，经过简单的咨询了解，一般都能掌握该作品的设计创新点和技术难点，以及总体排名。

但是也经常会遇到这种情况，面对上百个作品，评审专家很多时候事先缺乏对于所有作品的整体了解，并没有能注意到一些具体细节；同时术业有专攻，有些评审老师对于作品的特色和技术方向，不是很熟悉或是较为陌生，甚至有的评审专家对产品的某个关键技术不熟悉、不了解，这也是很正常的。在这种情况下，论述显得尤为重要，否则评审专家就有可能仅凭产品外观和功能演示做出判断，而未能深刻地认识到作品研制过程中的一些问题，及其如何解决的闪光点所在。

如何有效地利用这极短的时间，条理清楚、详略得当地组织内容和语言进行论述，让评委了解参赛作品的特点或与众不同的优势所在，以及模型分析计算中所使用到的先进技术和理论，是参赛学生和老师必须深入思考的问题。

8.4.1　答辩 PPT 的设计与制作

在制作答辩 PPT 时，学生群体容易犯错的误区主要有以下 10 点：

(1) 考眼力。有的 PPT 几乎把所有要讲述的文字内容都罗列在 PPT 页面上了，形成有的页面全是文字。这样让评委看文字很费力，同时这样做的目的是什么？由于陈述时间一般为 5 分钟，中间还需要超链接实物操作演示视频，因此 PPT 页数不宜过多，主要以图片和纲领性文字为主。要求陈述者能熟练地背诵与之相关的内容，切记不要有大段文字堆砌，陈述时生硬地对着 PPT 念稿子是最差的表现方式。提纲性的文字用于强调和提示听众，重要的创新点总结用文字重点展现。所有的讲述内容，要通过论述者声情并茂、结合肢体语言来恰当地表达。

(2) 不知所云。在有限的时间内，感觉时间已去一半，仍然讲述的是别人做了什么，丝毫没有涉及自己工作的意思。学生要明白，应该重点讲解什么，讲解者需要重点讲述自己做了什么，怎么做的，和别人已有工作相比做得如何？

(3) 时间比例。要注意讲解的内容中各部分的时间分配，有的虽然也是大部分谈自己的工作，却对关键的设计和分析步骤一笔带过，大量的时间用于阐述自己是怎么想的，和别人的对比分析，说自己如何如何好。给听众的感觉依然是一头雾水：你怎么做的？为什么比已有的作品或产品好，好在哪里？在请教老师之前，PPT 初步制作完成以后，最好请一个团队外的学生听一遍、看一遍，看看同专业、不熟悉的人能否听懂你的讲解，哪里听不懂？哪些地方听懂了而说得太多？哪些地方说了还没有讲透？针对性地加以改正。

(4) 图、表、视频相结合。工科的学生一定要牢记：图是工程师的语言，表格可以帮助人们理清状况和对比分析，视频可以让结构复杂的设计变得简单、明了、易懂。技术在不断地进步，仅仅是图纸的表达，就经历了早期的手工绘图，到 2000 年左右 AutoCAD 计算机二维制图。随着三维技术的普及，2011 年出现了新的制图国标：三维图形标注，看图人员可以很清楚地看到标准件和非标准件的细节特征，已经无需结合主视图、俯视图、左视图在脑海里思考零部件的细节了。有的同学在讲解设计构思时，会给人以一种理解很费劲的感觉，原因在于设计的产品结构过于复杂，而表达的方式则欠妥当。一个结构复杂的机械创新作品，首先应该是机构的运动和结构原理，然后是运动动画或视频，最后是基于此的三维造型虚拟样机，这样便于理解。当一个学生给出几个视图而别人还需要去思考结构细节的时候，学生在那里讲解的话语，不知道别人还能听懂几句？

(5) 自我中心主义。不少答辩的同学存在比较严重的本位主义思想，考虑问题从自身出发，由于缺乏知识积累的广度和深度，很容易陷入局部了解而缺乏全局认识。比如，认为"我就觉得事情应该这么做""我的理解就是对的"等，建议多听从指导老师的意见，虚心接受评审专家的批评和建议。

(6) 色彩与文本字体的设置。既要避免死气沉沉，也要忌讳眼花缭乱。关于答辩 PPT 的版面布局、背景图片、颜色字体等的选用，并没有一定之规。总之给人以清新、自然较好，字体和色彩太单调、过于刺眼等都是不合适的，红色的字体颜色尽量不用。建议版面布局以简约为主，可以放置参赛学校校徽或团队徽标；背景图片则以淡蓝色调为主，白色背景过于单调，黄色、红色则过于刺眼；对于字体，一般性的描述文字、纲领性或标题类的文字颜色应予不同处理，标题之类的文字应加粗。

(7) 用数据说话。大部分同学由于本科阶段没有经历较为严格的科学研究训练，对于用科学的、对比明确的性能参数计算分析来阐明团队作品的优缺点，没有感性认识。比较普遍的现象通常会用一些摸棱两可的修饰语，比如"很""非常""好像""差不多"等，应该尽量用较直观的定量数据，而非较模糊的定性语言来表达作品。具体而言，比如"我们提出了一个很好的解决方案"，这种描述在科学研究中是不允许的，例如做市场调查研究，允许有"漏网之鱼"，没有非常全面的数据，但是建议用表格和图片方式进行对比，并给出性能参数和数据；谈及一些具体的改进措施时，一定要将改进的参数与之前的已有参数罗列出来进行对比，这样一目了然，胜过含糊其辞的千言万语。

(8) 你的作品为什么好？有的同学阐述作品时，往往只谈及团队怎么做的，如果评审专家不是该领域的专家，听完往往还是不了解这些工作的重要意义和优劣，以及改进程度。建议在 PPT 中前期一定要有简短的同类产品或作品的调研对比，后期再次结合图片进行创新总结。

(9) 时间的把控。为了获得较好的陈述效果，应先拟定陈述草稿，并重复模拟答辩多次，争取在规定的时间内有较好的表现，建议 5 分钟的论述时间，平时训练在 4 分 30 秒左右完成。不建议死记硬背，而是要理解性地记忆和背诵。

(10) 练兵千日，用兵一时，模拟答辩很重要。对进入国赛的团队，建议多做模拟答辩，虽然比较耗时，但是对于学生在赛场的良好表现意义重大。模拟答辩作用主要有两点：第一是面对大量的团队师生观众的多次演练，可以克服普通人的怯场和畏惧心理；第二是通过多人多次的各种问题提问和老师指导解答，可以很好地帮助学生提高答辩能力。

具体在设计制作 PPT 的内容时，建议内容的编排分三步走：

第一部分：我为什么要做这个创新设计作品？首先是市场相关调研，简要论述市场上相同类型产品的功能和技术实现特点，注意要进行分类归纳总结，结合图片进行说明，如能给出翔实的数据更好，作用是引申出本作品旨在解决什么问题；其次在 PPT 页面给出核心词汇，如优点和缺点对应的技术关键词；最后总结说明，现有的该类型产品需要改进或是有进一步研发的必要性，主要结合自己团队的作品进行论述。

第二部分：我们团队是如何设计的？这一部分的任务是讲清楚设计原理，即设计思路和具体功能实现。第二部分首先采用简短的功能演示视频，可以让评委很好地对团队的作品有个全面的理解。然后按照作品的使用步骤，逐一详细说明团队作品的每一个重要功能和实现原理，如果该部分有机构的创新设计，先给出机构简图，然后是创新设计的结构图，最后给出该部分功能的简短运动仿真视频。中间可给出一些科学、合理的分析计算说明。

第三部分：这个作品将会给人们的生产、生活带来什么价值？我们在创新中运用了什么技术？该部分是总结本作品的现实意义和创新点。创新点总结可结合少量文字和图片，再次强调本作品在前人基础上，做出了哪些突破和改进，总结必须从理论、技术、产品角度高屋建瓴，不要浮夸，坚持有一说一的原则。

8.4.2　作品陈述内容及注意事项

首先简单谈及演讲与表达的技巧：① 从逻辑的层面讲述表达的目的是什么，表达的基本方法是什么；② 从方法的层面讲述表达一个问题需要怎样安排所要表达的内容；③ 从感性的层面讲述，演讲应该达到的两个基本层面：说服与感动；④ 多次演练，提升自己的演讲实战能力。

竞赛或申请项目的陈述环节，是根据陈述要求，如项目申请或是学科竞赛、时间限定的长短、是否结合实物讲解等，向评审专家论述相关内容，如设计功能演示或实物展示、产品设计思路、重难点和创新点等。

陈述一定要注意赛事要求、陈述场合、时间等因素。

比如，竞赛环节中专家评委们现场进行评审，观看产品演示，陈述时应以功能展示为主，最后简要介绍创新点——且以产品创新为重点，在有限的时间、比较嘈杂的环境中，抓住专家评委主要想了解的产品功能、产品特色及创新点，切忌拖泥带水、主次不清。

在专门的答辩环节，比如包含 5 分钟陈述、10 分钟专家提问，则应简要叙述同类产品(配图说明)及性能比较，详细论述作品的设计思路、所使用的先进方法和技术、功能演示、创新点总结等。

陈述过程要注意详略得当，简单的内容一带而过，与产品相关的重难点内容则要详细论述。要善于激发专家评委思考："如果这个问题由我来解决，我会怎么办？"然后提出自己的解决方法，这样可以加深专家评委对作品的良好印象。在短短的3～5分钟，让所有专家评委，尤其是专业或研究方向有所偏颇的专家，了解一个复杂产品的新颖性、独创性、以及团队所做的其他细致而繁琐的工作，是很有难度的。

总的来说，陈述是一个可以控制的环节。根据竞赛的相关要求，指导老师可以对团队学生加以认真细致的辅导，选拔表述清晰、专业基础知识扎实、外在形象自信诚恳的学生作为陈述答辩负责人，辅导学生熟悉设计到加工制造的全过程，对陈述的内容、PPT 制作等进行把关，学生多做几次模拟陈述，应能得到很好的解决。

8.4.3　答辩的注意事项及技巧

答辩是最能体现一个学生综合素质和能力的舞台，其中包含了学生与他人的沟通技巧、即时语境下的语言表达能力、对随机事件的处理能力、与科技作品相关的专业知识水平等，参加一个比赛，团队要尽自己所能，将团队作品的闪光点很好地表述给专家、老师和学生，以期获得良好的效果。

　　相对陈述环节，答辩是一个最难把握和控制的环节。相对陈述环节的内容可控制，答辩的内容是无法预测的，但是参赛团队可以通过前期细致入微的准备工作，来尽可能地应对未知的针对作品的各种问题。

　　教师要辅导团队熟悉整个设计、制造加工过程的技术难点，尤其是一些设计和分析过程中较深奥的专业理论，如创新设计理论、机构分析、运动学仿真、创新点理论提炼等，还要注意培养学生的专业表达能力。作为参与科技制作与竞赛整个过程的绝对主角，学生必须尽量熟悉并掌握尽可能多的与作品相关的知识，凡是和作品相关的知识点，必须不打折扣地全部熟悉和掌握，不打没有把握的仗。"而知也无涯"，一个机电结合的机械产品，其包含的学科知识非常广泛，在答辩过程中可能被问到的内容和问题繁多，如对市场上已有产品的性能分析、相关的专利产品检索和分析对比、机械运动方案设计和动力学分析、机械原理和工程力学知识、选材时对各种常见或常用材料的力学性能了解、加工过程中各个零部件的加工工艺选择和制定等。

　　尽管答辩前团队都会做好各种提问的准备，并预备好合理的回答，但是在实际答辩过程中往往"防不胜防"。因此要做好充足的准备，在参加答辩前，团队要尽可能地进行至少两次模拟答辩。参赛团队在模拟答辩时，可邀请辅导竞赛经验丰富的老师、不同年级的同学参加，提出各种专业的或者业余而刁钻的问题，指导老师根据学生的回答现场给予指导、纠正或补充。针对学生答辩中反映出的问题，给予及时、较为准确的解答，帮助学生理解和掌握答辩技巧。模拟答辩无论是对于初次参与竞赛答辩、还是有过参赛经验的学生来说，都是很有必要的。

　　答辩过程中要回答评审专家各种各样的问题。遇到指出不足或问题的评审专家，学生需要认真地、科学地将问题解决的思路和方法讲述清楚，必要的时候可以提请专家给予批评指正，评审专家也会乐于接受并给予一些中肯建议。尽量委婉地表达自己的设计思想，做到自信而不自傲，谦恭而不谦卑。遇到和作品不太关联的问题，如果自己很清楚，可以较好地进行解答；如果不熟悉，可以坦承自己的不足。此外，建议可说明团队作品与之关联的闪光点，以及所体现出的团队在解决这些问题时的能力。面对自己回答不出的问题在不能确保自己回答正确的前提下，答辩学生不如老实承认自己在这方面能力的缺乏，避免钻进死胡同，在难以回答的问题上耗费时间，支支吾吾，表现不好。

　　另外，一定要注意答辩的技巧。答辩过程要力争做到有理有据、谦恭自信，陈述、答辩时要声音洪亮、逻辑缜密。相信一点：产品是自己设计和加工制造的，任何问题都难不倒我！

　　总之，答辩陈述前要真正做到有备无患，与产品相关的所有知识，如材料选用、加工方法、加工工艺的选择等，都需要去问个为什么，而不是随手带过。做有准备的人，不打无把握的仗，相信成功就离你不远了。

第9章　机械创新作品案例

9.1　概　　述

本章详细论述了本团队所研发的 10 个机械创新作品：救援变形金刚、斗牛士健身车、可变结构运输车、智能魔方车库、酷跑双轮车等。这些作品是团队教师指导学生创新设计并制作的机械产品，均为国家级、省级机械创新设计大赛的优秀作品，部分作品已获得国家发明专利，具有较好的市场推广和实用价值。

本章介绍的 10 个作品根据作品的设计流程，从相关产品调查分析、创新设计思路、机构分析与运动仿真、优化设计方法及实现、关键零部件加工与制造、创新点总结等方面进行了详细论述。这些案例分析，较好地体现了机械产品创新与优化设计的技术细节，既可作为学生学习机械创新设计产品论文写作参考，也可帮助学生了解和掌握机械创新与优化设计一般步骤和操作。

9.2　创新作品一：救援变形金刚

(指导老师：孙亮波，桂慧；参赛学生：刘奕聪，阳城，林晓攀，梁成龙，牟睿)

9.2.1　摘要与关键词

摘要：创新设计了一款多功能病员输送装置，旨在危急情况下以最少人力、较轻便的结构，在多种路况下将伤者快速转移到安全区域。该装置主体由三块铝合金板块铰接，以直流电机为动力源，经蜗轮蜗杆减速器，带动变胞机构实现从担架到推车，再到轮椅的可逆机构变形，达到在不同路况下快速将伤者转移救援的目的。设计要点是：通过电机驱动六杆机构将担架变形为滚动推车；电机使摆杆进一步驱动横杠，带动十杆机构使前后两铝合金板块转动，从而变形为轮椅；辅加一四杆机构作为防护扶手。该装置设计巧妙，功能多样，轻便可靠，制作成本低廉，具有较好的市场推广和应用价值。

关键词：多功能；轮椅；推车；创新设计；机构

9.2.2　多功能伤病员输送装置市场调查研究

多功能担架既可实现伤者躺、坐起，也可变形为轮椅，还可在特殊环境下实现伤者快速转移，可广泛应用于医院、紧急情况救援等。通过市场调研，目前国内市场上多功能担架的主要产品及其性能分析如表 9-1 所示。

表 9-1　国内市场上多功能担架性能分析

市场已有产品	性　能　分　析
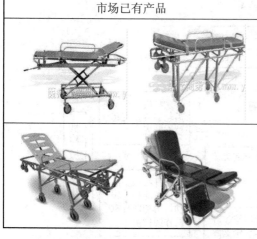	这两个产品为国内某制造商生产的某款多功能铝合金担架推车，主体均由两板块构成，只能实现躺、坐起功能；左边产品通过调节交叉支架移动可实现高度手动调整。总体来说，两款产品功能单一、结构简单，坚固但较重，不适合在较差路况使用
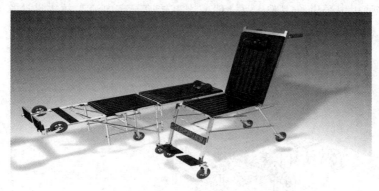	这两个产品为国外某制造商生产的自动变位担架车，均由多板块构成，能实现躺、坐起功能，也可变形为轮椅；两者都通过手动控制机构动作变形。总体来说，两款产品功能较齐全，结构复杂且重量较大，滚轮不可收起，不适合在较差路况下使用

通过对国内外多功能伤病员输送装置的市场调研可知，现有产品特点如下：

(1) 可实现担架和轮椅的变形功能，大都采用手动控制机构动作变形；

(2) 四个支撑滚轮固定不可收起，只适合平坦路况使用；

(3) 构件较多，结构坚固但重量较大，搬运不方便，影响作为担架的使用功能。

9.2.3　救援变形金刚的设计理念

基于以上对市场现有多功能伤病员输送装置的性能分析，发现均存在功能较单一、结构复杂且重量较重、搬运不便等不足之处，设计团队创新设计并制造了一款多功能伤病员输送装置，应用于救灾抢险情况以及日常护理场合。其在轮椅和推车状态下的三维造型图如图 9-1 所示。

图 9-1　产品在推车、轮椅状态下的三维造型图

该装置可实现坑洼路况双人抬行(担架)、一般路况变形为推车单人推行(推车)、平坦路况变形为轮椅快速推行(轮椅)等，不同构型间的可逆变形执行可靠便利，可快速将伤者移出危险区域，达到快速救助伤者的目的。同时，在路况较好的情况下，使用推车或轮椅，只需要一个人即可操作和看护伤病员，从而达到节省人力的目的。

该产品的机械系统创新设计思路如图 9-2 所示。

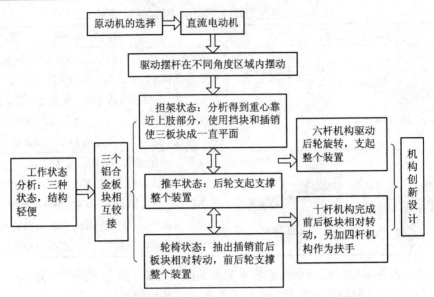

图 9-2　多功能伤病员输送装置的机械系统创新设计流程图

9.2.4　机械系统功能分析与实现

作为一款能应用于多种工作状况以及路况下，并能实现变形的多功能伤病员输送装置，其应用场合要求其具备结构简单、整体轻便、操作便利、执行可靠等特点。

1. 原动机与减速装置选择

该装置主体由三块铝合金板块相互铰接组成，为槽形中空状结构，在保证结构强度的条件下重量较轻，其结构如图 9-3 所示。经过计算分析，步进电机难以提供较大扭矩，交流电机在户外使用电源供给困难，且一般应用高转速、高电流，故本设计基于实际使用情况，采用直流蜗轮蜗杆减速电机驱动变胞机构实现可逆变形。

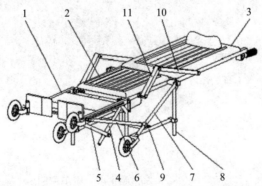

1—支撑下肢的前端板块；2—支撑臀部的中间板块；3—支撑上肢的后端板块；
4—电机与蜗轮蜗杆减速器输出连接的摆杆；5—与摆杆和前端板块滑槽内滚轮连接的连杆；6—与滚轮和后轮拉杆连接的连杆；7—铰接于中间板块的后轮杆；
8—固连于后端板块的支腿；9—连接前后支腿的连杆，中间固连一根横杠；
10—连接于后端板块的扶手连杆；11—连接于中间板块的扶手连杆

图 9-3　多功能伤病员输送装置主体结构图

蜗轮蜗杆减速器具有传动比大、自锁性能良好等优点。根据电机输出转速与机构变形时间关系，选用一对传动比为 24 的蜗轮蜗杆减速器。连杆机构与齿轮机构、凸轮机构相比，具有可长距离传递较大力矩的优点，且设计和加工制造方便。通过对三种工作状态(担架、推车、轮椅)的位置分析比较，在三者两两可逆转换的过程中使用了一个六杆机构和一个十杆机构完成了装置结构的变形。电机与减速器安装在中间板块下方。

2. 担架功能的实现

在坑洼路况或上下楼梯时，采用双人抬行伤者。三个铝合金板块成一平面，伤者躺于其上，腰部有安全带防护。脚部有挡板，在做担架使用时挡板可防止伤者滑动，前端安装一对滚轮。

支撑腿部和上肢的前端和后端铝合金板块通过铰链与中间板块连接，与前、后板块固定并垂直安装于其上的支腿可支撑整个担架放置于地上。根据人体尺寸分析，其装置结构尺寸如表 9-2 所示。

通过计算分析可知重心偏向于支撑上肢的后端板块，虽然由于蜗轮蜗杆的自锁作用，整个机构在担架或推车状态可保持一定位置，但为了使蜗轮蜗杆承受较小力矩，在中间板块靠近后端板块处安装了一个外伸的挡块。挡块支撑重量较大的后端板块，减小在担架或推车状态下蜗轮蜗杆所受力矩。

表 9-2　与图 9-3 对应的装置结构尺寸　　　　　　　　　　　　mm

前端板块 1	中间板块 2	后端板块 3	中间板块2宽度	摆杆4	连杆5	连杆6	后轮杆7	后支腿8	连杆9	扶手连杆 10	扶手连杆 11
543	560	817	400	350	605	651	503	350	555	230	487

3. 担架变形为推车——六杆机构实现滚轮支架变形

当路况较为平坦时，考虑到救援人员紧缺。可考虑单人推行，机构的变形原理如图 9-4 所示。从担架到推车的变形由六杆机构完成，变形过程中，前、中、后 3 个板块仍然保持同一平面上，可视为机架，其余 5 个活动构件分别是连接减速器输出的摆杆 2，与摆杆 2 和下肢滑槽内滚轮连接的连杆 3，与滚轮和后轮连杆 7 连接的连杆 4，铰接于中间板块的后轮杆 7，下肢板块槽中的滚轮。该机构活动构件数为 5，低副数为 7，故自由度为 1。

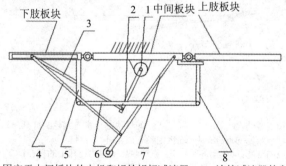

1—固定于中间板块的电机和蜗轮蜗杆减速器；2—连接减速器的主动杆(摆杆)；
3—连接主动杆与滚轮的连杆；4—连接滚轮与后轮杆的连杆；
5—铰接于中间板块的后轮杆；6—与前后支腿连接的连杆；
7—与后支撑轮连接的连杆；8—与上肢板块固连的后端支腿

图 9-4　从担架到推车——六杆机构的变形原理图

变形时控制电机 1 转动，经蜗轮蜗杆减速器带动摆杆 2 逆时针转动，从而驱动六杆机构运动，使得在铰链处安装的后轮连杆 7 逆时针转动，摆杆拉动滚轮在前板块滚动到滑槽右端，连接后轮的连杆与垂直位置夹角为 5°，直到摆杆转动到垂直三板块平面位置，与前后支腿中间的横杠接触，完成担架到推车的变形。在该位置后轮支撑整个担架即三块铝合金板，由单个救护人员推动铝合金板上的推手推行，可让伤者快速脱离危险区。变形后的推车三维线框图如图 9-5 所示。

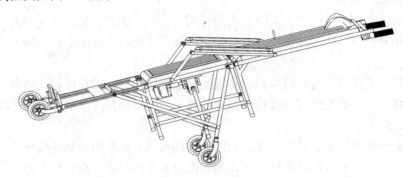

图 9-5　推车的三维线框图

4. 推车变形为轮椅——十杆机构实现板块旋转变形

若路况较平坦，或伤者希望保持较舒服的坐姿，可将推车变形为轮椅快速推行。设计将放置腿和支撑上肢的铝合金板块相应逆时针旋转 80°，使伤者保持较舒适的坐姿。该机构变形可用电机驱动十杆机构实现，如图 9-6 所示。

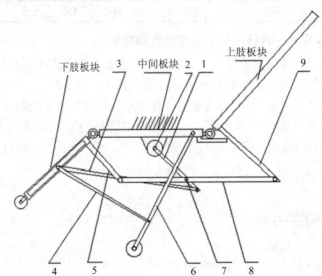

1—与减速器输出轴连接的摆动杆；2—固定于中间板块的电机与蜗轮蜗杆减速器；
3—连接电机输出轴与滚轮的连杆；4—连接滚轮与后轮杆的连杆；
5—与前端板块固连的支腿；6—后轮杆；7—连接前后支腿的连杆上的横杠；
8—连接前后支腿的连杆；9—与后端板块固连的支腿

图 9-6　从推车到轮椅——十杆机构的变形原理图

从推车到轮椅的变形是由十杆机构完成的，十杆机构由机架即中间板块、摆动杆 1、连接电机输出轴与滚轮的连杆 3、与后端板块固连的支腿 9、连接前后支腿的连杆 8、与前端板块固连的支腿 5、下肢板块滑槽内的滚轮、连接滚轮与后轮杆的连杆 4、后轮杆 6 等组成，其等效高副低代的机构简图如图 9-7 所示，该机构有 9 个活动构件，13 个低副，自由度为 1。

变形时，摆动杆 1 在垂直向下位置时(已与横杠 7 接触)继续逆时针转动，带动平行机构(下肢板块与支腿 5、连杆 8、上肢板块与支腿 9 构成)转动，从而使得与下肢板块相连的摆动杆 1 和与上肢板块相连的后轮杆 6 相应转动，完成推车到轮椅的变形，变形后的轮椅三维线框图如图 9-8 所示。在设计中，在中间和支撑上肢的两块铝合金板块两侧各安装一个四杆机构，实现变形为轮椅后的扶手功能。

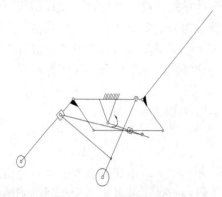

图 9-7 十杆机构简图

图 9-8 轮椅的三维线框图

横杠的创新设计，既实现了推车与轮椅两种状态下机构的可逆、可靠变形，又使得只需控制一个步进电机的不同角度区域转动，就可实现整个机构三种不同状态的变形。

9.2.5 结束语

经过市场调查研究，团队创新设计了一款多功能伤病员输送装置。

(1) 与市场已有产品相比，该装置功能多样，既可做担架，也可变形为推车或轮椅，适合在多种场合和路况下使用；

(2) 设计巧妙，采用机构创新设计完成了多功能担架的创意设计，使用一个六杆机构完成担架到推车的变形，使用一个十杆机构完成推车到轮椅的变形，同时增加一个四杆机构作为扶手；

(3) 结构简单，执行可靠，和同类产品相比功能更多、性价比更优，具有一定的市场推广和使用价值。

9.2.6 总结

(1) 本产品的设计创新点为应用变胞机构，可实现三种工况下机构的可逆变形。设计难点在于变形过程机构的分析和仿真，以及基于此机构的构件结构参数的选取。例如通过机构的分析和仿真，计算得到下肢板块的滑槽开口长度和位置。

(2) 本产品参加第四届全国机械创新设计大赛，获得全国二等奖。

(3) 本产品申请并获得国家发明专利，专利号：ZL201010166579.0。

(4) 本产品设计说明书整理后发表于中文核心期刊《机械研究与应用》。

9.3　创新作品二：斗牛士健身车

(指导教师：孙亮波，黄美发；参赛学生：朱军章，闭彬全，黄洋波，王陈宇，黄天茂)

9.3.1　摘要和关键词

摘要：结合普通自行车和齿轮连杆机构创新设计了一款新型斗牛士健身车，设计将后叉架连接到双后轮外伸悬臂轴并可调节，将车身主体相应进行革新设计。完成结构分析，该健身车为包含一个三级组 PR-RR-RR 的六杆机构。对该健身车建立了数学模型，采用牛顿-拉普森法进行机构运动学分析求解，并进行运动仿真，验证了设计理念。该健身车骑行难度可调，骑行时身体姿态不断变化，拟合斗牛运动特性，是集健身与趣味性、娱乐性于一体、进行户外健身运动的理想健身器材。

关键词：健身车；创新设计；六杆机构；三级组；牛顿-拉普森法

9.3.2　健身车市场调查研究

随着城市生活节奏的加快和生活压力的增大，相当多的城市居民进入了"亚健康"状态。限于时间和场地原因，健身车成为家用健身器材的首选。健身车在运动科学领域叫做"功率自行车"，分为直立式、背靠式(也称为卧式)健身车两种，如图 9-9 所示，可通过调节飞轮的转动惯量或摩擦片调整运动时的强度。骑健身车能通过腿部的运动加快血液流动、锻炼腿部和腰腹的肌肉，从而达到健身的效果。

图 9-9　市场上的直立式和背靠式健身车

现有健身车具有运动强度可调、功能损耗显示、占地面积小等优点，但也具有一些缺点，如健身功能单一(只能实现腿部锻炼)、机身固定难以实现户外运动、骑行状况始终如一、趣味性差等。

9.3.3　斗牛士健身车的设计理念

基于以上对市场现有健身车的性能分析，联想到《机械原理》教材中齿轮连杆机构可实现两连杆铰接点的复杂多变轨迹输出，如图 9-10 所示，本团队创新设计了一款"斗牛士"健身车，其整体三维造型如图 9-11 所示。

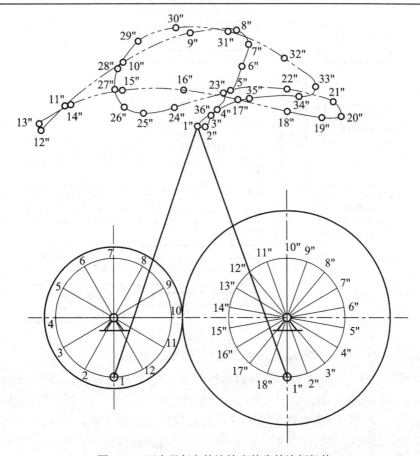

图 9-10　可实现复杂轨迹输出的齿轮连杆机构

图 9-11　"斗牛士"健身车三维造型图

斗牛士健身车与普通自行车最大的不同之处，在于将普通自行车后叉架的固定结构，创新设计为后叉架与后轮轴固定的外伸悬臂铰接，并且位置可调。其设计流程如图 9-12 所示。

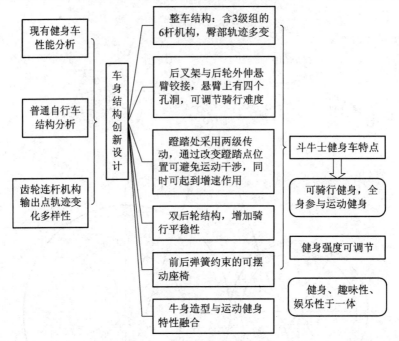

图 9-12 斗牛士健身车创新设计流程图

　　根据该设计思路，为保证整车的可运动性，将后叉架与座椅铰接，同时支承驱动链轮的杆件可绕后轮轴相对转动。由于结构改变导致骑行难度增加，为保证骑行过程安全，采用双后轮结构。为避免蹬踏中踏板或脚部与前后轮产生运动干涉，采用两级链轮驱动以变换踏板位置，还可起到增速作用。骑行中也可根据实际情况自行改变骑行速度以改善舒适性。

9.3.4　机械系统结构分析与功能实现

　　斗牛士健身车是基于齿轮连杆机构轨迹输出特点，在普通自行车结构改造基础上进行的创新设计，可实现健身与趣味运动功能。下面分析其机械结构和功能实现。

1. 机构结构分析及关键零部件结构尺寸

　　将斗牛士健身车简化为平面机构,其结构简图和高副低代后的机构分析图如图 9-13(a)、(b)所示。这里不考虑转向，并且省略人蹬踏踏板后由链条传递到后轮转动的部分，以后轮为主动件。

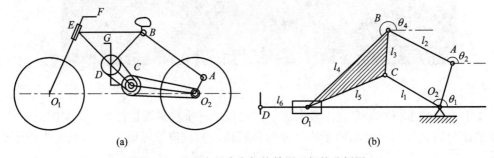

(a)　　　　　　　　　(b)

图 9-13　斗牛士健身车机构简图及机构分析图

　　由于后轮转动前行的相对位移,与杆 O_2A 和水平线之间的角度有一定的联系,在分析健身车机构组成时,可认为后轮固定支撑不动,然后分析其他部件与它的相对运动。基于以上分析可知,斗牛士健身车整体结构为自由度为 1 的 6 杆机构(不考虑转向),其中 O_1EBC 为一个整体,简化后可用 3 级组 PR-RR-RR 替代(其上低副分别为 B、C、O_1)。

　　设计中机构大部分尺寸均参考普通自行车并结合人机工程理论,部分尺寸可在一定范围内选取,考虑到 B 点轨迹的波动幅度、人骑行时的舒适性、蹬踏的难度以及避免运动干涉,最终确定的尺寸见表 9-3。

表 9-3　斗牛士健身车结构尺寸

构件	$O_2A(10\sim16)$	AB	BE	EO_1	前后轮半径	脚踏空间 长度(预留)	DE	BD
尺寸 (mm)	10, 13, 16 三个挡位	85	70	70	33	20	74	43

2. 机构运动学分析及仿真

　　对斗牛士健身车进行运动学分析以验证设计思路,简化后的模型如图 9-13(b)所示,由于其内含三级组 PR-RR-RR,机构运动学分析较为复杂,需要求解非线性方程组。对于三级组的分析,目前机构学专家主要采用了牛顿迭代法及其改进算法、粒子群优化算法、遗传算法、神经网络算法等,本文采用牛顿-拉普森法通过迭代逼近的方法进行求解。

　　后轮转动到某一位置(即原动件 O_2A 处于某一角度位置)时,列出矢量多边形方程:

$$\overline{DO_1} + \overline{O_1C} = \overline{O_2C} \tag{9-1}$$

$$\overline{DO_1} + \overline{O_1B} = \overline{O_2A} + \overline{AB} \tag{9-2}$$

取直角投影方程并移项后得到四个函数方程:

$$f_1 = x_D + l_6 + l_5 \times \cos(\theta_4 - \pi - \angle BO_1C) - x_{O_2} - l_1 \times \cos\theta_1 = 0 \tag{9-3}$$

$$f_2 = y_D + l_5 \times \sin(\theta_4 - \pi - \angle BO_1C) - y_{O_2} - l_1 \times \sin\theta_1 = 0 \tag{9-4}$$

$$f_3 = x_D + l_6 + l_4 \times \cos(\theta_4 - \pi) - x_A - l_2 \times \cos\theta_2 = 0 \tag{9-5}$$

$$f_4 = y_D + l_4 \times \sin(\theta_4 - \pi) - y_A - l_2 \times \sin\theta_2 = 0 \tag{9-6}$$

即转化为求解上述四个关于变量 θ_1、θ_2、θ_4、l_6 的非线性方程组,若上述四个变量已知,则机构位置(即点 B、C、O_1)确定。使用牛顿-拉普森法,获得如下位移矩阵(求导系数矩阵这里不再详述):

$$
\begin{bmatrix}
\dfrac{\partial f_1}{\partial \theta_1} & \dfrac{\partial f_1}{\partial \theta_2} & \dfrac{\partial f_1}{\partial \theta_4} & \dfrac{\partial f_1}{\partial l_6} \\[2mm]
\dfrac{\partial f_2}{\partial \theta_1} & \dfrac{\partial f_2}{\partial \theta_2} & \dfrac{\partial f_2}{\partial \theta_4} & \dfrac{\partial f_2}{\partial l_6} \\[2mm]
\dfrac{\partial f_3}{\partial \theta_1} & \dfrac{\partial f_3}{\partial \theta_2} & \dfrac{\partial f_3}{\partial \theta_4} & \dfrac{\partial f_3}{\partial l_6} \\[2mm]
\dfrac{\partial f_4}{\partial \theta_1} & \dfrac{\partial f_4}{\partial \theta_2} & \dfrac{\partial f_4}{\partial \theta_4} & \dfrac{\partial f_4}{\partial l_6}
\end{bmatrix}
\begin{bmatrix}
\Delta\theta_1 \\[2mm] \Delta\theta_2 \\[2mm] \Delta\theta_4 \\[2mm] \Delta l_6
\end{bmatrix}
=
\begin{bmatrix}
-f_1 \\[2mm] -f_2 \\[2mm] -f_3 \\[2mm] -f_4
\end{bmatrix}
\tag{9-7}
$$

　　通过编制相应程序,输入合适的四个变量的初值,经过有限次迭代可获得满足一定求解精度的四个变量的解，这样机构中所有点的位置即可确定。速度和加速度的求解，只需要进一步对式(9-3)～式(9-6)进行求导并按照上述求解方法求解即可。

斗牛士健身车运动仿真如图 9-14 所示，由以上分析可见，人骑行时人体四肢均参与运动，臀部运动轨迹为一刀形曲线，在骑行过程中可根据使用者的健身强度要求调节后叉架支撑位置(O_2A 杆长度)，由于扶手、臀部、脚部在整个运动周期内都是不停变化位置的，因此随着骑行周期内蹬踏角度位置和速度的改变，骑行者的手部、臀部与脚部位置和速度都在改变，尤其是臀部，这样骑行时人体的运动类似驾驭一头公牛，这也是该健身车命名为斗牛士健身车的缘由。

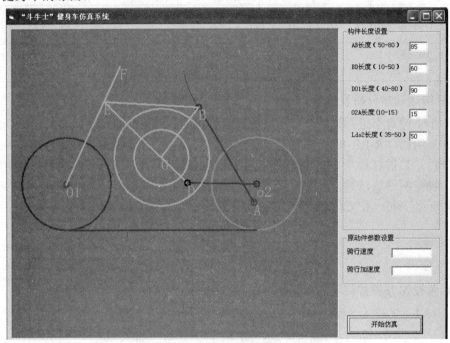

图 9-14　"斗牛士"健身车机构运动仿真图

9.3.5　基于机构分析的关键零部件设计

根据运动仿真，人在骑行过程中其手部、臀部和脚部的位置一直在变换，为了保证骑行舒适性，将座椅创新设计为可绕铰接点(支座)前后摆动的结构，即支座上固定安装角度为 120° 的前后板块，将两弹簧分别与前后板块及前后座椅固结，同时各安装一个固定弹簧导向螺钉，如图 9-15 所示。这样，在上、下、前、后的颠簸骑行过程中，座椅起到了很好的缓冲减震作用，减少了座椅对裆部的挤压和冲击，极大地提高了骑行的舒适性。

根据使用者不同的健身强度要求，通过改变后叉架与后轮中心的距离，在后轮悬臂上设置了四个不同的挡位，即后叉架与悬臂固定安装的四个孔洞。调节挡位时要求两边同步调整。为了便于调整，将悬臂设计为如图 9-16 所示结构。调节挡位时只需将套在后叉架末端伸出杆上的轴承套和固定螺母取下，即可使后叉架末端伸出杆在导槽内移动，方便挡位调节。观察仿真结果可知，悬臂长度越长，座椅对应的点的轨迹上下、前后差值越大，对应骑行过程上下、前后的颠簸越剧烈。

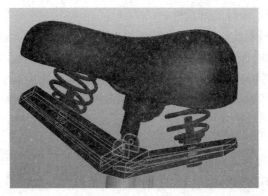

图 9-15　前后摇摆座椅

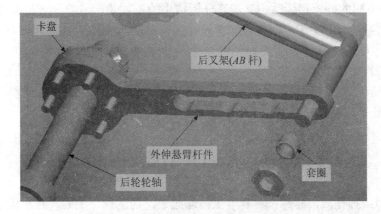

图 9-16　悬臂与后叉架末端伸出杆

9.3.6　结束语

"斗牛士"健身车制造完成后实物如图 9-17 所示。

图 9-17　斗牛士健身车实物图

与市场已有产品相比,该健身车具有如下特点:

(1) 骑性难度可调,通过调整后叉架与后轮外伸悬臂构件结合部位,可改变骑行难度;采用双后轮结构,增加了骑行的平稳性和安全性;根据骑行姿态变化,采用弹簧约束的可前后摆动式座椅，增加了骑行的舒适性。

(2) 车身主体为六杆机构，包含一个三级组 PR-RR-RR，对其进行运动学分析验证了设计理念，同时将三级组的理论分析应用于产品实际开发。

(3) 骑行过程中手部、臀部和脚部不停变换位置，较好地拟合了斗牛运动特点，达到全身参与运动健身的目的，为市场提供了一款集趣味性与健身性为一体的健身器材。

9.3.7　总结

(1) 本产品的设计灵感来源于教材中的齿轮连杆组合机构运动轨迹图。生活中的细致观察，结合理论知识的提纯，再辅以专业知识和分析软件，最终得到了一款全新的机械产品。本产品的创新点在于结构的创新设计，即将后叉架与后轮轮毂铰接。本产品研制过程中的难点在于机构的分析和运动仿真，其分析结果的正误是产品能否研制成功的关键。

(2) 本产品参加 2011 年广西机械创新设计大赛获得一等奖，参加 2012 年诺基亚-光华基金创业计划大赛获得全国金奖和创业基金资助。中央电视台科教频道《我爱发明》20120928 期节目介绍了本产品。

(3) 本产品申请并获得国家发明专利，专利号：ZL201120026274.X。

(4) 本产品说明书整理后发表于中文核心期刊《机械设计》。

9.4　创新作品三：节能划船健身器

(指导老师：孙亮波，桂慧；参赛学生：邱纪旭，区剑锋，王勋，吕惠康，罗运刚)

9.4.1　摘要和关键词

摘要：设计并制造了一款新型划船健身器。该健身器采用优化设计的四杆机构模拟划船运动，与杆件相连的轴的旋转通过齿轮系增速，使用棘轮实现阻力系统的连续运转，设计飞轮用于调节速度波动与储存能量，将划船运动产生的动能输出到电机轴上，末端使用储能电池将电机运转产生的电能回收以节能。该健身器操作便利可靠，既实现了划船运动带来的健身功效，又及时地将产生的能量加以回收，具有一定的市场推广和应用价值。

关键词：划船健身器；优化设计；反求设计；节能

9.4.2　市场现有划船健身器的调查研究

1. 划船运动机理分析

划船运动如赛艇是水上运动项目，由桨手运用其肌肉力量，以船桨为杠杆作械杆划水，使小艇背向桨手前进的一项划船运动。划船时，每一个屈伸的划臂动作，都能使约 90% 的肌肉得到锻炼，对锻炼背部肌肉有明显效果，能让脊背在体前屈和体后伸当中有更大的活动范围，使脊柱的各个关节得到锻炼，不但能提高肌肉的弹性，也能增强其韧性；同时划船运动能有效地提高人体的心血管和呼吸系统功能，增强全身肌肉力量，调节神经系统平衡，十分有利于提高人体的健康水平。划船健身器模拟划船动作，可以帮助人们在足不出户的情况下实现健身运动。

2. 市场上的产品分析

划船机是一种新型健身器材，市场上也有多种类型的产品销售，一般的产品采用气压缸提供运动阻力。按气压缸的数量，可分为单气压缸划船机和双气压缸划船机。对现有产品的分析对比见表 9-4。

对以上产品进行深入的对比分析和研究可知，目前市场上多数产品存在三个主要缺点：

(1) 手柄运动轨迹为圆弧，未能真实地模拟划船运动；

(2) 手柄的拉力随划船动作的变化而改变不大，不符合真实划船运动回拉时受力较大，前推时受力较小的特点；

(3) 未能合理回收利用运动所产生的机械能。

表 9-4　现有产品的性能分析

现 有 产 品	性 能 分 析
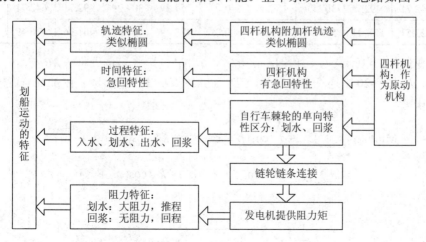	双气压缸划杆划船机，高度不可调，可以承受较大的拉力和推力，结构的使用寿命较长；划桨的运动轨迹为圆弧，运动过程阻力恒定
	单气压缸划轨划船机，高度不可调，手柄运动轨迹为圆弧；结构简单，易于搬运、存放

9.4.3　划船健身器方案设计

1. 整体设计思路

从划船运动的特征(类似椭圆划船轨迹、回程拉力较大，推程推力较小)出发，采用逆向思维的方式层层剖析，逐步确定划船机系统的各部分功能；并在系统末端增加储能部分，发电机既提供阻力矩，又将产生的电能存储以节能。整个系统的设计思路如图 9-18 所示。

图 9-18　划船健身器设计思路框图

基于以上调查研究和设计思路，设计制作出一款全新的划船健身器，其三维造型设计如图 9-19 所示。

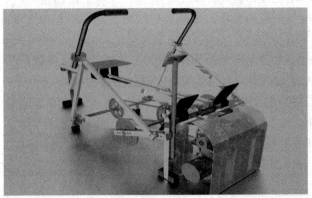

图 9-19　节能划船健身器的结构造型图

2. 原动机构优化设计

划船运动分为四个过程：入水、划水、出水、回桨。划船时手掌握船桨划动的运动轨迹近似一个倾斜的扁长椭圆，可用一定杆长结构条件的四杆机构的轨迹进行拟合。并且四杆机构具有急回特性，符合划水慢、回程快的划船运动时间特性，因此采用四杆机构作为原动机构。

设计一个曲柄摇杆机构，使它的输出轨迹近似一个倾斜的椭圆，参考《机械原理》教材中机构优化设计的章节，建立并求解再现轨迹的连杆机构优化设计模型。

根据中等身材人体身高、臂长等数据，可设置人体进行划船运动时，手掌经过的轨迹中 10 个特征点坐标，即机构要实现的类椭圆的 10 个点的坐标，如表 9-5 所示(φ_{1i} 的单位为弧度，$\bar{x}_i$、$\bar{y}_i$ 的单位为 mm)。

表 9-5　要实现的类椭圆的 10 个点的坐标

参数	1	2	3	4	5	6	7	8	9	10
φ_{1i}	0.628 32	1.2566	1.885	2.5133	3.1416	3.7699	4.3982	5.0265	5.6549	6.2832
$\bar{x}_i$	642.71	492.7	307.29	157.29	100	157.29	307.29	492.71	642.71	700
$\bar{y}_i$	523.51	538.04	538.04	523.51	500	476.49	461.96	461.96	476.49	500

设计变量：$X = [x_1, \cdots, x_5]^T = [\varphi_{10}, b, c, d, \gamma]^T$。其中，$\varphi_{10}$：曲柄 AB 与水平线的初始角；b，c，d：图 9-20 中连杆 BC、摇杆 CD、机架杆 DA 的长度；γ：附加杆与连杆的夹角。

目标函数：

$$\text{Min} F(x) = \sum_{i=1}^{n} [x_a + a \times \cos(\beta + x_1 + \phi_{1i}) + k \times \cos(\phi_{2i} + x_5) - \bar{x}_i]^2$$
$$+ \sum_{i=1}^{n} [y_a + a \times \sin(\beta + x_1 + \phi_{1i}) + k \times \cos(\phi_{2i} + x_5) - \bar{y}_i]^2 \qquad (9\text{-}8)$$

其中：

$$R = \sqrt{a^2 + x_4^2 - 2ax_4 \cos(x_1 + \varphi_{1i})} \qquad (9\text{-}9)$$

$$\varphi = \arctan\left[\frac{x_4 \sin\beta - a\sin(\beta + x_1 + \varphi_{1i})}{x_4 \cos\beta - a\cos(\beta + x_1 + \varphi_{1i})}\right] \tag{9-10}$$

$$\varphi_{2i} = \varphi + \arccos\left(\frac{x_2^2 + R^2 - x_3^2}{2x_2 R}\right) \tag{9-11}$$

约束条件：

有曲柄的条件：
$$\begin{cases} a + x_4 \leqslant x_2 + x_3 \\ a + x_2 \leqslant x_3 + x_4 \\ a + x_3 \leqslant x_2 + x_4 \end{cases} \tag{9-12}$$

边界条件：
$$\begin{cases} 100 \leqslant x_2, x_3, x_4 \leqslant 1000 \\ 0 \leqslant x_1, x_5 \leqslant 2\pi \end{cases} \tag{9-13}$$

对以上数学模型，运用 MATLAB 优化工具箱进行编程求解，收敛得到最优解 $\boldsymbol{X} = [x_1, \cdots, x_5]^{\mathrm{T}} = [\varphi_{10}, b, c, d, \gamma]^{\mathrm{T}} = [1.27, 603.40, 537.49, 520.37, 0.46]$。观察仿真效果，得到符合设计要求的机构，如图 9-20 所示。

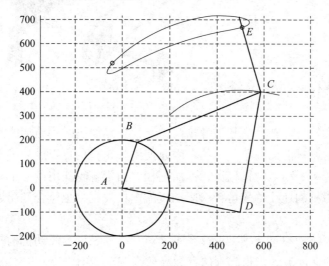

图 9-20　四杆机构设计结果图

四杆机构结构尺寸如表 9-6 所示。

表 9-6　四杆机构结构尺寸

项目参数	AB/mm	BC/mm	CD/mm	DA/mm	L_{CE}/mm	$\angle BCE$	杆 AD 与水平线夹角
参数数值	200	70	520	520	320	95°	−12°

图 9-20 中，CE 杆为附加杆，与 BC 杆固连；细曲线为各点运动轨迹。对于四杆机构运动过程中会出现死点位置的问题，可通过在连接曲柄的轴上增加转动惯量，利用惯性力来克服。

9.4.4　传动系统设计

确定原动机构后,根据整体设计思路,设计了三级增速齿轮系作为传动系统,如图 9-21 所示。

图 9-21　传动及执行机构设计方案

在第一级小齿轮传动轴上安装了棘轮。由于使用划船机时手施加的力作用于摇杆上使之往复摆动,而棘轮只能实现单向运动,因此使用棘轮机构可以区分推程与回程:推程时推力驱动链轮、链条带动阻力机构运转;而回程时由于棘轮作用,不带动阻力机构运动。该方案实现了阻力机构连续单向运转,驱动直流电机发电,也符合划船运动回程阻力小的特点。

在第二级齿轮传动小尺寸轴上设计有飞轮,其目的是调节原动机构——四杆机构摆杆摆动而传递产生的速度波动,也起到储存和释放系统动能的作用。

在第三级齿轮传动中,小齿轮带动电机主轴转动,采用发电机电磁阻力矩提供运动阻力,运动时手的拉力经过传动机构克服发电机的阻力矩做功,达到健身目的。

9.4.5　储能部分设计

在健身器传动系统的末端,采用直流电机提供电磁阻力矩。在健身运动过程中,能量传递使直流电机运转而产生了电能。在这里设计了一个储能装置,将电机中的能量传递到蓄电瓶中。

储存的电能既可供健身器上显示器工作,也可转为它用,以达到节能目的。

9.4.6　系统安装

设计阶段使用 Pro/E 造型软件进行系统的造型，并完成其运动仿真，观察运动无干涉。后期装配注意各构件使用强度及运动干涉，完成后的实物如图 9-22 所示。实用过程验证该设计方案合理，划船动作执行可靠，实现了初始设计要求。

图 9-22　划船健身器实物图

9.4.7　结论

在市场已有的划船健身器基础上进行了以下创新设计：
(1) 采用四杆机构作为原动机构拟合实际划船运动轨迹；
(2) 使用棘轮和多级轮系实现传动系统的连续运转和电机发电；
(3) 设计飞轮平衡速度波动和系统动能存储与释放；
(4) 实现了健身运动的能量回收，并完成了实物模型的制作。
该健身器不仅实现了划船健身功能，而且还兼具节能功效。实际操作使用灵活、可靠，且制作成本低廉，具备一定的市场推广使用价值。

9.4.8　总结

(1) 本产品的设计创新点为采用机械优化设计，反求获得模拟划船运动轨迹的四杆机构尺寸，并在此基础上综合使用棘轮、飞轮等知识点，制作完成一种新型储能健身器材。
(2) 本产品参加 2009 年广西机械创新设计大赛，获一等奖。
(3) 本产品申请并获得国家实用新型专利，专利号：ZL200920165008.8。
(4) 本产品设计说明书整理后，发表于中文核心期刊《机械设计与制造》。

9.5　创新作品四：酷跑双轮车

(指导教师：孙亮波，桂慧；参赛学生：陈立川，屈宏，陈进，李久余，李炳松)

9.5.1　摘要和关键词

摘要：设计了一款酷跑双轮车，论述了该装置的设计思路和双动力传动系统。建立酷跑双轮车的力学模型，分析了双轮车结构中人与三角架、外环大轮，以及地面之间的相对运动，最终计算得到满足实际驱动要求的双轮车结构参数。详细说明了该车转向、刹车原理和对应结构。该产品外形炫酷，具有较好的娱乐性，适合健身使用，也可作为公园观光景点游览车，是一款性价比高的休闲娱乐机械装置。

关键词：酷跑双轮车；创新设计；双动力输入；转向；刹车

9.5.2　现有产品市场调查研究

随着社会经济的发展、生活节奏的加快以及工作压力的增大，娱乐与健身越来越受到人们的喜爱。通过市场调查，两款代表性的集娱乐、休闲、健身等功能于一体的独轮和双轮车产品及其性能分析如表9-7所示。

表9-7　市场上同类产品分析

市场已有产品	性 能 分 析
	该产品为北京奥运会上进行娱乐健身表演的独轮车，通过脚踏使副轮与外圈大轮摩擦实现转动，依靠身体倾斜实现骑行过程中的转向。结构简单、新颖，外形比较炫酷，但平衡性能难以控制，驾驶技术要求高。独轮车的座位舒适程度较低。刹车采用脚部撑地实现
	该产品为一款双人骑行的双轮车，通过两个脚踏装置经由链轮分别驱动副轮，再经摩擦使两边的大轮前行，需两个驾驶者默契配合才能实现直线行驶、转向。通过摩擦力传动，损失能量大，同时在行驶过程中无紧急制动装置

通过对市场已有的代表性产品调研分析可知，现有产品特点如下：

(1) 以脚踏方式通过摩擦传递动力，驱动大轮子实现运动，能耗较大。

(2) 转向功能不完善或较有难度，不能在紧急情况下及时转向。

(3) 不具备紧急制动功能。

(4) 平衡性较差，骑行难度大。

9.5.3　酷跑双轮车设计思路

基于以上对市场现有同类产品的性能分析，针对传动系统单一、驾驶舒适度差、转向系统不完善、无紧急制动装置等特点，创新设计了一款采用双动力输入的"酷跑"双轮车。该产品的机械系统创新设计流程如图9-23所示。

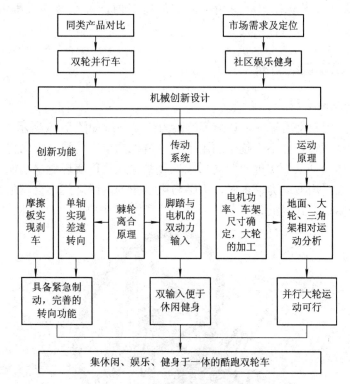

图 9-23　酷跑双轮车机械系统创新设计流程图

基于上述设计思路，该产品的三维造型如图 9-24 所示。

图 9-24　酷跑双轮车三维造型图

　　酷跑双轮车是一款设计用于观光游览的机械装置，且外观设计动感十足，使用过程趣味性强。酷跑双轮车依靠两个并行大轮与地面接触，通过脚踏或电机驱动两种方式提供驱动力，脚踏和电机的动力经过多级链条传动传递到大滚轮中心轴，通过 6 根铰接固定的钢杆驱使大轮滚动。电机传动时可通过调速模块对电机调速，满足所需的速度。在电力不足或希望健身的情况下可通过蹬踏前行。三角架通过滚轮与大轮内槽滚动而获得支撑,人坐立在由两三角架固定的座椅内,并在转动过程中使人体基本保持正立平衡状态。

9.5.4　酷跑双轮车功能分析

1. 双传动系统的实现

酷跑双轮车采用双动力输入,该装置的动力传动系统如图 9-25 所示。

为了实现双动力输入互不干扰,利用了棘轮机构的单向传递动力的特点,双动力输入经过棘轮传到主传动轴从而实现双驱动形式。脚踏输入可以实现健身功能,电机动力用于轻松休闲娱乐。当采用双动力输入时,脚踏与电机驱动两两之间不会产生互相干扰,输出速度由转速高的驱动方式提供。

电机　　主传动轴　　棘轮

图 9-25　酷跑双轮车传动系统图

2. 酷跑双轮车运动原理分析

分析双轮车的结构构成,除动力传递环节外,人、座椅与三角架可视为固定整体,而两个并行大轮(双大环)为一个整体。以地面为固定参考系,该装置具有三个相对运动:两个大轮相对地面的滚动;三角架、人和座椅等相对两个大轮的转动;人及三角架等相对地面的运动。

在动力的驱使下,可能会有以下两种运动:第一种是两个大轮相对地面不动,而三角架和人等相对两个大轮转动;第二种是两个大轮相对地面滚动,而人和三角架等相对地面作近似平移运动,即保持一种相对正立状态。设计希望为第二种运动,在此过程中,尽量减小三角架在整个装置速度发生突变时轻微的前后转动。

1) 人和三脚架在大轮中滚动的临界阻力矩 M_1

假设两个大轮相对地面不动,计算三角架及人等装置相对大轮逆时针转动所需的临界转矩。根据人体尺寸和重量,设定驾驶者身高 175 cm,体重 60 kg,设计大轮直径 $R = 1.4$ m。以下计算满足上述分析的阻力矩 M_1(即要驱动人和三脚架在两个大轮中滚动的力矩),设计电机驱动下酷跑双轮车最高时速为 20 公里/小时,查表获得各种材质之间的摩擦系数,并据此计算电机功率、转速、人蹬踏时的力,以计算人做的功和热量损失。

三角架及人等装置的受力分析如图 9-26 所示。ρ 为左右 2 个滚轮在 1 个大轮的槽内滚动的摩擦圆半径。三脚架的重心在其几何形体中心 O 点，此处将人、三角架、座椅等装置的重心设定在 D 点，$d = \overline{DO} = 0.2$。实际上重心应在三角架等腰三角形中线偏右一定距离，因为临界平衡时该中线向右有一定角度的倾斜。这里简化处理，可得以下力矩方程：

$$\sum M_0(F) = 0 \qquad M_1 - (F_{31}^A + F_{32}^B)R = 0 \tag{9-14}$$

$$\sum F_x = 0 \qquad N_{31}^A \cos\alpha - F_{31}^A \sin\alpha - N_{32}^B \cos\alpha - F_{32}^B \sin\alpha = 0 \tag{9-15}$$

$$\sum F_y = 0 \qquad -Q_1 + N_{31}^A \sin\alpha + F_{32}^A \cos\alpha + N_{32}^B \sin\alpha - F_{31}^B \cos\alpha = 0 \tag{9-16}$$

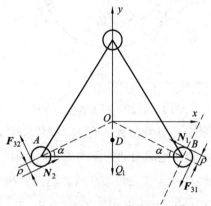

图 9-26　正常行驶临界受力分析

根据初步选定的结构尺寸，此处已知 $\sin\alpha = \dfrac{3}{7}$，$\overline{OA} = R$，$R = 0.7\,\mathrm{m}$；忽略三角架上方滚轮接触的力(实际上三角架上方滚轮和大轮内槽较少接触，只是起到限制三脚架向两侧倾斜的作用)，下方两处滚动摩擦力 $F_{21}^A = \dfrac{N_{21}^A \delta}{r}$，$F_{21}^B = \dfrac{N_{21}^B \delta}{r}$，取钢铁与钢铁的滚动摩阻系数 $\delta = 0.2\,\mathrm{mm}$；三角架小滚轮半径 $r = 0.02\,\mathrm{m}$，三角架及人和座椅等的重量 $Q_1 = 160\,\mathrm{kg}$。

解方程得 $M_1 = 37.2\,\mathrm{N \cdot m}$。根据之前的假设，分析实际的结果和简化后计算出的结果可知，实际阻力矩应比计算出的 M_1 要大，因为没有考虑到三角架重心偏右对外部驱动力矩的影响。

2) 大轮及三脚架和人滚动的临界阻力矩 M_2

大轮沿有一定倾斜角 θ 的斜面滚动上行，如图 9-27 所示，省略大轮的厚度 $0.04\,\mathrm{m}$，列受力分析方程：

$$\sum M_0(F) = 0, \qquad M_2 = (F_{31}^A + F_{32}^B + F_{43})R \tag{9-17}$$

$$\sum F_x = 0 \qquad -N_{32}^B \cos\alpha - F_{32}^B \sin\alpha + N_{31}^A \cos\alpha - F_{31}^A \sin\alpha + N_{43}\sin\theta - F_{43}\cos\theta = 0 \tag{9-18}$$

$$\sum F_y = 0 \qquad -Q_2 - N_{31}^A \sin\alpha + F_{31}^A \cos\alpha - N_{32}^B \sin\alpha - F_{32}^B \cos\alpha + F_{43}\sin\theta + N_{43}\cos\theta = 0 \tag{9-19}$$

此处给出相关参数值 $Q_2 = 60\,\mathrm{kg}$，$N_{31}^A = 1869\,\mathrm{N}$，$N_{32}^B = 1851\,\mathrm{N}$，$F_{32} = \dfrac{N_{32}\delta'}{R}$，其中滚阻系数 $\delta' = 2\,\mathrm{mm}$，大轮半径 $R = 0.7\,\mathrm{m}$。选取最大坡度倾斜度 $\theta = 40°$，计算此时所需驱

动力矩 $M_2^1 = 34.52\,\text{N}\cdot\text{m}$。一般地,双轮车使用在平地上,此时 $\theta = 0°$,驱动两个大轮前行,所需驱动力矩 $M_2^2 = 24.15\,\text{N}\cdot\text{m}$。

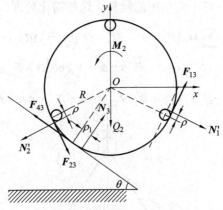

图 9-27　爬坡时临界受力分析

根据以上两种相对运动的分析计算结果,有 $M_1 > M_2^1 > M_2^2$,也就是使人和三角架转动所需的驱动力矩,大于使双大轮在地面滚动的驱动力矩,从而论证了在蹬踏或电机驱动下,实际运动情况应是双大轮先转动,人和三角架在双大轮内做相反转动而保持正立。

选择阻力矩 $M_2^1 = 34.52\,\text{N}\cdot\text{m}$ 计算出实际驱动力矩 T,由功率与扭矩的计算关系 $|T| = \dfrac{9550 \times P}{n}$,以及传动时的效率损失,计算出电机功率。计算出需要的实际驱动功率为 353 W,考虑到实际传动系统效率可能偏小,或各零件运动的隐性损耗,故实际选用的电机额定功率要比理论计算的电机驱动功率大。根据市场调查选用 36 V 直流伺服 450 W 电机。

3. 紧急制动装置设计

酷跑双轮车外部由并排的双大轮组成,在行驶中需要紧急制动时,即便三角架与大车轮保持相对静止,车轮由于整体惯性仍会继续滚动前行一段距离。因此为了保证及时地安全制动,在酷跑双轮车后面增设一个刹车板。当实施制动的时候,首先切断动力输入,然后拉动手刹刀,刹车板与地面接触而产生摩擦,可以较快地实现三角架和驾驶者、双大轮与地面保持相对静止,如图 9-28 所示。

手刹刀

刹车板

图 9-28　制动系统

4. 转向功能的实现

借鉴汽车差动轮系的转向原理,需要转向时,首先对转向一侧的轮子进行减速,或对转向一侧的轮子进行摩擦制动,通过两轮转速差异进行转向调节。先减速后转向,可以避免高速下紧急转向的侧翻和较差的平稳性。

如图 9-29 所示,创新设计一个以摩擦制动的刹车盘,当拉动手刹时,钢丝绳压紧一侧大轮转轴,可实现制动。

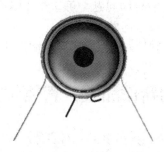

图 9-29　转向装置刹车盘

9.5.5　结论

该"酷跑"双轮车集观光、休闲娱乐、健身器械于一体,制作完成的实物图如图 9-30所示。

图 9-30　"酷跑"双轮车实物图

该双轮车具有以下创新点:

(1) 采用双动力输入,脚踏输入可实现运动健身,控制电机操作具有较好的驾驶娱乐性,同时整车设计具有一定的炫酷外观造型,也增加了使用者的趣味性。

(2) 基于创新设计实现紧急制动和转向。拉动手刹刀,刹车板与地面发生摩擦实现刹车。拉动摩擦盘可实现单轮减速,通过两轮的转速差实现转向。

(3) 为旅游景点和公园娱乐场所提供一款结构简单、趣味性强的旅游观光装置,也可作为社区健身器材使用。

9.5.6　总结

(1) 本产品的设计创意来源于广泛涉猎互联网创新咨询,在了解澳大利亚一个大学生团队设计制作的独轮摩托车后，产生了设计一个类似双轮车的概念。本产品的设计创新点为基于理论力学运动学和力学知识进行分析、论证和创新设计的一款酷跑双轮车。双大轮经过多次调研，最终采用"粉末＋凝固剂＋模具"的方式制成，质量较轻且具有较强的刚度。

(2) 本产品参加 2009 年广西机械创新设计大赛，获一等奖。

(3) 本产品的加工制造过程对于制造和安装精度要求较高，由于设计理念存在缺陷，导致该产品在启动和停止时有前后晃动问题，可通过在座椅下方增加配重减轻晃动程度。在技术方面可考虑使用陀螺仪解决该问题。

(4) 本说明书润色后，发表在中文核心期刊《机械设计与制造》。

9.6　创新作品五：智能魔方车库

(指导教师：孙亮波，赵险峰；参赛学生：刘鑫月，杨亚涛，姚双滋，凡龙，蔡振宇)

9.6.1　摘要和关键词

摘要：针对目前城市车位少和停车难、现有立体车库空间利用率低、存取车时间长等问题，创新设计了一款智能立体停车设备。该停车设备以魔方和九宫格为概念原型，对 $3\times3\times3$ 的模型进行分析，该车库由进出功能、升降功能、平移换位功能等组成。进出采用吊桥式车库门，仅用一个电机实现车库门收放与汽车的进出；升降采用单层丝杆双联动升降平台；同层车辆平移换位采用变异的差动轮系构成变胞机构，传递不同方向的动力，由 π 形杆推动载车板实现。魔方车库具有存取能耗较少、空间利用率高的特点，很好地解决城市停车难问题，基于此的技术方案可以拓展应用到大型车库。

关键词：立体停车设备；魔方；π 形杆；变胞机构；空间利用率

9.6.2　现有产品市场调研分析

截至 2018 年底，中国汽车保有量达到 3.1 亿辆，机动车的增长速度远远超过停车基础设施的增长速度，停车难问题已经成为城市的一个普遍现象。机械式立体车库是解决城市静态交通问题的重要途径。通过市场调研，目前市场上的立体车库主要分为升降横移类、垂直升降类、垂直循环类、水平循环类、多层循环类、平面移动类、巷道堆垛类、简易升降类八大类，部分代表性产品的性能分析如表 9-8 所示。

表 9-8　市场上同类产品分析

市场上已有产品	性　能　分　析
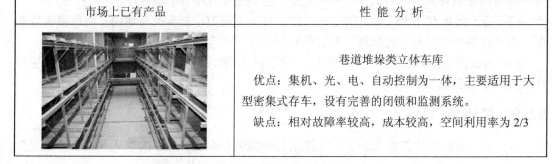	巷道堆垛类立体车库 **优点**：集机、光、电、自动控制为一体，主要适用于大型密集式存车，设有完善的闭锁和监测系统。 **缺点**：相对故障率较高，成本较高，空间利用率为 2/3

续表

市场上已有产品	性能分析
	垂直循环类立体车库 优点：循环式取车，占地面积小，空间利用率高，存取车时间短。 缺点：安全系数低，存放过程易产生摇摆，存取车能耗较大
	升降横移类立体车库 优点：以载车板升降或横移存取车辆，型式比较多，规模可大可小，对场地的适应性较强，使用较为普遍。 缺点：需空出 2 到 3 个车位用于升降平移，空间利用率较低

通过对现有立体车库的市场调研可知，现有立体停车设备特点如下：

(1) 垂直升降类立体车库与巷道堆垛类立体车库存车数量大，但需要空出一整列或整个平面用作升降，空间利用率较低。

(2) 简易升降类立体车库体积小巧，利用液压装置举升车辆，须空出下方车位进行上方车辆存取，且不具有自锁功能，存在安全隐患。

(3) 循环类立体车库占地面积小，存取车时间短，存车时易产生摇摆。

(4) 升降横移类立体车库适应性强，应用广泛，但空间利用率较低。

(5) 机器人搬运类立体车库智能化程度高，但造价昂贵，维护不方便。

9.6.3　魔方车库设计思路

基于对以上市场现有立体车库的性能分析，本团队设计的智能魔方车库从空间利用率、存取车时间、安全防护措施这三方面解决现有车库存在的问题，实现在有限的空间里提高空间利用率、缩短存取车时间、保障车辆在存取过程中的安全，为市场提供一种方便、高效的智能停车库，从而较好地解决小区、商场、酒店等停车难的问题。其三维造型设计如图 9-31 所示。

智能魔方车库与其他立体车库最大的不同之处，在于将魔方概念融入车库之中，利用类似于九宫格游戏的方法实现 3×3×3 的立体停车，其设计流程如图

图 9-31　智能魔方车库的机构三维造型图

9-32 所示。

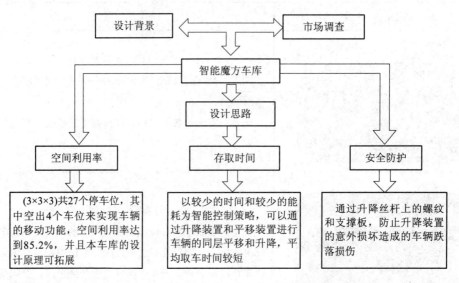

图 9-32　智能魔方车库创新设计流程图

9.6.4　魔方车库功能分析与设计

智能魔方车库主要由进出功能、升降功能和平移换位功能组成,下面阐述其设计原理和功能实现。

1. 吊桥式车库门的设计

创新设计了一款吊桥式车库门,仅用一个电机同时实现车辆的进出及车库门的开闭,吊桥式车库门由升降电机和钢缆绳、底部可旋转门板、配重轮及其上的推板等组成,其原理图如图 9-33 所示。

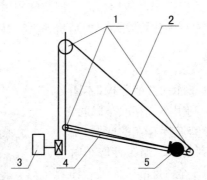

1—控制门升降的滑轮组;2—钢缆绳;3—电机;4—门板;5—推板与之固定的配重轮

图 9-33　吊桥式车库门原理图

存车过程如图 9-34 所示,电机通过滑轮组释放绳索使车库门打开至水平位置,如图 9-34(a)所示,π 形杆将车库内存放的空置载车平台推动至门板上,如图 9-34(b)所示,随后继续释放绳索,门板与地面形成大约 10°的倾角,如图 9-34(c)所示;汽车开上载车平台后,如图 9-34(d)所示,电机通过滑轮组卷曲并拉伸绳索,车库门转动至水平位置,如图 9-34(e)

所示，此时由于载车板与门板之间的摩擦力远小于汽车与门的自重，继续拉动绳索，绳索则拉动配重轮与推板，推板推动载车板滚动进入车库，如图 9-34(f)所示，随后车库内的 π 形杆在前端阻碍载车板并随其运动，使其减速至停止。车辆进入车库后，电机转动并继续收回绳索，车门类似吊桥门关闭。

取车时，电机转动，通过滑轮组放下绳索，使车库类似吊桥门放下，并与地面接触成大约 10°的坡度，π 形杆推动带有车辆的载车板到门板上，同步释放绳索，配重轮因自身重力缓慢带动汽车移动至车库门底部，汽车由车主开离载车。

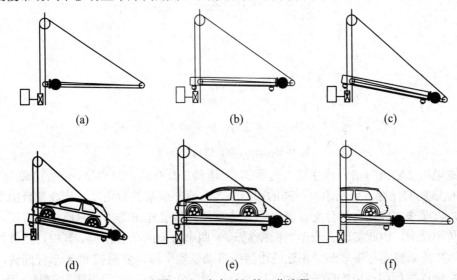

图 9-34　存车时门的工作流程

2．升降功能的实现

为提高存取车空间利用率，采用多层结构。智能魔方车库采用两个升降通道，既可提高存取车效率，也可预防某个升降口发生故障。两个升降口位于车库正面的两侧，如图 9-31 所示，每个升降通道里装有两个联动的升降平台。设计软件系统，通过移车算法自动选取最近路线的出口，减少移车和取车时间。魔方车库第一层设有丝杆，升降功能是通过控制步进电机驱动丝杆转动，带动升降平台，如图 9-35 所示，使其沿导柱上下进行移动，从而实现车辆在各层之间的灵活转换。丝杆采用滚珠丝杆，利用精度高、传动效率高、寿命长、可做到无背隙的优点，既可进行平稳升降，又可防止车在升降过程中坠落，造成不可估量的财产损失。

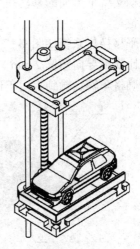

图 9-35　升降系统

每套升降系统中，均可带动两个升降平台进行同时升降，在将一层车搬运到二层的同时，又可利用与其从动的升降平台，将二层车移动到三层。

3．平移换位功能的实现

智能魔方车库的动力装置位于每层的下方，其机构图如图 9-36 所示。换位功能主要依

靠 π 形杆推动装置，推动载车板沿横纵导向槽进行车辆的平移，其动力部分主要利用了差动轮系、电磁制动器、锥齿轮、链轮链条的组合传递动力。

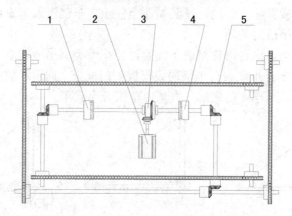

1、4—电磁制动器；3—差速器；2—步进电机；5—带耳链条

图 9-36　动力装置结构原理图

　　步进电机 2 输出的动力传递到差速器 3，差速器 3 具有两个自由度，配合电磁制动器 1 和 4 失电锁死的特性，分别锁紧不同的输出轴，改变差速器的自由度，构成变自由度的变胞机构，以此来完成动力的分配。差速器 3 未锁的一端会输出动力，再通过锥齿轮，链轮链条 5 传递动力，由此实现了一个电机控制 x、y 两个方向的平移换位。其中，链条部分带耳，π 形杆推动装置与带耳部分相连，由链条带动装置平移，舵机控制 π 形杆翻转，推动载车板沿轨道进行移动来实现车辆的平移换位。如图 9-36 所示，当电磁制动器 1 锁死时，动力由右输出杆传出，通过锥齿轮，链轮链条带动 π 形杆推动装置移动，推动载车板沿轨道移动实现 y 方向的移动换位。同理，电磁制动器 4 锁死时，则可以控制 x 方向车辆的移动换位。

　　平移换位系统如图 9-37 所示，每一个载车板的底板加工有横纵导向槽和定位孔，定位凹孔比横纵导向槽低 2 mm，载车板底部安装有万向滚轮，在 π 形杆推动下沿导向槽滚动，可精确将车辆运输到指定车位，如图 9-38 所示。

1—π 形杆；2—升降平台；3—载车板；
4—动力盘；5—舵机；6—底板

图 9-37　平移换位系统图

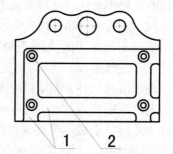

1—横纵导向槽；2—定位凹孔

图 9-38　载车底板

　　三层共空出 4 个车位，实现 27 个车位可以存放 23 辆车，存车空间利用率高达 85.2%。

每层移动时仅空出 1 个车位，将九宫格概念融入其中，用类似华容道游戏的方法来实现车辆的移动换位，如图 9-39 给出了单层的结构布局图。

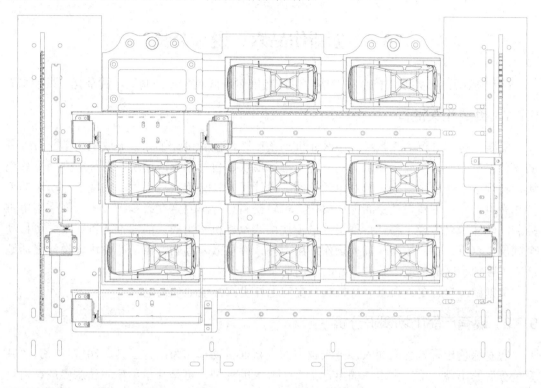

图 9-39　车库九宫格原理图

9.6.5　结论

本款智能立体停车设备与市场已有产品相比，具有以下优点：

(1) 创新设计一种吊桥式车库门，仅用一个电机实现车辆的推送进出与门的开闭。

(2) 创新设计差动轮系与电磁制动器构成变自由度的变胞机构，实现单电机双动力输出的效果。将九宫格停车位与 π 形杆推动装置结合，单层仅空出一个车位来实现同层八辆车的任意移动换位，并通过导向凹槽和定位凹孔实现载车板的平稳移位和精准定位。

(3) 本车库具有较高的空间利用率(85.2%)，并采用准无人化操作模式，存车数量大且方便快捷。应用本文阐述的技术方案，本车库可以从 x、y、z 三个方向进行扩展加层，以此满足不同程度的停车需求，为市场提供了一种较优的智能停车库方案，具有较好的市场推广使用价值。

9.6.6　总结

(1) 本产品瞄准当前智能车库空间利用率不高的痛点，巧妙了借鉴了九宫格的移动创意。设计难点为如何用尽可能少的动力源，实现同层多个车位之间的移动；设计创新点为应用变胞机构，实现一个动力输入 2 自由度差动轮系，实现同层两个方向的载车板移位。

(2) 本产品参加第八届全国机械创新设计大赛，获得全国一等奖；参加第十二届"挑战杯"全国大学生课外科技作品竞赛获得国赛三等奖。

(3) 本产品已申请多项国家发明专利。

9.7　创新作品六：爱车公寓

(指导教师：孙亮波，桂慧；参赛学生：郜依然，武冀平，许润昊，武金亮，严明威)

9.7.1　摘要和关键词

摘要：对比分析了几款现有小区非机动车车库，创新设计了一款停放电动车、自行车的立体停车库。该车库主体由电动车进出推送模块、自行车存放模块、自行车升降平移模块、自行车推送模块组成。针对电动车创新设计了九杆自重夹持机构，实现了电动车的夹持和充电功能；创新设计空间七杆机构，可轻松将自行车固定在载车板上；升降采用电机控制，丝杠滑台实现平移；自行车推送模块由双丝杠机构组成，能够推送自行车并可移动至同层任意停车位。该车库具有操作使用方便，存取效率高的特点，其模块化设计灵活地适应了各种小区的环境，具有良好的应用前景。

关键词：自行车；自重夹持机构；空间七杆机构；电动车充电

9.7.2　现有产品市场调研分析

随着绿色出行理念的深入，越来越多的人将非机动车作为出行工具。2017 年初，"共享单车"的出现，给广大市民的出行带来了极大的便利。可是共享单车的随意停放、占用人行道等问题严重阻塞了小区交通，同时缺少安全规范的电动车充电装置也成为小区消防的隐患和车主头疼的问题。

通过市场调研，目前市场上非机动车停车库及其功能分析如表 9-9 所示。

表 9-9　市场已有产品分析

类别	图　例	产品功能	产品特点
双层式		该车库采用双层停车方式，当需要将自行车停放至第二层时，车主需将车位通过滑槽拖出，呈倾斜状态后，手动将车推上车位，通过限位槽固定	此装置结构简单，空间利用率高达 85%，制造成本较低。但存取自行车全过程需要人工操作，不适用于老人、小孩等人群，其次智能化程度较低
圆筒式		该存取站桶状堆积，将车库主体置于地下，通过中心的旋转升降装置和机械爪的配合，完成自行车的存取	此存取站存取完全自动化，操作简单，同时利用了地下的空间，减少了占地面积。但建造成本较高，改变了地下结构，同时一个出入口的设计降低了车库的存取效率

通过对现有非机动车车库进行分析，现有车库存在如下问题：① 纯机械式车库需要人

工操作，不适合所有人群；② 大型车库不适合国内小区环境；③ 鲜有针对电动车设计的车库，配备安全充电设备。

9.7.3　电单车–自行车一体化车库设计理念

基于上述分析，本文设计了一款自行车–电动车一体化停车库，其具有自动化存取、安全充电、保护防盗等功能。该设计的机械系统创新设计思路如图 9-40 所示。

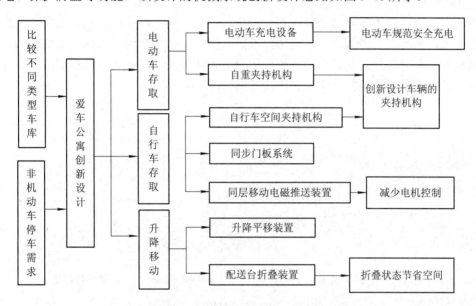

图 9-40　爱车公寓创新设计思路

基于上述设计思路，针对车辆被盗和损坏等问题整体采用封闭结构，第一层为电单车存储，上面可拓展为自行车存储，构成立体停车车库。电单车–自行车一体化车库如图 9-41 所示。

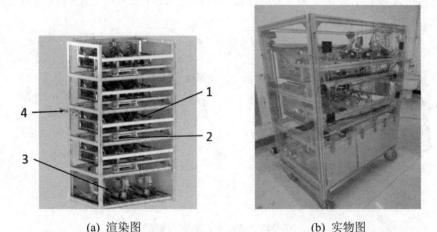

(a) 渲染图　　　　　　　　　(b) 实物图
1—自行车停放车库；2—自行车存取模块；3—电动车停放车库；4—升降平移模块

图 9-41　整体车库

电动车通过载车板上的自重夹持机构固定，动力驱动载车板进出，同时带动门的开闭，车库内部设置充电装置；自行车载车板设有夹持机构稳固自行车，通过升降平移装置移动到指定位置后，利用车库内的 T 形推送台，使自行车载车板推出或拉回，实现自行车的存取。

9.7.4　各模块功能分析与实现

1. 电动车固定夹持

电动车存放时，为简化其停放流程和实现自动化存取，可采用电机驱动带动同步皮带轮，皮带带动载车板沿滑轨出库；而由门板、开门杆、载车板组成的曲柄滑块机构，将电动车载车板与车门联动，实现了门开板出的功能；载车板上设计了一种自重式九杆夹持机构，实现了电动车前轮左右夹持。整体三维图如图 9-42 所示。

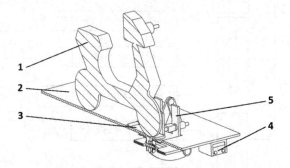

1—电动车；2—载车板；3—前轮载重板；4—充电插座；5—自重夹持机构

图 9-42　电动车夹持模块三维图

自重式夹持机构，其结构图如图 9-43(a)所示，自重夹持机构由一个载重板电动车通过自身重力，配合杠杆原理，产生向下的力，压下前轮载重板，通过连杆带动夹持板运动，机构简图如图 9-43(b)所示，而夹持板由直线轴承平滑衔接受力向中间运动，实现夹持功能，载重板下的弹簧为取车提供了复位的动力。该自重式夹持机构的活动构件数为 9，低副数为 13，故自由度为 1。

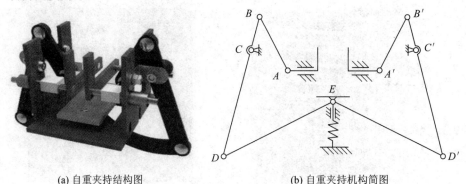

(a) 自重夹持结构图　　　　　　　　　　　(b) 自重夹持机构简图

图 9-43　电动车自重夹持机构

车库同时设有电动车充电功能：小区居民将电动车停放稳固后，将电动车充电插头插至电动车载车板上充电插座位置，当载车板进入后，通过充电插头和充电插座的接合，充电系统连通通电，当充电系统检测到电动车充满电后绿灯亮。在载车板的推出过程中，插口与插口分离，充电系统断电，红灯亮。

自重式夹持机构是根据电动车前轮尺寸、电动车质量等数据，满足电动车稳定停放的机械创新设计。即机构在 E 点受到向下的外力移动后，A 和 A' 向中间水平运动，自重夹持机构如图 9-43(b)所示。机构中左右夹持板通过杆件运动实现电动车前轮固定，本文采用一维优化方法对机构进行优化设计，通过竞争选择算法找出极值。将杆 AB、BC、BD、DE 分别记为 x_{AB}、x_{BC}、x_{BD}、x_{DE}，机构设计变量为 $X = \left[x_{AB}, x_{BC}, x_{BD}, x_{DE} \right]^{\mathrm{T}}$，目标函数为使 E 点竖直位移与 A、A' 点水平位移的比值：

$$f\left(x_{AB}, x_{BC}, x_{BD}, x_{DE} \right) = \frac{\Delta Y_E}{\Delta X_A} \tag{9-20}$$

通过分析当目标函数值取到最大时，且使杆件长度取到极小值，此时自行车前轮夹持最为稳固。

在机构运动且不超出夹持范围限制的条件下找出函数约束边界为

$$\begin{cases} 80 < x_{DE} < 100 \\ 80 < x_{BD} < 110 \\ 25 < x_{BC} < 35 \\ 40 < x_{AB} < 60 \end{cases} \tag{9-21}$$

为限制机构的水平方向的工作范围，B 点横坐标与 A 点横坐标差值大小：

$$\left| X_D - X_E \right| < 90 \tag{9-22}$$

为防止夹持板与直线导轨干涉，A 点初位置横坐标与 E 点横坐标差值大小：

$$30 < \left| X_A - X_E \right| < 32 \tag{9-23}$$

当数值小于 0.1 时迭代结束，可得达到装配精度要求的结果，解得 $X^* = (x_{AB}, x_{BC}, x_{BD}, x_{DE}) = 6.173$。此时机构关键尺寸见表 9-10。

表 9-10　机构各杆长度

构件	AB	BC	BD	DE
尺寸/mm	44	26	105	87

为验证机构提供的夹持力，将 E 点受力为电动车前轮压力，记为 F_{Ey}。通过杆件将力传递到 A 点变成水平方向的力，记为 F_{Ax}。其中 C 点距 A 点水平距离为 l_1，垂直距离为 l_2，杆 AB 与水平方向夹角为 θ_1。在自重夹持机构处于夹持状态时，A、E 两点近似垂直共线。通过计算得到关系式：

$$F_{Ax} = \frac{F_{Ey}}{\left(\tan\theta_1 - \dfrac{l_1}{l_2} \right)} \tag{9-24}$$

将表 9-10 中的设计数据代入式(9-24)，得 $F_{Ax} \approx 3.49 F_{Ey}$。

综合上述数据结果，通过分析后，可得出自重夹持机构能够满足要求，防止电动车摇晃。

2. 自行车夹持

自行车在升降过程中为稳定停放，自行车载车板上设计了空间连杆机构对自行车进行夹持，如图 9-44(a)所示。自行车夹持分为前轮夹持防止左右晃动，在前轮左右方向固定的基础上，限制后轮前后移动。机构的夹持力来源由弹簧提供。自行车前轮利用平行四边形结构形状变化实现前轮左右夹持，自行车后轮则是通过机构中的限位杆卡住。

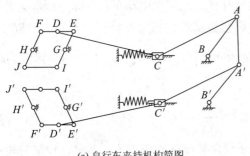

(a) 自行车夹持机构简图

1—限位杆；2—弹簧；3—球销杆；
4—平行四边形结构；5—前挡块

(b) 自行车夹持载车板

图 9-44　自行车空间夹持机构

此夹持方式操作简单，空间夹持机构在无外力作用下处于夹持状态，当需要存自行车时，借助外力下压限位杆，如脚踩下压，解除夹持状态将车存入。

空间连杆机构杆长尺寸选取如表 9-11 所示，通过模拟运动分析，此机构符合夹持要求。根据空间自由度公式：$F=6n-5P_5-4P_4-3P_3-2P_2-P_1$ (n 为构件数，$P_1 \sim P_5$ 分别为 1~5 级的构件数)，通过计算其自由度为 1。

表 9-11　自行车夹持各杆长尺寸

构件	AA'	AB	AC	CD	EF	FH	CB
尺寸/mm	71	50	70	157	36	42.5	95

3. 自行车载车板推送

自行车载车板推送系统设计了自行车推送和平移装置两个部分，平移装置控制推送模块移动到同层任意停车位置，使载车板进出车库，其整体图如图 9-45(a)所示。

自行车推送模块中，通过电机带动的丝杠螺母，驱使自行车载车板向外运动，推出车库，向内运动通过电磁铁吸附载车板，并使电机反转利用丝杠螺母拖进车库。同步开关门由曲柄滑块机构实现，载车板向外、向内运动时通过滑块传动控制车门的开启和关闭。平移装置为满足精确定位需求，采用丝杠滑台带动整个自行车推送模块左右移动，使其可到达同层任意一个车位处。其机构简图如图 9-45(b)所示。

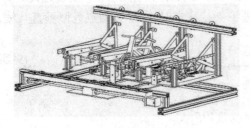

(a) 推送系统机构简图

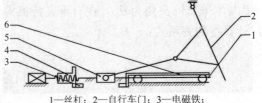

1—丝杠；2—自行车门；3—电磁铁；
4—丝杠螺母；5—滑块；6—载车板

(b) 自行车推送系统整体图

图 9-45　自行车载车板推送系统

此系统通过一套装置控制一层的载车板进出，简化了控制难度与独立控制，提升了系统的容错率。同步开门将两个动作通过机械结构相结合，减少了电机的数量，降低了车库的制造成本。

4．自行车升降平移

综合考虑停车库的容量、存(取)车时间、停车库所服务的区域环境、车库占地面积、技术难度等因素，自行车的升降平移模块由一个电机垂直升降机、一个水平丝杠滑台和一个可折叠平台组成。此模块可以稳定、精准地将自行车载车板运动到指定的自行车车库位置，如图9-46 所示。当车库处于闲置时，配送台采用电机驱动变为折叠形态，有效地节省了空间。

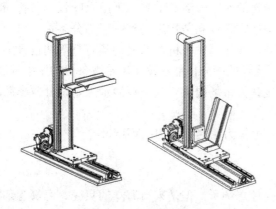 

　　　　　(a) 配送台的两种工作状态　　　　　　　　　　　(b) 自行车升降

图 9-46　升降配送平台

9.7.5　结论

"爱车公寓"电单车一体式停取车库具有以下创新点：

(1) "爱车公寓"为市场提供了一款适用于小区的电动车、自行车一体式存取车库。爱车公寓的封闭式结构具有防盗功能、操作便利、存取效率高、结构紧凑、空间利用率高等特点，很好地解决了当前小区内自行车、电单车无序停放，小区停放空间狭窄的问题；电单车载车板内置电源解决了电单车充电的问题。结合手机 APP 研发，可利用互联网更高效地利用存储资源。

(2) 多处采用机构创新设计，如自重式电单车夹持机构、空间七杆机构实现自行车的前后左右夹持固定、基于尺寸优化后的自行车门与载车板的开闭和推出机构、电动车门与载车板的开闭和推出机构和配送板折叠机构，将机构创新设计应用于解决车库的关键技术问题。

9.7.6　总结

(1) 本作品瞄准小区自行车、电单车无序停放，电单车充电难等问题，通过创新设计，完成了一款自行车、电单车一体化存取车库。创新设计了电单车自重式夹持机构、自行车夹持机构等，操作方便快捷。

(2) 本作品参加第八届全国机械创新设计大赛，获得湖北省赛一等奖。

(3) 本作品已申请多个国家发明专利。

9.8　创新作品七：沙滩清洁车

(指导教师：孙亮波；参赛学生：刘鑫月，杨亚涛，凡龙，姚双滋，蔡振宇)

9.8.1　摘要与关键词

摘要： 针对传统沙滩清洁车存在的筛沙量较少、筛分效率较低、一次装卸的垃圾容量问题，设计了一种用于快速清洁沙滩杂物的新型沙滩清洁车。采用六叶弧形筛孔翻沙板增加翻沙量，且翻沙深度可调；隔板式传送带将沙和杂物运输到三层筛分装置，中间筛分层创新设计为行星齿轮连杆组合机构驱动，经运动学分析，该机构具有整周期包含多个往复振荡的位移、速度和加速度的特性，有优良的筛分性能；设计齿轮齿条机构压缩推送杂物；最后，垃圾箱底板转动倾倒杂物。本设计为市场提供一款集翻沙量大、筛分效率高、垃圾自动装卸于一体的机械化设备。

关键词： 沙滩清洁车；筛分机构；行星齿轮连杆机构；VB.net

9.8.2　现有产品市场调查研究

风景秀丽的海滩是游客休闲旅游的理想场所，但是来自海洋的贝壳、海藻等杂物，以及游人遗弃的垃圾，成为一道另类的"风景线"。为解决沙滩污染日益严峻的问题，相关部门每年都要投入大量的人力、物力、财力，然而结果却不尽如人意。近年来，市场上出现了款式各异的沙滩清洁车，代表性作品的性能如表 9-12 所示。

表 9-12　市场现有沙滩清洁车的产品分析

市场现有产品	产品名称	性　能
	手扶式沙滩清洁车	利用转速滚筒翻起沙与杂物，沙与杂物经过振动筛网筛分至垃圾斗，利用偏心连杆机构使振动筛网做往复运动。 　　需要专门人员步行控制，翻沙量较少，适用于翻起体积较小的杂物
	首尾可分离式沙滩清洁车	由四驱驱动的拖拉机牵引，利用滚动耙齿翻起沙与杂物，通过万向节传动、多排链式梳齿的旋转，将沙滩上的垃圾经过振动筛网筛分，利用偏心连杆机构原理使振动筛网做往复运动，再收集到由液压控制举升翻转的垃圾斗中

通过市场调查和相关产品资料的整理和分析，现有沙滩清洁车设备存在着以下问题：

(1) 耙齿的翻沙量较少，导致清理效率较低；

(2) 采用偏心连杆机构的筛分效率较低；

(3) 部分装置暴露在外，噪音等因素影响外界，垃圾收集容量较少等。

9.8.3　沙滩清洁车的设计思路

基于上述分析，创新设计了一款沙滩清洁车，其设计思路如图 9-47 所示。

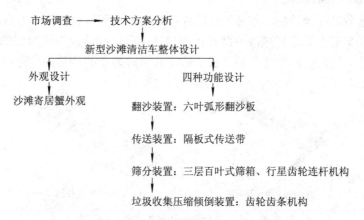

图 9-47　新型沙滩清洁车的设计思路

新型沙滩清洁车主要从以下方面解决上述问题：

(1) 整车外观全封闭，工作时对外界造成的噪音等影响较小；

(2) 采用履带行走机构，能应对不同地形沙况的沙滩清理；

(3) 可翻起体积较大的杂物，且可调节翻沙深度，便于清洁埋在沙中的垃圾；

(4) 利用行星齿轮连杆机构的运动特性，使筛网每周期筛沙次数较多，筛分效率较高；

(5) 可压缩垃圾，节省垃圾箱容积，增加垃圾收集量。本设计的外观尺寸为 2000 mm × 1250 mm × 1500 mm。

9.8.4　各部分的功能分析及实现

本文设计的新型沙滩清洁车的工作流程是：先由六叶弧形筛孔翻沙板旋转产生离心力，将沙与杂物抛送至运输装置；接着，隔板式传送带将杂物运送至筛分装置，筛分部分包含三层百叶筛网；最后，垃圾箱底板翻转倾倒垃圾。本设计的外观和主要装置如图 9-48 所示。

1—六叶筛孔弧形翻沙板；2—支架；3—隔板式筛孔传送带；
4—百叶式筛箱；5—履带；6—驾驶室；7—垃圾箱

(a) 外观图　　　　　　　　　　(b) 主要装置

图 9-48　新型沙滩清洁车的整体外观图和主要装置

沙和杂物先落到第一层百叶筛板，筛分一段时间后百叶筛网翻转，由第二层承接杂物，第二层筛板采用创新设计的行星轮连杆机构带动百叶筛板往复振动进行筛沙，筛分后百叶板翻转，杂物落入第三层，三层百叶筛板依次交替完成筛分工作；第三层的齿轮齿条连杆机构再将垃圾压缩推送至垃圾箱。

1. 翻沙装置和运输装置

针对种类繁多的沙滩杂物，本文设计的六叶弧形筛孔翻沙板如图 9-49(a)所示，可以通过调节翻沙板在支架上的位置来改变翻沙板的挖沙深度。翻沙板设计为弧形可以增加挖沙量，设计为六叶可提高挖沙效率。翻沙板上的筛孔可对翻起的沙与杂物进行初次过滤。

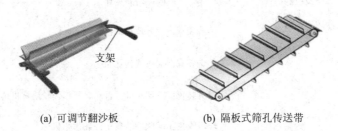

(a) 可调节翻沙板   (b) 隔板式筛孔传送带

图 9-49　可调节翻沙板和隔板式筛孔传送带

隔板式传送带如图 9-49(b)所示，可防止体积稍大的垃圾(如饮料瓶、易拉罐等)滑落，且隔板与传送带上均有筛孔，可对沙与杂物进行第二次过滤。

2. 筛分装置

筛分装置如图 9-50(a)所示，为了保证沙滩清理工作的连续性，三层筛板进行配合作业，其原理为第一层的百叶板开启，第二层百叶板关闭来承接从第一层落入的沙与垃圾；通过行星齿轮连杆机构，如图 9-50(b)，使第二层百叶板往复振动进行筛沙，第三层百叶板开启，沙直接落下；第二层的百叶板开启，第三层的百叶板关闭来承接从第二层落入的垃圾，此时，第一层百叶板关闭，承接传送带运输的沙与垃圾。

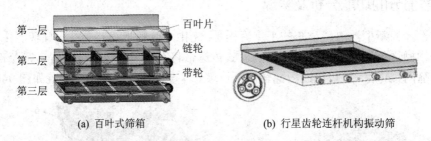

第一层　百叶片
第二层　链轮
第三层　带轮

(a) 百叶式筛箱   (b) 行星齿轮连杆机构振动筛

图 9-50　百叶式筛箱和行星齿轮连杆机构振动筛

3. 百叶式筛箱的设计

百叶式筛箱设计为三层，通过三层筛沙板的紧密配合循环工作来完成筛分。每层百叶筛板由四块百叶片组成，每块百叶片上均有筛孔，百叶片和转动轴连接，每一层的转动轴由一根皮带连接。每层控制电机带动链轮转动，使皮带带动百叶片的转轴同步转动。

4. 行星齿轮连杆机构振动筛的设计

行星齿轮连杆组合筛分机构，在普通曲柄滑块机构的往复振动筛结构的基础上，基于行星齿轮连杆机构可实现较复杂的运动规律和轨迹的特点，进行创新设计。

行星齿轮连杆组合机构中，连杆 3 两端分别与筛沙板 4、行星轮 2 的轮毂上某点 C 铰接。其简化后的模型如图 9-51 所示。

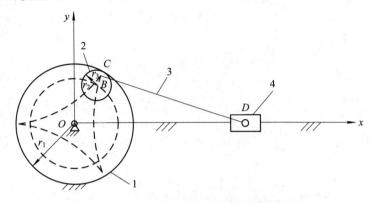

图 9-51　行星齿轮连杆组合筛分机构分析图

太阳轮内齿圈 1 的半径是 r_1，行星轮 2 的半径是 r_2，BC 间的距离是 r_3。计算方法和步骤如下：

由内摆线与变幅内摆线方程式，行星轮 2 上 C 点的轨迹方程式为

$$\begin{aligned} x_C &= (r_1 - r_2)\cos\varphi - r_3\cos(k-1)\varphi \\ y_C &= (r_1 - r_2)\sin\varphi + r_3\sin(k-1)\varphi \end{aligned} \tag{9-25}$$

计算输出滑块 4 上 D 点的横坐标 x_D：

$$x_D = x_C + \sqrt{l_3^2 - y_C^2} \tag{9-26}$$

当 OB 与 X 轴的正方向同向时，有

$$x_D = r_2 + l_3 \tag{9-27}$$

当 OB 与 X 轴负方向同向时，有

$$x_D = -r_1 + l_3 \tag{9-28}$$

输出滑块 4 上 D 点的位移为

$$s = r_1 + x_C + l_3(\cos\gamma - 1) \tag{9-29}$$

滑块 D 在左右往复运动时的压力角为

$$\gamma = \arcsin\frac{y_C}{l_3} \tag{9-30}$$

速度和加速度方程只需对式(9-29)求导即可，利用 VB.net 对行星齿轮连杆机构进行运动仿真，并绘制其速度与加速度图像如图 9-52 所示。

根据上述公式，改变多边形边数 $k(k = r_1 / r_2)$ 和行星轮上铰接点 C 距离轮子中心距离与行星轮半径的比值 $\lambda(\lambda = r_3/r_2)$ 的数值大小，即可得到不同形式的变幅内摆线。设振动筛循环工作一次的时间为 T。

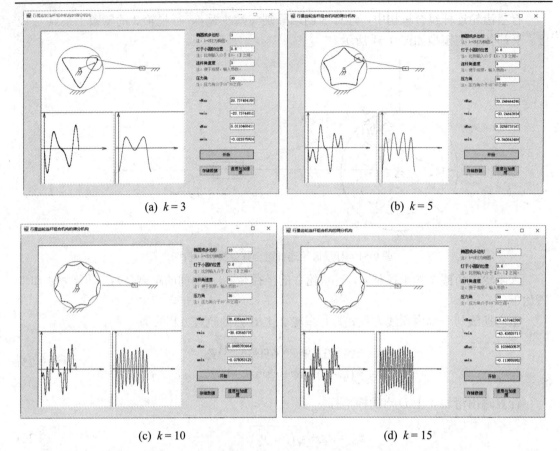

(a) $k=3$　　　　　　　　　　　　　　　　(b) $k=5$

(c) $k=10$　　　　　　　　　　　　　　　(d) $k=15$

图 9-52　k=3、5、10、15 时，行星齿轮连杆机构速度与加速度图像分析

在 T 内，多边形边数 k 一定时，当 λ 取值越接近 0 时，铰接点 C 的运动轨迹越近似圆；当 λ 取值越接近 1 时，铰接点 C 的运动轨迹呈正曲线 k 边形，从而对滑块左右振荡的影响越大。

在 T 内，λ 取值一定。当 k=3 时，铰接点 C 的轨迹为正三角形，速度曲线和加速度曲线的峰谷有 2 组；当 k=5 时，铰接点 C 的轨迹拟为正五边形，速度曲线的峰谷有 2 组，加速度曲线的峰谷有 4 组；当 k=10 时，C 点的轨迹拟为正十边形，其速度曲线的峰谷有 2 组，加速度曲线的峰谷有 9 组。依此类推发现，当 k=n 时，速度曲线的峰谷有 2 组，加速度曲线的峰谷有 $n-1$ 组。

从图中分析滑块 4 的运动轨迹，可知滑块 4 是振荡向左或向右移动，速度和加速度不断发生大小和方向的突变。一个周期 T 内，速度曲线的峰谷组数是定值。当 k 的取值越大，加速度曲线的峰谷个数越多，加速度的变化使速度的大小方向的变化频率越快，传递到输出滑块的运动状态就越复杂，即振动筛在一个左右行程内，往复运动的次数越多，振动的频率越快，行星齿轮连杆机构的筛分效率越高。与现有的直线振动筛在一个周期内较为单一的运动和筛分效果相比，行星齿轮连杆机构振动筛的筛分运动灵活多变，筛分效率更高。

5. 其他关键零部件的创新设计

根据不同的筛分强度要求，通过改变连杆 3 与行星齿轮 2 的铰接点 C 的位置，改变 k

与 λ 的取值。行星轮 2 具有多个位置不同的孔洞，调节连杆 3 连接到行星轮 2 相应孔洞，即可设置筛分强度。

普通的筛分机构的筛箱壁多为平面，杂物在筛分机构进行筛分运动的过程中，易碰撞筛箱壁，将杂物甩出，影响清洁效率。因此可将平面筛箱壁改为曲面筛箱壁，杂物碰撞筛箱壁后可折回筛板中，避免了杂物从筛箱中掉落，从而提高了筛分效率。

6. 垃圾处理装置

垃圾处理装置由垃圾压缩推送装置(如图 9-53(a)所示)、垃圾收集倾倒装置(如图 9-53(b)所示)构成。

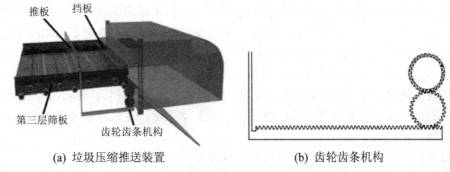

(a) 垃圾压缩推送装置　　　　　　　　　　(b) 齿轮齿条机构

图 9-53　垃圾压缩推送倾倒装置和齿轮齿条机构

根据沙滩清洁车垃圾收集量亟待扩增的需求，为提高每次工作的清洁效率，设计了集可压缩、收集、倾倒三个功能于一体的垃圾处理装置。其工作原理是，第三层筛板上的推板与齿条固定连接，第三层筛板与垃圾箱之间的挡板与齿轮连接。初始状态下，挡板立起，当推板推动压缩垃圾到一定程度时，挡板翻下，推板继续运动将垃圾推至垃圾箱。当垃圾箱装满垃圾后，垃圾箱的底板沿一边提升并向下翻转，实现垃圾的完全倾倒。

9.8.5　结论

本款新型沙滩清洁车与市场现有产品相比，具有以下特点：

(1) 针对沙滩上的垃圾清理问题，创新设计了一款沙滩清理车，采用螃蟹外观，整车全封闭。

(2) 翻沙深度可调的六叶弧形筛孔翻沙板，增加翻沙量；翻沙板和传送带上的筛孔可对沙与杂物进行两次过滤；采用齿轮齿条连杆机构，实现压缩推送垃圾的功能，增加垃圾箱的空间利用率，垃圾箱底板转动可自行卸下杂物。

(3) 三层百叶式筛箱，运用创新设计的行星齿轮连杆机构运动学特性提高筛分效率。行星齿轮连杆机构为行星轮系和 RRP 杆组串联而成的组合机构，对其进行运动学分析，验证了设计理念，与同类产品相比具有更优的筛分动力性能参数。

9.8.6　总结

(1) 本作品的设计创新点为基于行星齿轮连杆组合机构的运动学特性参数分析，提出了一种新型振动筛的设计理念，具有一个周期内速度、加速度呈现正弦曲线波动，同时还具有相邻短时间内的波动，筛分效率大大增强；在连续工作的要求下，进一步设计出三层筛网。

(2) 本作品获得全国三维数字化创新设计大赛湖北赛区特等奖。

(3) 本产品已申请多个国家发明专利。

9.9 创新作品八：可变结构运输车

(指导教师：孙亮波，桂慧；参赛学生：梁家伟，苏田，黎敬之，何倩倩，王亮)

9.9.1 摘要与关键词

摘要：为解决快递运输过程中货物积压损坏、装卸不便等问题，在分析现有货柜车的基础上，创新设计了一种可变结构运输车。采用变胞机构理论，使用 2 自由度差动轮系分别控制，实现车厢上、中两层货物承载板的任意高度调节；采用多杆平行机构的分割网架，分列隔开不同货物；创新设计车门的两种不同开闭方式，可配合承载板的不同层高和运输带，辅助装卸货物。该运输车对空间分层分列，改善货物运输环境；翻转门与传送板配合，辅助人工装卸，减少装卸所需劳力，减轻了工人劳动强度，在快递运输车行业具有较好的推广和应用价值。

关键词：快递；变胞机构；可变结构；运输车

9.9.2 现有产品市场调查研究

电子商务的兴起带动了快递行业的发展，据统计，2017 年我国快递量就已达到 205 亿件。在当今快递运输中，大部分以厢式货车进行快递运输，从而存在堆积挤压而安全性差、装卸不便、识别度低、包裹无序等问题。如大型家具、冰箱和空调等商品通常徒手装卸，导致劳动强度高、装卸效率低，且易造成商品损伤，降低运输效率。而手机、电脑等电子产品在运输过程中也存在挤压损坏的可能性，增加运输成本。

目前国内市场上的产品及其性能分析如表 9-13 所示。

表 9-13 现有的快递运输车性能分析

现有产品	优 点	缺 点
	该运输车分成上、下两层，较好地解决了货物堆叠损坏问题	该运输车层间距不可调，不能对大小不同的物件进行灵活放置，空间利用率较低，且卸载货物较费时
	该运输车根据货物大小将车厢分为四个区间，两侧车厢板可开，顶部扩容，解决了快递多而杂和易损坏的问题	该运输车装卸货物时需要搬运，没有解决货物装卸费时、费力的问题

通过对国内外的运输车的市场调研可知，现有运输车主要存在以下问题：

(1) 货物积压损坏；

(2) 无法分类存放，车厢空间利用率较低；

(3) 人工装卸无序，且繁琐低效。

本文对现有运输车存在的问题进行分析，创新设计了一种新型长途运输车——可变结构运输车，实现车厢的分层功能，避免货物积压，保证货物平稳安全；对车厢纵向进行分列，合理利用车厢空间。车厢门在保留传统旋转门的基础上，改造成辅助滑动式斜接门，配合车厢内部传送板，能够辅助货物的装卸，减轻工人劳动强度。

9.9.3　可变结构运输车设计思路

可变结构运输车的整体设计思路如图 9-54 所示。

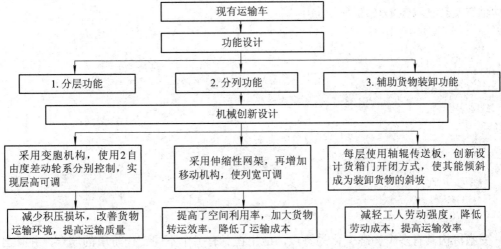

图 9-54　设计思路

可变结构运输车的三维造型图如图 9-55 所示，通过三层传送带 2、3、5 进行分层装卸货物，通过分隔网架 1 对货物进行分区，实现对不同货物的合理分类和对车厢空间的有效利用。翻转门 4 分别与三层传送带 2、3、5 配合，实现半自动化装卸货物。

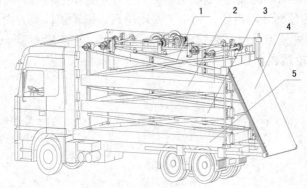

1—分隔网架；2—顶层传送带；3—中层传送带；4—翻转门；5—底层传送带

图 9-55　可变结构运输车三维造型图

9.9.4　作品功能分析与实现

根据设定功能，本作品主要从任意层高可调、货物区分分隔网架、车厢门开闭方式等三个方面进行了创新设计。

1. 三层载车板的分层功能

为了解决货物的积压问题，达到降低货物运输过程中的损坏率、优化商品运输环境的目的，设计了车厢分层的结构。采用上、中、下三层货物存放支撑板，相邻两层之间的距离可以根据货物实际尺寸大小进行任意层高的调节，在避免货物积压损坏的情况下，进一步更加合理地利用空间。

如图 9-56 所示，利用轴辊传送板 3 给车厢分层。每层经由缆绳 1 悬吊在车厢顶部。通过控制缆绳 1 进而控制每层传送板的高度，使其能够适应不同尺寸货物的需要。在车厢侧面内壁加装导轨 4，横向固定传送板，防止传送板在车厢内晃动。传送板内部加装电机 2 带动轴辊旋转使其能够运送货物进出。

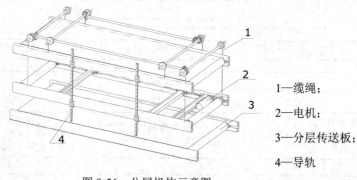

1—缆绳；

2—电机；

3—分层传送板；

4—导轨

图 9-56 分层机构示意图

变胞机构具有多个构态变化的特点，应用在具有多个不同工作阶段的场合，并且由一个工作阶段到另一个工作阶段中，总是以改变机构的拓扑结构呈现出不同机构类型或运动性能来实现功能要求，极大地减少了机构数量，节省了内部空间。

为了对中、上两层传送板进行分别控制，达到减少原动机的数目、降低成本的目的，采用了差动轮系与棘轮组成的变胞机构，完成了动力分配和控制中、上两层高度的双重功能。如图 9-57 所示的顶部升降机构，利用了差动轮系、蜗轮蜗杆、万向节、普通锥齿轮的组合传递动力。车厢内分为三层，底层 1 固定不动，上、下两层需要单独控制升降。电机 4 将动力输入至差动轮系 8。

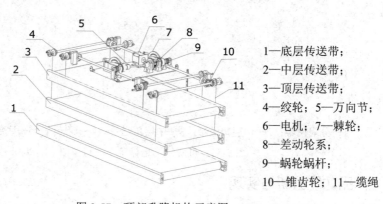

1—底层传送带；

2—中层传送带；

3—顶层传送带；

4—绞轮；5—万向节；

6—电机；7—棘轮；

8—差动轮系；

9—蜗轮蜗杆；

10—锥齿轮；11—缆绳

图 9-57 顶部升降机构示意图

差动轮系 8 的两个输出端各有一个棘轮 7，电机动力输入至 H 杆。动力由 2 轮输出，经由万向节 5、蜗轮蜗杆 9、传动轴、锥齿轮 10 组成的传动链将动力传至四角的绞轮 4，绞轮 4 通过缆绳 11 控制顶层传送板的升降。反之，当 2 轮锁死，则动力由 2 轮输出，控制中层传送板的升降。

如图 9-58 所示差动轮系的自由度为

$$F = 3n - (2p_1 + p_h) = 3 \times 4 - (2 \times 4 + 1 \times 2) = 2 \tag{9-31}$$

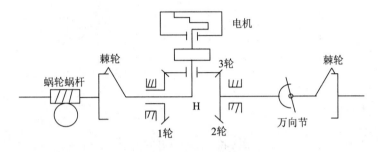

图 9-58　分层升降机构简图

当齿轮输出端被棘轮锁死时，该差动轮系的自由度为 1。考虑到车辆在行进过程中震动较为强烈，在车辆行进过程中同时锁死 1、2 轮两个输出端，系统自由度为零。保证分层高度不会变化，进一步保障货物安全。

2. 分列功能的实现

为了提高空间利用率，满足不同类型、不同地域货物的分类运输要求，采用分隔网架和传送板相互配合对车厢空间分区。

如图 9-59 所示，卷线机构 3 利用电机驱动蜗杆，蜗杆带动双蜗轮，缆绳 1 穿过走线管 2 连接双蜗轮，双蜗轮收放线，带动缆绳 1 移动，从而控制分隔网架 4 左右平移，改变分列的宽度。网架四角都连有缆绳 1，保证网架 4 移动时不会倾斜卡死。在横轨上左右滑动的同时，分隔网 4 随层高变化在竖轨上伸缩滑动，从而进行更合理的空间分配。

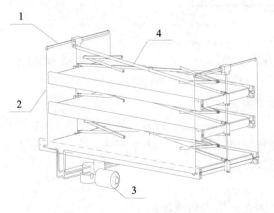

1—缆绳；2—走线管；3—卷线机构；4—分隔网架

图 9-59　分隔网示意图

3. 辅助装卸货物功能

翻转门保留了传统的货柜车侧开的方式,如图 9-60 所示。

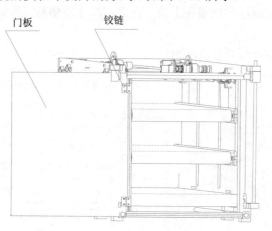

图 9-60　传统打开方式

此外,为了优化卸货过程,降低快递人员的劳动强度,提高工作效率,防止暴力运输,创新设计了翻转打开的方式。新的翻转门机构简图如图 10-61(a)所示,通过电机驱动,带动横轨伸出或缩回,从而驱动滑块 1 沿导柱上下移动。翻转门作为机构中的一个构件,可实现任意高度和倾斜角停歇,协助搬运过程中的货物推送,如图 9-61(b)所示。通过传送带与翻转门配合,实现对货物的装卸,增加挡板防止货物打滑下落损坏。

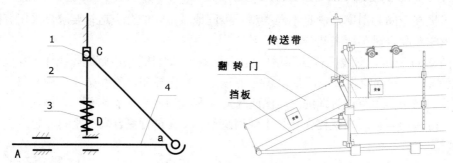

1—滑块；2—竖轨；3—助力弹簧；4—横轨

(a) 翻转门机构简图　　　　　　　　　(b) 翻转门辅助装卸图

图 9-61　辅助货物装卸的车门开闭方式

翻转门的机构自由度为

$$F = 3n - (2p_1 + p_h) = 3 \times 3 - 2 \times 4 = 1 \tag{9-32}$$

电机转动,推动齿条前进,横轨 4 同齿条前进。在门板的四角增加滑块 1,能够在滑轨 2 上滑动。利用三角函数分析,有

$$|CB|\sin\alpha = |CD| \tag{9-33}$$

所以车门在运动行程范围内,压力角满足:

$$20° \leqslant \alpha \leqslant 90° \qquad 0 \leqslant |CD| \leqslant |CB|$$

当电机工作,带动门倾斜时,可以形成一定角度且能在任意高度锁止,配合车厢内部

传送板送出货物，在装载货物时也可以借助这个翻转门将货物推送到传送板上。当车门完全打开时，门板 *CB* 接近水平，在 *B* 处难以将门板推起，故在 *D* 处添加助力弹簧 3。

取门板 *CB* 质量 $m = 2\,\text{kg}$，取弹簧不受力时长度为行程的一半 $S = 150\,\text{mm}$，估算所需弹簧的弹性系数：

$$K_1 = \frac{\Delta F}{\Delta S} = 66.6\,\text{N/m} \tag{9-34}$$

因门板需承载货物，则选用弹簧弹性系数为 $K = 100\,\text{N/m}$。

9.9.5　结论

如图 9-62 所示，该可变结构运输车以 1∶7 比例制作完成模型样机。

图 9-62　可变结构运输车模型图

与市场已有产品相比，该运输车具有如下特点：

(1) 使用差动轮系与锁紧机构组合的变胞机构，可实现根据货物尺寸进行各个层高的任意可调，采用多杆平行机构和传送板相互配合，实现分层、分列组合对车厢分配空间，防止货物积压损坏，满足分类运输需要。

(2) 采用电机驱动的传送板、升降装置、翻转门等可大大优化货物装卸方式，节省劳力、降低劳动强度并提高工作效率。

(3) 该运输车空间利用率较高，可改善货物运输环境，辅助人工装卸，能节省劳力，降低劳动成本，提高运输效率，具有一定的市场推广使用价值。

9.9.6　总结

(1) 本产品的设计创新点为应用变胞机构，分开控制上、中两层载物板的任意层高可调；采用机构创新设计，将车门的开闭方式保留了传统单开门基础上，配合三层载物板的层高可调，创新设计了车门的整体滑移式开启方式，辅助货物的装卸，大大节约了人力成本。

(2) 本产品获得第七届全国机械创新设计大赛全国一等奖、全国三维数字化创新设计大赛全国一等奖等。

(3) 本产品申请并获得国家发明专利，专利号：ZL201010166579.0。

9.10　创新作品九：小型自动制砖机

(指导教师：孙亮波；参赛学生：袁佳诚，梁会勇，谢瑜，曾军德，郭成成)

9.10.1　摘要与关键词

摘要： 论述了制砖行业的发展现状，针对现有制砖机体积大、结构较复杂等缺点，设计了一款新的小型自动制砖机。该制砖机采用丝杆与齿轮相结合的螺旋传动机构，实现砂浆原料、垫板的交替输送，以及成型砖的自动推出；创新设计六杆机构和曲柄滑块机构，实现砖块的成型与脱模。本装置结构简单可靠，可更换模组生产多种模型砖，自动化程度高，适用于家庭及小型厂房使用，具有良好的市场前景。

关键词： 自动制砖机；螺旋传动机构；六杆机构；曲柄滑块机构

9.10.2　相关产品技术调研

近几年，我国建筑行业迅猛发展，拉动了砖瓦总产量迅速增长。据统计，我国砖瓦生产企业有 7 万家左右，年生产总量 9000 多亿块，生产规模大。但是一般的制砖厂工艺装备水平较低、劳动强度大、产品质量不高，极大地增加了生产成本，已不能满足我国砖瓦市场的需求。现有自动制砖机的出现虽缓解了这一局面，但仍存在较多缺陷。

图 9-63(a)为具有代表性的两款制砖机，一款为小型水泥制砖机，其体积小，操作简单，维修方便，适合家庭使用。但其结构较为简单，劳动强度大，生产效率低，且不能更换模组，不能很好地满足市场多样性产品的需求。图 9-63(b)为免烧制砖机，其具有一机多用、模组可换、生产效率高、产品质量较好的优点。但该设备占地面积较大，操作复杂，造价昂贵，不适合小型投资。

(a) 水泥制砖机　　　　　　　　　　　　　(b) 免烧制砖机

图 9-63　市场现有同类产品

　　根据上述调查分析，本文致力于研究一款体积适中、结构紧凑、操作方便、适合家庭及小型厂房使用的自动制砖机，新制砖机可以实现自动落料，砂浆与垫板的交替传送，以及砖胚的冲压成型与脱模等功能。

9.10.3　自动制砖机的设计理念

　　自动制砖机的设计思路如图 9-64 所示。基于该设计理念，设计了自动制砖机的三维造型图，如图 9-65 所示。自动制砖机由五个模块组成：落料部分 1，送料部分 2，送垫板部分 3，输送部分 4，冲压脱模部分 5。

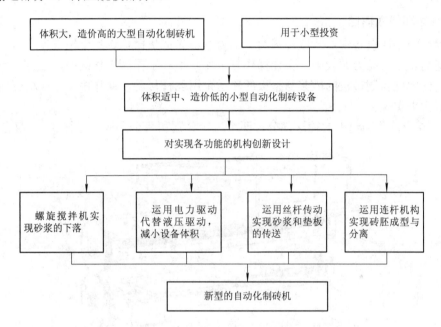

图 9-64　自动制砖机设计思路图

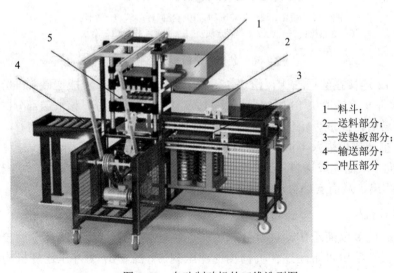

1—料斗；
2—送料部分；
3—送垫板部分；
4—输送部分；
5—冲压部分

图 9-65　自动制砖机的三维造型图

本制砖机的使用流程如下：首先，传送带将砂浆送入方形漏斗 1，丝杠与齿轮组成的螺旋传动机构 2，会先后完成垫板和砂浆的输送；然后，驱动冲压脱模部分的电机开始启动，此时六杆机构带动上模进行冲压，曲柄滑块机构带动下模进行砖胚脱模；当下一块垫板被输送到下模下方时，成型砖将被推送出去。至此完成一次制砖过程。

9.10.4　机械系统功能分析与实现

新制砖机是基于现有的小型家用制砖机设计而成的，设计尺寸为：1900 mm × 1700 mm × 1800 mm。

1. 砂浆和垫板输送

在现有的制砖设备中，一般使用两个动力源。先把垫板输送到下模下方，再带动送料槽完成送料。由于动力源较多，会让操作复杂化，不利于提高工作效率，还存在设备成本高等问题，因此新制砖机的砂浆与垫板的输送采用丝杆传动，动作由一个电机分流动作控制多个机构来实现。

图 9-66 为砂浆和垫板的输送部分，两个齿轮分别和两个同样的丝杆 5、9 相连。

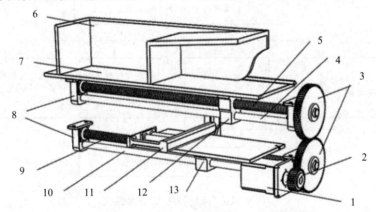

1—电机；2—齿轮a；3—齿轮b；4、10—导向杆；5、9—丝杆；
6—送料槽；7—上板；8—固定块；11—推板；12、13—滑块

图 9-66　砂浆和垫板输送部分

上端滑块 12 连接在丝杆 5 上，滑块 12 上固定着送料槽 6，组成送砂浆部分；下端滑块 13 连接在丝杆 9 上，滑块 13 固定着推板 11，组成送垫板部分。该输送部分的功能原理为：电机 1 正转时，通过齿轮传动，在丝杆 9 的传动作用下，滑块 13 向前移动，使推板 11 向前运动，推动垫板进入下模下方，丝杆 5 带动送料箱 6 向后移动，完成接料；电机 1 反转，动作反向，从而完成送料。当一个制砖周期完成后，下一块垫板输送到下模下方时，成型砖被自动推出，从而实现自动推砖。

2. 冲压连杆机构

目前，制砖机多以液压传动进行冲压制砖，震动较大、能耗多，且造价较贵。新制砖机采用一个大功率电机带动连杆机构实现冲压制砖，图 9-67 为冲压连杆机构的三维线框图。

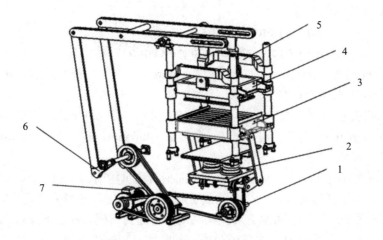

1—电磁离合器；2—弹簧缓冲装置；3—冲压下模部分；
4—冲压上模部分；5—定位横杠；6—曲轴；7—电机

图 9-67　冲压连杆机构的线框图

(1) 冲压上模连杆机构。图 10-68(a)为六杆机构的机构简图，图 9-68(b)为六杆机构的三维线框图。其主要功能是将电机的动力传递到曲轴，带动曲轴旋转，由六杆机构将动力转换为上模的上下往复运动，从而实现砖块的冲压功能。经计算，该机构自由度为 1，具有确定的运动状态。图 9-68(a)所示环路 OABC 构成铰链四杆机构，机构待定参数为 a、b、c、α、β 共五个。

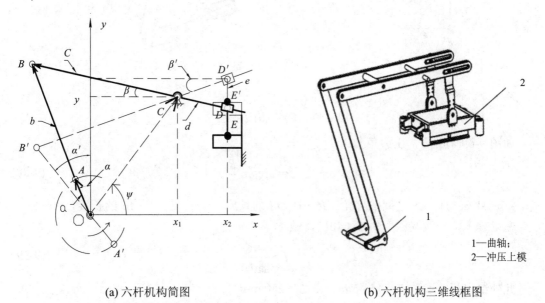

(a) 六杆机构简图

(b) 六杆机构三维线框图

1—曲轴；
2—冲压上模

图 9-68　冲压上模机构简图和三维图

由环路 OABC 得矢量方程：

$$\overrightarrow{OA} + \overrightarrow{AB} = \overrightarrow{OC} + \overrightarrow{CB} \tag{9-35}$$

其投影方程式为

$$(a+b)\sin\alpha = c\cos\beta - OC\cos\varphi \tag{9-36}$$

$$(a+b)\cos\alpha = OC\sin\varphi + c\sin\beta \tag{9-37}$$

式中，a—杆 OA 长度，mm；b—杆 AB 长度，mm；c—杆 CB 长度，mm；α—Y 轴与 OA 之间的夹角；β—X 轴与 CB 之间的夹角。

此处给出相关参数 $a = 228$ mm，$OC = 1385$ mm，$X_1 = 659$ mm。由上式计算得：$b = 1300$ mm，$c = 956$ mm。同理，可得杆 DE 长度 $e = 400$ mm，$X_2 - X_1 = 353$ mm。由此确定六杆机构的杆长尺寸。

(2) 下模曲柄滑块机构。图 9-69(a)为下模曲柄滑块机构简图，图 9-69(b)为下模曲柄滑块机构三维图。电机通过齿轮将动力传递到主轴 5 上，使主轴 5 做回转运动，再通过连杆 1 以及下模固定件 3 所组成的曲柄滑块机构将动力传递到下模，带动下模做上下往复运动。当完成一次冲压后，下模上升，成型砖脱模，同时留出相应的空间，输送机构将垫板与成型砖块一起输送出去，下模下降回到原位，至此完成一次冲压过程。根据砖胚的高度 S 设计曲柄长度 R，确定上下止点。

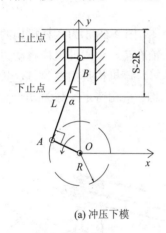

(a) 冲压下模

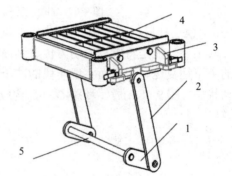

1—连杆一；2—连杆二；3—下模固定件；4—下模；5—主轴

(b) 冲压上模

图 9-69　下模机构与三维图

如图 9-69(a)所示，压力角为

$$\alpha = \arcsin\frac{R}{L} \tag{9-38}$$

式中：α—Y 轴与杆 AB 之间的夹角；R—杆 OA 的长度，mm；L—杆 AB 的长度，mm。

在工程上，一般取压力角 $\alpha < 40°$，故

$$L > \frac{R}{\sin 40°} \tag{9-39}$$

此处给出相关参数 $R = 153$ mm，则 $L > 240$ mm。

由于砖胚冲压过程中需采用缓冲装置，此处缓冲装置取高 230mm，故 $L = 240$ mm。

(3) 冲压模组的更换。通过对市场的调查分析，现有的家用制砖机大多无法更换模组。部分家用制砖机虽具备更换模组的功能，但是拆卸过程比较复杂。图 9-70 为一对冲压模组。在更换模组时，上下模固定架不变，只需把其侧边的螺钉拧下，把不同规格型号的模具对

准限位槽进行安装即可。此过程操作简单且方便。

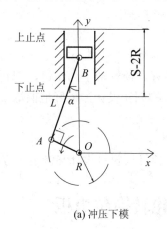

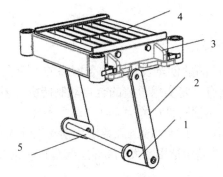

1—连杆一；2—连杆二；3—下模固定件；4—下模；5—主轴

(a) 冲压下模　　　　　　　　　　　　　(b) 冲压上模

图 9-70　冲压模组

3. 传动部分

新制砖机冲压脱模的动力部分如图 9-71 所示。其工作原理为：电机 1 工作输出转矩，由减速器 3 进行降速和增大扭矩。首先，电磁离合器 5 将上下模运动链断开，电机 1 运转时，V 带传输的动力将不能传到下模连杆 4 处，即下模静止不动。而动力通过 V 带传到冲压上模的曲轴 2 上，带动上模运动完成冲压过程。

然后，电磁离合器 5 闭合，接通上下模运动链，电机 1 接着运转，下模先运动，完成脱模之后，上模快速上移，下模上移到一定高度。在此期间，输送机构将垫板和成型砖块一起推出，上模继续上移到达最高点，而下模开始复位，完成一次冲压脱模过程。

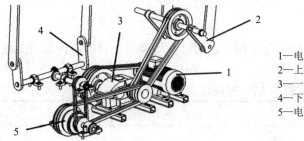

1—电机；
2—上模连杆机构曲轴；
3—一级减速器；
4—下模连杆机构输入轴；
5—电磁离合器

图 9-71　动力部分

9.10.5　结论

经过与市场现有产品对比分析，设计了一款新型的自动制砖机。新制砖机具有以下三个特点：

(1) 为市场提供了一款体积适中、结构可靠、操作灵活，且可以实现一机多用、模组可换等功能的制砖设备。

(2) 采用了六杆机构与曲柄滑块机构实现对砖胚的冲压与脱模功能，该机构代替了传统的液压传动机构，具有振动小、噪音低、维护方便等优点。

(3) 采用了一个步进电机带动丝杆与齿轮相结合的螺旋传动机构，实现了砂浆与垫板的交替输送，以及自动送板、自动推砖功能，不仅自动化程度较高，还可以降低能耗、提高工作效率。

9.10.6　总结

(1) 本产品的创意设计来源于网络的一个全手动制砖装置，经过师生的研讨，创新设计了一款具有一定实用价值的全自动制砖机，多处采用了机构创新设计，很好地锻炼了学生的机械产品创新设计能力。

(2) 本作品获得全国三维数字化创新设计大赛国赛二等奖。

(3) 本产品申请国家发明专利，撰写科研论文发表到省优期刊《机械设计与制造工程》。

9.11　创新作品 10：多功能自动轮转换位黑板

(指导教师：孙亮波；参赛学生：吴广昊，李瑞雄，邓嘉，刘生进，杨亚涛)

9.11.1　摘要与关键词

摘要：针对现有手动式黑板的噪音大、黑板视角不佳、粉尘危害等缺点，设计与制造了一款可轮转换位黑板。三块黑板由电机控制、链条传动，链条上的销与每块黑板相连接，从而实现三块黑板沿固定轨迹循环运动；在主黑板后方设置凸轮式可调节黑板擦，实现自动擦黑板的同时，有效减少粉尘飞扬；简易绘图装置可辅助教师绘图，实现快捷简便式绘图。多功能轮转换位黑板结构新颖、方便实用、具有较好的教学场合应用价值。

关键词：黑板；轮转换位；循环；自动黑板擦；画图装置

9.11.2　现有产品分析

黑板是教学工作中不可或缺的教学用具，通过市场调研，目前国内市场上黑板的主要产品及其性能分析如表 9-14 所示。

表 9-14　市场现有产品分析

市场已有产品	性　能　分　析
	该产品为国内某制造商生产的某款可动黑板。单块黑板的高度可手动调整。从外观上看，黑板结构简单、形式单一，仅仅考虑了老师身高不同的需求，但板书内容横向跨度较大，而坐在教室两边的同学常常因为视角较偏而看不到黑板上的板书
	该类品为国外某制造商生产的多块可动变位黑板，由四块小黑板构成，能实现手动换板。拉动时由于惯性黑板与黑板之间会产生较大冲击力的碰撞，致使黑板的使用寿命较低，随之产生的噪音也极大程度地影响了教学质量

通过对已有黑板的调研可知，现有黑板产品特点如下：

(1) 对于手动推拉式黑板，黑板版面利用率较低，使用过程中常产生噪音；拉动时易产生较大的冲击力，降低黑板的使用寿命。

(2) 目前市场上已有的大多数黑板结构和功能比较单一，教学中学生因视角太偏而看不到黑板板书，存在视角盲区，影响教学效果。

(3) 需要人工拭除粉尘，增大了教师职业病发生的几率。此外，老师们上课需携带绘图工具。

针对于此，本文创新设计了一款轮转换位黑板，该设计由自动轮转换位系统、自动擦黑板装置、简易画图装置、可调节黑板架四大模块组成，不仅简洁高效，而且方便实用，很好地解决了上述问题。

9.11.3 多功能自动轮转换位黑板设计思路

多功能轮转换位黑板的机械系统创新设计思路如图 9-72 所示。

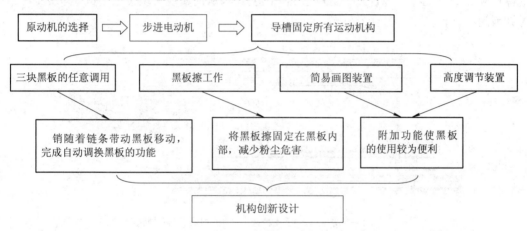

图 9-72 多功能轮转换位黑板创新设计思路

基于上述设计思路，多功能自动轮转换位黑板的三维图如图 9-73 所示。作为一款能满

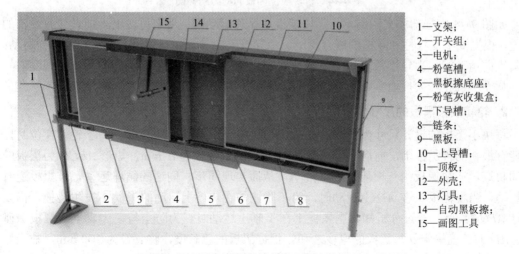

1—支架；
2—开关组；
3—电机；
4—粉笔槽；
5—黑板擦底座；
6—粉笔灰收集盒；
7—下导槽；
8—链条；
9—黑板；
10—上导槽；
11—顶板；
12—外壳；
13—灯具；
14—自动黑板擦；
15—画图工具

图 9-73 多功能自动轮转换位黑板创新设计三维图

足教室多种需求、并能实现自动化控制的多功能轮转换位黑板,该设计主体由三块黑板轮转换位、自动擦黑板、简易画图装置和升降支架装置组成。可实现三块黑板任意轮转换位和调用,使主黑板始终处于最佳位置;黑板擦位于黑板内部,在自动擦黑板的同时减少粉尘危害;简易画图装置快捷画图与黑板整体高度可调节的功能,方便教学且提高上课质量。整体设计具备结构简单、功能多样、操作便利、执行可靠等特点。

9.11.4 机械系统结构分析与功能实现

多功能自动轮转换位黑板基于四大功能的设计理念,在现有黑板的基础上进行结构改造和创新设计。

1. 轮转换位功能的实现

动力部分采用电机配合链轮的传动方式,主要结构如图 9-74 所示,图中结构为带动黑板运动的链条 5 和与黑板固定一起的定位销 7,每块黑板上下均各有定位销,并有 1 个上支撑柱和 2 个下支撑柱,对应于上导槽 1 和下导槽 8,从而实现三块黑板沿固定轨迹循环(顺时针或逆时针)运动。

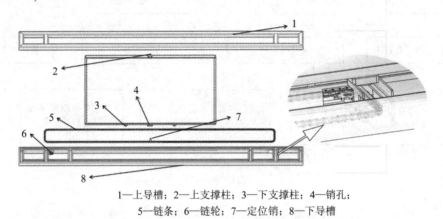

1—上导槽;2—上支撑柱;3—下支撑柱;4—销孔;
5—链条;6—链轮;7—定位销;8—下导槽

图 9-74 轮转换位黑板的动力结构图

如图 9-74 中局部放大图所示,三块黑板块循环运动时,用型材在上下铺设含有导槽的轨道,根据上下支撑柱和导槽的嵌合滑动,由导槽限定其纵向自由度,使其只能横向运动;当其纵向运动时,由导槽两侧的 T 形板来限定其横向自由度,使其不会前后倾倒或左右晃动,从而实现轮转换位的顺畅运行。

2. 轮转换位黑板的尺寸分析

每块小黑板的设计尺寸为长 800 mm,宽 600 mm。如图 9-75 所示,为了轮转换位时黑板能有最大的视觉范围,前后黑板在 X 轴方向上的重叠区为 a mm,矩形 $ABCD$ 为黑板的运动轨迹,三块黑板由一根环形链条带动,从而实现同步、同速的循环运动。若黑板逆时针运动,当主黑板 1 在 AD 上运动时,为了防止与在 DC 上运动的黑板 2 发生碰撞,需要设计 AD 的长度。经过分析知,当黑板 1 在 Y 轴上运动时,为防止与在 X 轴上的黑板 2 碰撞,AD 的长度等于 a 与黑板的厚度之和。根据黑板的总长度,将 a 设为 100 mm,故当厚度 AD 最少为 120 mm 时,可实现三块黑板的轮转换位而不会干涉。

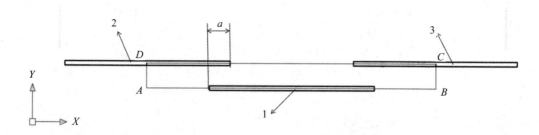

图 9-75　轮转换位三块黑板的俯视位置图

3. 自动黑板擦

相比传统的自动黑板擦，本产品的黑板擦固定不动，粉尘不会四处飞扬，而且黑板擦固定在整个黑板的内部，可以较大程度地减少师生受到粉尘危害，黑板擦上的海绵体也设计成带沟槽的结构，该设计更易于粉尘的脱落和收集。其结构如图 9-76 所示。

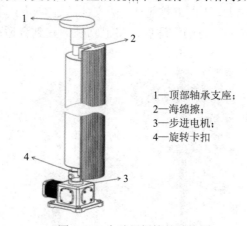

1—顶部轴承支座；
2—海绵擦；
3—步进电机；
4—旋转卡扣

图 9-76　自动黑板擦的结构图

黑板擦设计成可拆卸式，底座上类似卡扣的设计使其仅需竖直向下按压旋转，便可轻松取下黑板擦，易于清理或更换海绵体。

当需要擦除黑板上的板书内容时，打开旋钮开关，步进电机启动，带动立式黑板擦顺时针旋转 25°，利用黑板擦与黑板的接触和适当挤压，实现擦除黑板上内容的目的。将旋钮开关关闭，黑板擦与黑板分离，黑板上的板书内容可不被擦除。

4. 简易画图装置原理

根据教学需求，多功能自动轮转换位黑板还可以实现简易画图的功能。画图工具的结构如图 9-77 所示。主体分为吊块 1、伸缩臂 2、标尺(摆臂)9 三大部分。吊块可使画图仪悬挂在黑板顶部，通过顶部的轨道实现横向移动；伸缩臂为实现在黑板上的固定调节，在内部加有弹簧铜片 3，利用和限位槽 4 的嵌合，实现伸缩臂的固定，使其在绘图中不易下滑。绘制图形时，可将末端利用底部的磁石 6 固定黑板上一点，粉笔固定在粉笔套筒 7 上，通过滑块 8 在标尺 9 上的滑动，可绘制一定长度的直线；通过旋转分度旋钮 5，可带动标尺旋转一定角度，从而可在黑板上方便快捷地绘制出任意角度的直线和任意半径的圆或圆弧。用完后可将该装置折叠起来藏于顶板中。

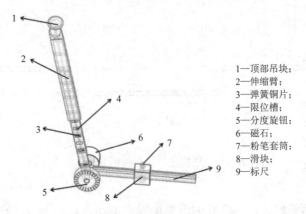

1—顶部吊块；
2—伸缩臂；
3—弹簧铜片；
4—限位槽；
5—分度旋钮；
6—磁石；
7—粉笔套筒；
8—滑块；
9—标尺

图 9-77　简易画图装置的结构图

5. 可调节黑板架

如图 9-78 所示，支架由上、下两立柱组成，两立柱通过类似于榫卯的结构嵌合在一起，上立柱可上下滑动，根据人书写时的舒适度，将上立柱调整到合适高度，插入定位销即可实现高度可调节。

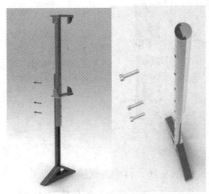

图 9-78　可调支架的结构图

9.11.5　结论

本款多功能自动轮转换位黑板，是集转换位功能、自动擦黑板功能、画图功能、高度调节功能于一体，制作完成的实物图如图 9-79 所示。

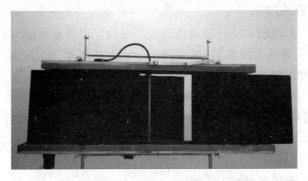

图 9-79　多功能轮转换位黑板实物图

与市场上已有的产品相比，该黑板具有如下优点：

(1) 轮转换位黑板让主黑板始终处于最佳视线位置，亦可回顾之前已书写的黑板，可如幻灯片般循环播放，操作灵活，"动感十足"。

(2) 自动黑板擦安装在黑板装置内部，可根据需要自动擦除黑板文字，可以较大程度减轻师生受到粉尘危害。

(3) 附属简易画图装置可辅助完成任意角度的直线或圆弧的绘制，操作方便；可调节支架可使黑板处于最合适的书写高度。

该产品的三大功能新颖且方便实用，具有广阔的教学应用前景。

9.11.6　总结

(1) 本产品的设计创新点为可实现三块黑板的轮转换位，自动黑板擦可根据需要使用，附着于黑板上方的绘图装置可方便老师教学。本产品的设计难点在于三块黑板在一个狭小区域如何避开干涉，实现如幻灯片般的轮转换位。

(2) 本作品获得第六届全国机械创新设计大赛湖北省一等奖。

(3) 本产品申请并获得国家发明专利。

(4) 本产品设计说明书整理后发表于省级优秀期刊《机械设计与制造工程》。

附录　国家级大学生创新训练项目申报书——斗牛士健身车

******大学

第三期"国家大学生创新性实验计划"项目申请表

项目名称	斗牛士健身车的创新设计与制造		
申请经费	3万元	起止时间	2011.1.1—2012.12.30

一、申请理由

(内容应包括自身具备的知识条件、自己的特长、兴趣和已有的知识基础)

知识条件：目前团队成员已学课程包括高等数学、工程数学、画法几何、机械制图、金属工艺学、理论力学、机械制造基础、计算机辅助设计、机械原理、材料力学、机械设计、数控加工技术等；软件有 AutoCAD，Pro/E，VB，C4D；参加过普通机加工实训，机械零件测绘实训。

自身特长：善于观察，逻辑构思，想象力丰富，熟悉对自行车的改装设计，机械加工能力强。本团队曾获得全国三维数字化创新设计大赛广西区一等奖，校"Solidworks 杯"三等奖，校"创新杯"三等奖，具备一定的团队协作能力。

兴趣：对机械类的器材有兴趣，是自行车爱好者，喜欢骑自行车旅行，热衷改装自行车。

已有的知识基础：高等数学、工程数学、画法几何、机械制图、金属工艺学、理论力学、机械制造基础、计算机辅助设计、AutoCAD，Pro/E。自学相关课程及软件有机械原理、材料力学、机械设计、数控加工技术、VB 程序设计、C4D 渲染软件。

二、立 项 背 景

(国内外研究现状、趋势、研究意义、参考文献和相关研究工作积累等材料)

研究概况及发展趋势

随着城市生活节奏的加快和生活压力的增大，相当多的城市居民进入了"亚健康"状态。根据媒体报道[1]，现在中国肥胖人数占世界肥胖人数的 20%，未来十年中国肥胖人口将超过 2 亿。限于时间和场地原因，健身车成为家用健身器材的首选。健身车在运动科学领域被称为"功率自行车"，分直立式和背靠式(也称为卧式)健身车两种，如附表 1 所示，可通过调节飞轮的转动惯量或摩擦片调整运动时的强度。骑健身车能通过腿部的运动加快血液流动、锻炼腿部和腰腹的肌肉，从而达到健身的效果。

本团队成员均为自行车发烧友，拟创新设计并制造一款集健身与趣味性于一体的斗牛士健身车。

附表 1　国内市场上的健身车性能分析[2]

市场已有产品	性 能 分 析
 进口健身车	现在市面所销售的健身车无论是国产的还是进口的，功能都是通过调节飞轮的转动惯量或摩擦片调整运动时的强度。骑健身车能通过腿部的运动加快血液流动、锻炼腿部和腰腹的肌肉，从而达到健身的效果
 国产健身车	现有健身车具有运动强度可调、功能损耗显示、占地面积小等优点，但也具有一些缺点，如健身功能单一(只能实现腿部锻炼)、机身固定难以实现户外运动、骑行状况始终如一、趣味性差等

本课题研究内容及已经完成的工作

基于以上对市场现有健身车的性能分析，联想到《机械原理》教材[3]中齿轮连杆机构可实现两连杆铰接点的复杂多变轨迹输出，如附图 1 所示，本团队创新设计了一款斗牛士健身车，其设计流程如附图 2 所示。

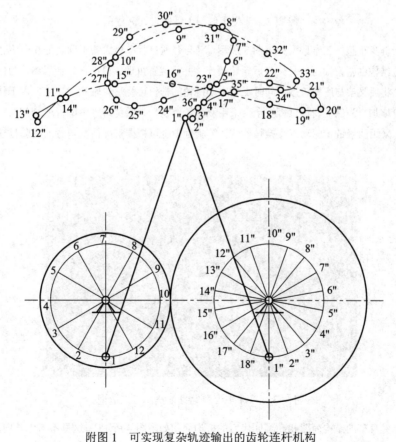

附图 1　可实现复杂轨迹输出的齿轮连杆机构

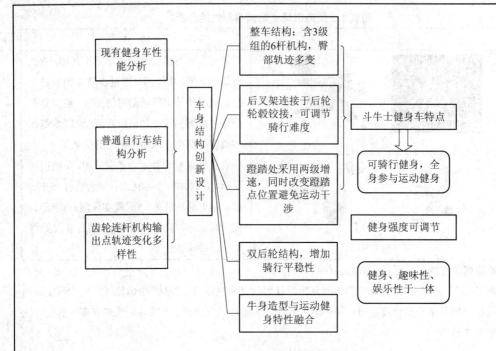

附图2　斗牛士健身车创新设计流程图

斗牛士健身车整体三维造型如附图3所示,其与普通自行车最大的不同之处在于将普通自行车后叉架固定结构创新设计为后叉架与后轮轮毂连接并且位置可调。根据该设计思路,为保证整车的可运动性,将后叉架与座椅铰接,同时支承驱动链轮的杆件可绕后轮轴相对转动。由于结构改变导致骑行难度增加,为保证骑行过程安全,采用双后轮结构。为避免蹬踏中踏板或脚部与前后轮产生运动干涉,采用两级链轮驱动以变换踏板位置,骑行中也可根据实际情况自行改变骑行速度以调节舒适性。

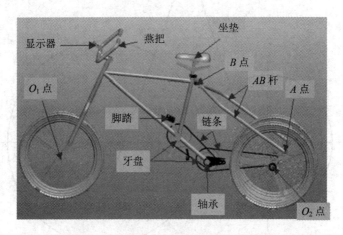

附图3　"斗牛士"健身车整体三维造型

斗牛士健身车的结构简图和高副低代后的机构简图如附图4所示[3]。这里不考虑转向的自由度,并且省略人蹬踏踏板后由链条传递到后轮转动的部分,以后轮为主动件。

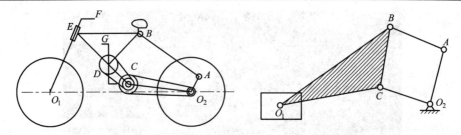

附图 4 "斗牛士"健身车机构简图及机构分析图

由于后轮转动前行的相对位移，与 O_2A 和水平线之间的角度有一定的联系，在分析健身车机构组成时，可认为后轮固定支撑不动，然后分析其他部件与它的相对运动。基于以上分析可知斗牛士健身车整体结构为自由度为 1 的 6 杆机构(不考虑转向)，其中 O_1EBC 为一个整体，简化后可用 3 级组[3]代替(其上低副分别为 B、C、O_1)。

在完成机构的结构分析后，使用 VB 为开发工具[4]，结合普通自行车和人体身高、重量等参数，选取该健身车部分关键结构尺寸并进行运动学仿真分析，如附图 5 所示。通过观察臀部、手部和脚部位置的轨迹变化，验证了设计思路。

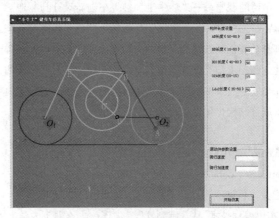

附图 5 机构运动仿真图

使用 Pro/E 三维造型软件[5]，对参数确定后的斗牛士健身车进行造型，如附图 6 所示(此处没有安装公牛车身造型)。斗牛比赛现场图如附图 7 所示。

附图 6 斗牛士健身车三维建模图

附图7　斗牛比赛现场图片

本课题研究意义：

综上所述，本团队申请的课题——"斗牛士"健身车创新设计与制造，经过前期创新设计与运动分析，验证了设计思路，创新设计了一款集健身与趣味性于一体的健身车。该健身车不仅将现有健身车只能实现腿部健身功能创新设计为全身健身功能、只能固定骑行创新设计为难度可调且可骑行，并具有较强趣味性，弥补了该类健身器械的缺点和不足，并具有一定的市场推广使用价值。

由于机械创新设计与制造的成本较高，本团队希望能获得国家创新实验项目的立项与资助，为后期进一步对该健身车进行结构优化设计和加工制造提供有力的支持。

参考文献：

[1]　(http://lady.qq.com/a/20100613/000158.htm)

[2]　http://info.sport.hc360.com/2008/07/25155530094.shtml

[3]　廖汉元，孔建益. 机械原理. 北京：机械工业出版社，2008

[4]　张显库. VB 实用编程技术　从基础到开发. 大连：大连理工大学出版社，1997

[5]　翼翔科技.Proe/ENGINEER 野火版 3.0 基础教程. 北京：机械工业出版社，2007

三、项目的特色与创新之处

本作品的独特性与创新之处：

1. 将基于杆组的机构分析知识应用于产品的实际分析研究中，完成运动仿真。理论分析与实践应用结合，验证了在骑行过程中，手部、臀部和脚部等关键位置不停变化的位置，其骑行特点符合斗牛特征。

2. 骑行难度可调，通过调整后叉架与后轮轮毂结合部位，可改变骑行难度。采用双后轮结构，增加骑行平稳性和安全性。基于仿真结果采用前后弹簧支撑的摆动座椅，以适应骑行时姿态的调整。采用愤怒的公牛车身造型，较好地拟合了作品的功能特点。

3. 该产品能实现全身健身，是一款集健身与趣味性于一体的健身器材，具有较好的市场推广和使用价值。

四、实　施　方　案

选题：目前市场上的健身车通过电磁控系统控制阻力的大小来改变健身的难度，无噪音，并且为室内固定式的。本团队成员在老师的指导下，利用所学过的机械专业课程，如机械制图、机械制造基础、工程力学以及自学的机械原理、机械设计、数控加工技术、产品造型等课程和 VB 编程软件，拟完成一款斗牛士健身车的创新设计与制造，为健身车市场提供一款趣味性强、功能多样、经济实惠的健身车，满足广大群众的健身需求。

方案制定：针对市场上健身车的不足之处，结合《机械原理》教材中的齿轮连杆机构和普通自行车结构，创新设计了一款"斗牛士"健身车。对该健身车进行结构分析和机构运动仿真，以验证设计的科学合理性。结合市场已有材料对设计方案进行反复修改，并购置相应材料，编制零部件的数控加工工艺卡，完成该产品的数控加工、组装和调试。

试验研究：该机构主要由包含一个三级组的六杆机构组成，使用牛顿-拉普森方法求解非线性方程组，对机构进行运动仿真，获得该机构的运动学参数，如臀部运动轨迹。通过"斗牛士"健身车运动仿真分析可见人骑行时人体四肢均参与运动，臀部运动轨迹为一刀形曲线，在骑行过程中可根据使用者对健身强度的要求，调节后叉架支撑位置，由于扶手、臀部、脚部在整个运动周期内都是不停变化位置的，因此在整个骑行周期内，骑行者的手部、臀部和脚部位置和速度都在改变，尤其是臀部，这样骑行时人体的运动类似驾驭一头公牛，这也是该健身车命名为"斗牛士"健身车的缘由。运用 Pro/E 三维设计软件对该产品进行三维造型，运用 CAD 软件完成工程图以指导数控加工制造。

数据处理：机构大部分尺寸均参考普通自行车并结合人机工程理论，部分尺寸可在一定范围内选取，使用 VB 编程进行运动仿真，验证可选尺寸的可行性和构件间的运动干涉，最后用 Pro/E 三维软件进行机构的造型、图纸的绘制。

研制开发：根据拟定方案，查询相关资料，购买标准件以及相应零件原材料，根据可提供的材料修改并制定最终的设计方案，并制定相关重要零部件的加工工艺卡；然后进行生产加工制作，装配零件做出成品；最后进行调试和完善。

撰写总结报告：编写详细的产品设计与制造说明书，包括设计、分析和计算及图纸等。

论文发表：在相关刊物上发表 1~2 篇高质量科研论文(初步拟定为："斗牛士"健身车的创新设计、"斗牛士"健身车结构分析与优化设计)，申请该产品的发明和实用新型专利。

五、项目预期成果

1. 创新设计并制造一款"斗牛士"健身车；

2. 发表 1~2 篇高质量论文(初步拟定为："斗牛士"健身车的创新设计、"斗牛士"健身车结构分析与优化设计)；

3. "斗牛士"健身车发明与实用新型专利申请。

参 考 文 献

[1] 杨叔子，彭文生，吴昌林，等. 再论机械创新设计大赛很重要，纪念中共中央、国务院 《关于深化教育改革全面推进素质教育的决定》 颁布十周年[J]. 高等工程教育研究，2009(5)：5-11.

[2] 孙树青，李建勇. 机电一体化技术[M]. 北京：科学出版社，2009.

[3] 约翰逊·格雷厄姆. 高速数字设计[M]. 沈丽，等译. 北京：电子工业出版社，2011.

[4] 郑凯，胡仁喜，陈鹿民. Adams 2005 机械设计高级应用实例[M]. 北京：机械工业出版社，2006.

[5] 陈语林. Visual Basic.Net 程序设计[M]. 北京：中国水利水电出版社，2005.

[6] 刘卫国. Matlab 程序设计教程[M]. 北京：中国水利水电出版社，2010.

[7] 魏峥，等. Pro/E 三维建模[M]. 北京：北京华夏树人数码科技有限公司，2010.

[8] 彭建国. 创新的源头工具：思维方法学[M]. 北京：光明日报出版社，2010.

[9] 许建国. 电机拖动基础[M]. 2 版. 北京：高等教育出版社，2009.

[10] 高中庸. 大学生机械创新设计竞赛指导模式的创新[J]. 高教论坛，2007(4)：31-32.

[11] 教育部高等教育司理工处. 第四届全国大学生机械创新设计大赛总结报告，2010：1-6.

[12] 教育部高等教育司理工处. 第五届全国大学生机械创新设计大赛总结报告，2011：1-6.

[13] 全国大学生机械创新设计大赛组委会秘书处. 第一、二届全国大学生机创新设计大赛工作总结. 创新联合会，2007：1-7.

[14] 赵明岩，檀中强，徐向纮. 高校机械竞赛与课程设计相融合的实践[J]. 高教论坛，2009(5)：84-87.

[15] 赵明岩. 高校开设《大学生机械竞赛指导》课程的实践[J]. 高教论坛，2008(6)：160-162.

[16] 邹慧君，隋文科. 机构创新方法研究[J]. 机械设计与研究，1996(1)：5-7.

[17] 邹慧君，张青，张龙. 机构系统设计理论和方法研究[J]. 机械设计与研究，2006：108-118.

[18] 杨叔子，吴昌林，彭文生. 机械创新设计大赛很重要[J]. 高等工程教育研究，2007(2)：1-5.

[19] 云忠，王艾伦，汤晓燕. 基于创新大赛的机械工程拓展型人才培养模式的研究与实践[J]. 高等教育研究学报，2010，33(3)：96-100.

[20] 王树才. 全国大学生机械创新设计大赛可持续性问题思考[J]. 华中农业大学学报(社会科学版)，2009(3)：103-107.

[21] 孙亮波，桂慧，刘奕聪，等. 实施科技制作与提高机械专业大学生综合能力的研究与实践[J]. 机械制造与研究，2011：74-77.

[22] 朱耀忠，等. 电机与电力拖动[M]. 北京：北京航空航天大学出版社，2005.

[23] 孙亮波，孔建益，黄美发，等. 在机械原理教学中引入机械创新设计项目的研究与实践[J]. 机械设计与研究，2012，37(12)：21-23.

[24]　吕仲文. 机械创新设计[M]. 北京：机械工业出版社，2003.

[25]　孙靖民. 机械优化设计[M]. 北京：机械工业出版社，2012.

[26]　王知行. 机械原理电算化程序设计[M]. 哈尔滨：哈尔滨工业大学出版社，1992.

[27]　孙亮波. 基于杆组法的机构型综合和运动学分析系统研究[D]. 武汉科技大学，2012.

[28]　于靖军，韩建友，廖启征，等. 机械原理[M]. 北京：机械工业出版社，2013.

[29]　廖汉元，孔建益. 机械原理[M]. 北京：机械工业出版社，2014.

[30]　邹慧君. 对设计的内涵、作用和方法的思考[J]. 机械设计与研究，2010.2(26): 7-15.

[31]　檀润华，王庆禹，苑彩云，等. 发明问题解决理论：TRIZ[J]. 机械设计，2001(7): 7-12.

[32]　邹慧君. 创新始于设计，设计推动深入的自主创新[J]. 机械设计与研究，2011.4(27): 1-7.

[33]　张春林，苏伟. 机构创新设计中的几个术语[J]. 机械设计与研究，2006专刊：89-92.

[34]　邹慧君，田永利，郭为忠，等. 机构系统概念设计的基本内容[J]. 上海交通大学学报，2003，3(37): 668-673.

[35]　张炜，魏丽娜，孙玉娟，等. 工程教育范式变革国际研讨会暨浙江大学第十二届科教发展战略论坛会议综述[J]. 高等工程教育研究，2018，1：84-87.

[36]　陆国栋. "新工科"建设的五个突破与初步探索[J]. 中国大学教学，2017(5): 38-41.

[37]　陆国栋，赵春鱼，颜晖，等. 本科院校教师教学竞赛发展现状及模式创新[J]. 中国大学教学，2019(1): 86-90.

[38]　张武城. 技术方法创新论[M]. 北京：科学出版社，2009.

[39]　高志，黄纯颖. 机械创新设计[M]. 北京：清华大学出版社，2010.

[40]　檀润华. Triz及应用：技术创新过程与方法[M]. 北京：高等教育出版社，2010.

[41]　[美]布鲁克·诺埃尔·摩尔，理查德·帕克. 批判性思维[M]. 北京：机械工业出版社，2012.

[42]　丛晓霞. 机械创新设计[M]. 北京：北京大学出版社，2008.

[43]　张春林. 机械创新设计[M]. 北京：机械工业出版社，2013.

[44]　徐永利. 创新创业人才培养的"五力"模式探索[J]. 中国大学教学，2018(6): 81-85.

[45]　赖绍聪. 创新教育教学理念　提升人才培养质量[J]. 中国大学教学，2016(3): 27-31.

[46]　郭天逸，姜林科，王金祥，等. 工程师与创新[J]. 高等工程教育研究，2017(5): 169-175.

[47]　李彦，刘红围，李梦蝶，等. 设计思维研究综述[J]. 机械工程学报，2017(15): 1-20.

后　记

　　从教近十五年，辅导学生参赛历时逾十年，一直想把个人在其中的辛酸苦辣总结出来，给同行以借鉴、给学生以引导。"欲渡黄河冰塞川，将登太行雪满山"，每一章节内容的撰写都力求立意新颖、实用，既脱离于已有的理论教材，又要联系理论和机械产品研发，所以往往踯躅良久，难以下笔。

　　然而回想起历历往事，和青年学生一起探讨项目，欣赏他们创作的激情、飞扬的青春、坚韧不拔的毅力、谦恭勤勉的态度，第一次看到学生将作品制作完成时的欣慰，第一次学科竞赛获奖时的喜悦……点点滴滴，其感觉像是品尝了珍藏多年的美酒，回味无穷！

　　和青年学生在一起，感受到自己永远都是年轻的、充满活力的。学生参与课外科技制作，要占用大量的课余时间，令人欣慰的是他们不仅仅高质量地完成了科技作品的制作，而且课程学习也表现优异。这充分证明了一个观点：优秀的人在很多方面都是优秀的。在成立科技创新团队之后，连续多年该专业国家奖学金获得者、优秀毕业生、校级优秀毕业设计均来自本团队，更有湖北省创新学子 2 名，可谓"机械学子精英，皆出自我队中！"每每想起这些，一种自豪感和成就感涌上心头。正如一个学生跟我说："老师，您是大学阶段对我正能量影响最大的老师，谢谢您！"这应该是几千年来，选择教师这个职业的所有人的共同愿景吧。

　　所以，这本书的撰写出版，也是致我和我的学生们已经远去的青春和曾经光辉的岁月！

孙亮波

2019 年 10 月于武汉